Translation in der globalen Welt und neue Wege in der
Sprach- und Übersetzerausbildung

FORUM TRANSLATIONSWISSENSCHAFT
HERAUSGEGEBEN VON LEW N. ZYBATOW

BAND 2

PETER LANG
Frankfurt am Main · Berlin · Bern · Bruxelles · New York · Oxford · Wien

Translation in der globalen Welt und neue Wege in der Sprach- und Übersetzerausbildung

Innsbrucker Ringvorlesungen zur Translationswissenschaft II

Herausgegeben von Lew N. Zybatow

PETER LANG
Europäischer Verlag der Wissenschaften

Bibliografische Information Der Deutschen Bibliothek
Die Deutsche Bibliothek verzeichnet diese Publikation in der
Deutschen Nationalbibliografie; detaillierte bibliografische
Daten sind im Internet über <http://dnb.ddb.de> abrufbar.

Gedruckt mit Unterstützung des Bundesministeriums für
Bildung, Wissenschaft und Kultur in Wien.

Gedruckt auf alterungsbeständigem,
säurefreiem Papier.

ISSN 1610-286X
ISBN 3-631-52453-6
© Peter Lang GmbH
Europäischer Verlag der Wissenschaften
Frankfurt am Main 2004
Alle Rechte vorbehalten.

Das Werk einschließlich aller seiner Teile ist urheberrechtlich
geschützt. Jede Verwertung außerhalb der engen Grenzen des
Urheberrechtsgesetzes ist ohne Zustimmung des Verlages
unzulässig und strafbar. Das gilt insbesondere für
Vervielfältigungen, Übersetzungen, Mikroverfilmungen und die
Einspeicherung und Verarbeitung in elektronischen Systemen.

Printed in Germany 1 2 4 5 6 7

www.peterlang.de

INHALT

VORWORT   VII

II. INNSBRUCKER RINGVORLESUNG ZUR TRANSLATIONSWISSENSCHAFT:
TRANSLATION UND INTERNATIONALE KOMMUNIKATION IM ZEITALTER
DER GLOBALISIERUNG

LEW N. ZYBATOW, Innsbruck
Some metatheoretical remarks on Translation Science   3

CHRISTINA SCHÄFFNER, Birmingham
Übersetzungstheorie und Übersetzungspraxis im
„Global Village" des 21. Jahrhunderts   19

ALBRECHT NEUBERT, Leipzig/Hartenstein
Textuelles Übersetzen im Lichte global präsenter Textwelten –
Übersetzen im globalen Kontext   37

MANFRED KIENPOINTNER, Innsbruck
Metaphern für Emotionen: Universalien oder Kulturspezifika?   61

PAUL KUSSMAUL, Mainz/Germersheim
Translation als kreativer Prozess – ein kognitionslinguistischer
Erklärungsversuch   93

MANFRED MARKUS, Innsbruck
Die englische Herausforderung: Sprachlicher Standard und
Varietäten in der Internationalen Kommunikation   117

KLAUS-DIETER BAUMANN, Leipzig
Die Entwicklungsperspektiven der Fachsprachenforschung
zu Beginn des neuen Jahrhunderts   133

PETER SANDRINI, Innsbruck
Globalisierung und Mehrsprachigkeit: Translation im Wandel?   165

INGRID KURZ, Wien
Neues aus der dolmetschwissenschaftlichen Forschung:
Konferenzdolmetschen – Qualität aus Rezipientensicht   179

PETER NELDE, Brüssel
Mehrsprachigkeit und kleine Sprachgemeinschaften
in der Europäischen Union   195

NEUE MEHRSPRACHIGKEIT IN DER SPRACH- UND ÜBERSETZERAUSBILDUNG:
EUROCOM UND EUROCOMTRANSLAT

HORST G. KLEIN, Frankfurt/M.
Neue Wege zur Mehrsprachigkeit in Europa: Eurocomprehension   209

FRANZ-JOSEPH MEISSNER, Gießen
Modelling Plurilingual Processing and Language Growth
Between Intercomprehensive Languages   225

LEW N. ZYBATOW, Innsbruck
Mehr Mehrsprachigkeit in der Übersetzerausbildung in Europa:
EuroCom*Translat*   243

VORWORT

Nec Caesar supra grammaticos!
(„De grammaticis", XXII)

Nec Caesar supra translatores! – so ließe sich der obige Ausspruch vielleicht in der heutigen Zeit paraphrasieren, wenn man bedenkt, welche Rolle den Translatoren und der Translation in unserer immer durchlässiger und globaler werdenden Welt zukommt. Als Schnittstelle des Sprach- und Kulturkontaktes, als Vehikel des grenz- und vorstellungsweltenüberschreitenden geistigen Transfers lässt uns die Translation an ihren manifesten sprachlichen Oberflächen geradezu seismographisch nicht nur explizit grammatische, sondern auch implizit pragmatische, soziologische, kulturelle, psychologische, imagologische Inhalte, Ursachen und Wirkungen ablesen und untersuchen. Wenn man Fragen an die Motivationen des jeweiligen transkulturellen Texttransfers, an die Formen, Verläufe und Produkte dieses Transfers, an die Wirkungen und Folgen des vollzogenen Texttransfers in einer Zielkultur – oder im globalen Kontext – stellt, so sieht man, wie das Phänomen Translation wie in einem interdisziplinären Brennpunkt die verschiedensten Probleme einfängt, die die Gemüter der Globalisierungstheoretiker heute bewegen. Dank neuester Kommunikations- und Transporttechnologie können wirtschaftliche, kulturelle und sprachliche Produkte immer schneller und einfacher nationale Grenzen überschreiten. Mit dem WWW hat sich eine globale Informationsplattform entwickelt, die einen weltweiten Austausch von Texten und Dokumenten jeder Art ohne Aufwand ermöglicht und das weltweite Übersetzungsvolumen erheblich erhöht hat. Die potentielle Omnipräsenz multilingualer Corpora ermöglicht und verlangt eine neue translatorische Kompetenz, die zu berücksichtigen hat, dass Übersetzbarkeit objektiv realisierbar geworden ist. Stellen diese neuen soziokulturellen Entwicklungen/Rahmenbedingungen der Translation die Translationswissenschaft vor grundlegend neue Fragen? Diese Frage(n) hat die Innsbrucker Ringvorlesung – ein seit Jahren wichtiges und international beachtetes Diskussionsforum zu den Grundfragen der Translationswissenschaft – sich im Jahr 2001 zu ihrem Thema gemacht.
Europa ist Schauplatz eines präzedenzlosen Austausches im wirtschaftlichen, kulturellen, Tourismus- und Freizeitbereich, in den Informations- und Unterhaltungsmedien, in der zwischenmenschlichen Kommunikation zwischen immer mehr und immer anderen anderssprachigen Miteuropäern. Was die wissenschaftlichen und auch die normalbürgerlichen Gemüter in diesem Zusammenhang bewegt, sind sprachpolitische und Mehrsprachigkeitsfragen im Allgemei-

nen und im gemeinsamen europäischen Haus im Besonderen. Wie vielsprachig kann/sollte ein Individuum, sagen wir, ein prototypischer Europäer, sein? Wie ist diese Vielsprachigkeit beschaffen? Wie kann die Mehrsprachigkeit im Spracherwerb theoretisch begründet und auch praktisch, z.b. in der universitären (Aus)Bildung vermittelt werden? Gibt es - im Unterschied zu den traditionellen - neue Wege, die hier sicher zum Ziel führen? Diesen Themenkomplexen, die in dem Titel als „Translation in der globalen Welt und neue Wege in der Sprach- und Übersetzerausbildung" zum Ausdruck kommen, widmet sich der vorliegende Band „Forum Translationswissenschaft-2", der zwei internationale wissenschaftliche Ereignisse festhält, die im Europäischen Jahr der Sprachen 2001 am Institut für Translationswissenschaft der Leopold-Franzens-Universität Innsbruck stattgefunden haben: erstens, die II. Internationale Innsbrucker Ringvorlesung zur Translationswissenschaft im Wintersemester 2001/2002 und zweitens, die Präsentation des europäischen Mehrsprachigkeitsprojektes „EuroCom".

Zu der II. Ringvorlesung unter dem Titel „Translation und internationale Kommunikation im Zeitalter der Globalisierung" versammelten sich zur gleichen Zeit an gleicher Stelle wie im WS 1999/2000[1] wiederum die Studierenden des Instituts für Translationswissenschaft sowie Dozenten und Doktoranden der benachbarten Institute, um in ihrer „Arena" – dem vielen Gästen inzwischen wohlbekannten und teils auch liebgewonnenem Hörsaal SR-2 mit Blick auf den grünen Inn und die atemberaubend steile Alpennordkette – für neue Ansätze in der Translationswissenschaft zu streiten. Die Ringvorlesung diente gleichzeitig der Vorbereitung eines gemeinsamen Antrages der Universitäten Leipzig, Granada und Innsbruck auf Einrichtung eines Internationalen Graduiertenkollegs bei der Deutschen Forschungsgemeinschaft, das den drei kooperierenden europäischen translationswissenschaftlichen Zentren die Möglichkeit geben soll, gemeinsam den weltweit dringend benötigten wissenschaftlichen Nachwuchs für das universitäre Studium der Translatologie und interkulturellen (Fach)kommunikation in vertretbar kurzer Zeit und hoher Qualität heranzubilden. Denn die Übersetzer- und Dolmetscherausbildung ist (auch eine Folge der Globalisierung!) ein expandierendes Fach an vielen Hochschulen Europas, Asiens und Lateinamerikas, woran es mangelt, ist ein entsprechender wissenschaftlicher Vorlauf in der Translationswissenschaft und ein ausreichend qualifiziertes akademisches Personal. So wurden das Graduiertenkolleg und die Ringvorlesung initiiert, um zum einen der Translationswissenschaft in Zusammenarbeit mit den benachbarten Disziplinen optimale Bedingungen für ihre Entfaltung als Interdisziplin zu bieten und um zum anderen die wissenschaftlichen Herausforderungen anzu-

---

[1] vgl. Zybatow, Lew N. (Hrsg.): *Translation zwischen Theorie und Praxis. Innsbrucker Ringvorlesungen zur Translationswissenschaft I* (=Forum Translationswissenschaft, Band 1). Frankfurt/M.: Peter Lang 2002

nehmen, die der internationale und interkulturelle Wissenstransfer in einer globalisierten Welt an die Geisteswissenschaften stellt, und diese Herausforderungen in ihrer Vielschichtigkeit und Interdependenz zu erfassen.
Wie Christina Schäffner (Birmingham) in ihrer Vorlesung ausführt, hat sich die Befürchtung, dass Englisch als dominantes Kommunikationsmittel im „globalen Dorf" die anderen Sprachen verdrängen wird, nicht bewahrheitet. Immer mehr Menschen und Nationen haben die Chancen der globalen Kommunikation dafür genutzt, ihre eigene Sprache zu propagieren. So bleibt bei der immer globaler werdenden Kommunikation die Übersetzung aus und in immer mehr Sprachen eine große Herausforderung für die translatorische Praxis und ihre wissenschaftliche Reflexion (= eine Aufgabe und ein Programm, denen sich die Translationswissenschaft in nächster Zukunft zu stellen hat!). Christina Schäffner betrachtet das Übersetzen in oder aus dem Englischen im „global village" des 21. Jahrhunderts und analysiert verschiedene Textsorten und verschiedene Arten des Übersetzens unter den Bedingungen der Globalisierung.
Peter Sandrini (Innsbruck) thematisiert die sich auflösenden Kulturgrenzen in der globalisierten Welt und die damit wegfallende, in der Translationswissenschaft jedoch bislang sehr akzentuierte Notwendigkeit der (Ver-)Mittlung zwischen unterschiedlichen Kulturen. Vielmehr steht der Translator in Zukunft vor einer sich abzeichnenden Weltkultur und einer global definierten (Fach-)Kommunikationsgemeinschaft.
Das Verhältnis von fach- zu allgemeinsprachlichen Codes sowie das Wechselverhältnis von Fachsprachenforschung und Linguistik werden in dem Aufsatz von Klaus-Dieter Baumann (Leipzig) in den globalen Kontext der Entwicklungsperspektiven der Fachsprachenforschung zu Beginn des 21. Jahrhunderts gestellt und näher beleuchtet.
Nicht fach-, sondern allgemeinsprachlich ist die Translation von Emotionsausdrücken zu bewältigen. Manfred Kienpointer (Innsbruck) stellt deshalb die Frage, ob es eine universale Theorie der Metapher geben kann, die den Gebrauch von Metaphern in Emotionen in den meisten oder allen Sprachen der Erde korrekt voraussagt, und überprüft die Universalitätshypothese anhand von Daten zum Deutschen, Englischen, Türkischen, Chinesischen und den nordamerikanischen Indianersprachen Hopi, Tohono O'odham, Navaho.
Das Übersetzen im globalen Kontext ist auch Anliegen des Beitrags von Albrecht Neubert (Leipzig/Hartenstein), in dem er vor allem auf die Veränderungen des Übersetzens durch die moderne Informationstechnologie eingeht, und damit einhergehende neue Begriffsbildungen an Übersetzungsarten behandelt.
In seinen „metatheoretical remarks" geht Lew N. Zybatow (Innsbruck) davon aus, dass es nicht so sehr globale, externe soziokulturelle Rahmenbedingungen sind, die die Translatologie vor offene Fragen stellen, sondern ein globaler metatheoretischer Blick lässt interne, hausgemachte Probleme und Defizite in der ungenügenden metatheoretischen Reflexion und verbesserungsbedürftigen Me-

thodologie der jungen Disziplin Translationswissenschaft erkennen. Der Beitrag stellt die Frage nach Wesen und methodologischem Herangehen der Translationswissenschaft zu Beginn des 21. Jahrhunderts.
Paul Kußmaul (Mainz/Germersheim) sucht eine Erklärung dafür, dass es in der Regel für jede Übersetzung die Möglichkeit mehrerer Formulierungen gibt, in dem Begriff des kreativen Übersetzens, das er gleichzeitig zu definieren versucht.
Manfred Markus (Innsbruck) zeichnet die Situation des sprachlichen Standards und der Varietäten anhand der internationalen, zunehmend globalen Kommunikation auf Englisch auf und führt ein am Institut für Anglistik der Universität Innsbruck entwickeltes Computerprogramm „TRANS" ein, das verschiedene Varietäten des Englischen in die Standardsprache „übersetzt".
Globalisierung und EU-Erweiterung lassen jedoch nicht nur den Übersetzungsmarkt wachsen, sondern bedürfen auch eines erheblichen Mehr an Dolmetschleistungen. Ingrid Kurz (Wien) geht es um die Qualität und die Bewertung von Dolmetschleistungen.
Peter Nelde (Brüssel), der Direktor des Europäischen Forschungszentrums für Mehrsprachigkeit, zeigt, dass sich Europa stärker als in der Vergangenheit in Richtung einer neuen Mehrsprachigkeit bewegt, was er mit folgenden Zahlen unterlegt: Gesamteuropa spricht 150 Sprachen; in der Europäischen Union werden neben den 11 Amts- und Arbeitssprachen noch ca. 45 Minderheitssprachen gesprochen, insgesamt also mindestens 56 Sprachen; nach der Erweiterung wird die EU zwischen 80 und 90 Amts- und Minderheitensprachen umfassen. Angesichts dieser babylonischen Europäischen Union, die ihren Bürgern in Zukunft freies Wohn- und Arbeitsrecht verspricht, ist es nur all zu verständlich, dass die EU und der Europarat ein „Europäisches Jahr der Sprachen 2001" ausgerufen haben mit dem Ziel, den sprachlichen und kulturellen Reichtum des Kontinents zu erhalten, breite Bevölkerungskreise für das lebenslange Sprachenlernen zu motivieren und die Lehrenden von Mutter- und Fremdsprachen auf der Grundlage aktueller wissenschaftlicher Erkenntnisse aus- und weiterzubilden.
Von diesen sprach- und kulturpolitischen Zielen des gemeinsamen europäischen Hauses schlägt sich ganz natürlich die Brücke zu dem 2. in diesem Buch vorgestellten Innsbrucker Ereignis im europäischen Jahr der Sprachen: zur Präsentation des internationalen Mehrsprachigkeitsprojektes „EuroCom":
„O almirante português ..." - so erschallte es Ende März 2001 aus dem zum Bersten vollen SR-2 des Instituts für Translationswissenschaft, wo Jung und Alt am Ende des EuroComKompaktsprachkurses „Romanische Sprachen sofort lesen können" eben nicht nur las, sondern auch mit In(n)brunst ein portugiesisches Lied sang und damit der getesteten EuroCom-Methode ein unüberhörbar positives Zeugnis ausstellte. Man kann ohne jede Übertreibung sagen: Die bunte Schar der über 100 Teilnehmer war am Ende des EuroCom-Kurses hell begeistert. Die inzwischen international mehrfach (darunter mit dem Europasiegel für

innovative Sprachenprojekte 1999 von der Europäischen Kommission und der österreichischen Regierung) ausgezeichnete Mehrsprachigkeitsmethode EuroCom macht deutlich, dass die meisten europäischen Nachbarsprachen keine *Fremd*sprachen sind. Auf dem konstruktivistischen Lernmodell fußend zeigt EuroCom dem Lernenden, was er – fast ohne Lerninput – in der „neuen" Sprache schon alles weiß, aber nicht weiß, dass er es weiß, und ermöglicht ihm, nicht nur in einer neuen Sprache, sondern in sämtlichen verwandten Sprachen eines Sprachzweiges in kurzer Zeit authentische Texte lesen und verstehen zu können. Erfolgreich durchgeführte Seminare zur romanischen Interkomprehension an den Universitäten Frankfurt/Main und Gießen haben gezeigt, dass Lernende nach einem einsemestrigen Kurs bei der Lesekompetenz bereits die Niveaustufe B2 des Gemeinsamen europäischen Referenzrahmens für Sprachen erreichen können. Wie erfolgreich das funktionieren kann, das wurde im SR-2 von den EuroCom-Autoren und -Begründern vorgeführt, deren Ideen (s. Klein (Frankfurt/Main), Meißner (Gießen), Zybatow (Innsbuck)) einschließlich möglicher innovativer Konsequenzen für die Übersetzer- und Dolmetscherausbildung (=EuroCom*Translat*) am Ende des Bandes veröffentlicht werden. Ziel von EuroCom*Translat* (s. abschließenden EuroCom-Beitrag in diesem Band) ist es, den Übersetzern über EuroCom den Zugang zu weiteren, auch selteneren aber nachgefragten Arbeitssprachen zu eröffnen, was angesichts des enormen Bedarfs an Übersetzern und Dolmetschern aus und in die Sprachen der EU-Beitrittskandidaten von großer Europarelevanz ist.

An dieser Stelle seien alle Vor- bzw. Beiträger herzlich dafür bedankt, dass Sie mit ihren Vorlesungen, mit Ihrem Enthusiasmus für innovative Wege in der Theorie und Praxis ein Hauch der Wissenschaft von der großen weiten Welt und eine Menge Diskussionsstoff zu aktuellen Fragen der Sprach- und Translationswissenschaft an das Institut für Translationswissenschaft am Inn gebracht haben. Unser tiefstempfundener Dank gilt natürlich auch all jenen, die durch finanzielle Unterstützung die Ringvorlesung selbst und ihre Publikation ermöglicht haben. Unser Dank geht an Altmagnifizenz, Herrn Univ.-Prof. Dr. Hans Moser, an den Dekan der Geisteswissenschaftlichen Fakultät, Herrn Univ.-Prof. Dr. Elmar Kornexl, an die Tiroler Sparkasse und die Hypo Tirol Bank. Auch das Getränkeunternehmen „Rauch" (in Voralberg) hat sich bei den Teilnehmern und Gästen der Ringvorlesung wieder fest in die Erinnerung eingeprägt. Denn wieder einmal ließ sich der Durst während und nach all den erhitzten Diskussionen nach den einzelnen Ringvorlesungen mittels „Rauch"-Säften auf spürbar angenehme Weise löschen.

Dass die II. Internationale Ringvorlesung nun aber auch gedruckt vorliegt, wäre allein mit Universitätsmitteln nicht möglich gewesen. Für den Druckkostenzuschuss haben wir herzlich dem österreichischen Bundesministerium für Bildung, Wissenschaft und Kultur zu danken. Ein besonderer Dank geht an Herrn Matthias Dietz, Leipzig, der dem Buch seine Formatierung gegeben hat, und an den Lektor des Lang Verlags in der Wiener Geschäftsstelle, Herrn Dr. Norbert Willenpart, den Geburtshelfer der Reihe „Forum Translationswissenschaft", der auch das Erscheinen des 2. Bandes mit Liebe und Fürsorge begleitet hat, was dem Herausgeber Ansporn und Verpflichtung zugleich ist, auch die Ringvorlesenden der III. Internationalen Innsbrucker Ringvorlesung zur Translationswissenschaft noch in diesem Jahr und in dieser Reihe zu Wort kommen zu lassen.

Innsbruck, im März 2004   Lew N. Zybatow

Translation und internationale Kommunikation im Zeitalter der Globalisierung

SOME METATHEORETICAL REMARKS ON TRANSLATION SCIENCE[1]

Lew N. Zybatow, Innsbruck

1. Preliminaries

Modern translation theory considers the recent external developments and transformations in the global/globalized conditions for worldwide translation and interpreting as a new challenge to translation science. However, casting a global metatheoretical glance at theorizing on translation in recent decades one cannot help discovering quite a number of internal, self made problems and challenges, calling for more metatheoretical self-reflection and more awareness of scientific methodology.
As strange as it might seem, the science of science – that is, scientific theory – has not had anything to say about translation science, anything at all! What may be the reason for this lack of interest? Well, it is possible that translation science is not even noticed from outside the field, or the various schools and models seem – or in fact are – so contradictory, that metatheoretical pursuits appear to be a lost love from the outset.
Admittedly, translation science, the birth of which is normally assumed to Eugene Nida's[2] 1964 book *Towards a Science of Translating*, and which was later developed by the Leipzig School of Translation Science as a translation theory for non-literary texts (cf. Wotjak 2002), is a relatively young science. Nevertheless it has managed to acquire the status of an independent discipline in the circle of university humanities. The search for its own scientific identity and self-actualization does not end here, however; on the contrary it should now begin in earnest.
There exist today linguistic, communication-theoretic and culture-theoretic approaches to translation in addition to functional, psycholinguistic, hermeneutic, literary-scientific, computational linguistic and other theories of translation, which seem to be subject to the criticism of the humanities at large by the philosopher and scientific theoretician Jürgen Mittelstraß: "to the infinite spirit, everything finite is infinitely far away. In the humanities this spirit is reflected in the infiniteness of its subject matter and methods, theories and structures ..." (see Mittelstraß 1998, 24). And one cannot resist the paradoxical impression that the translation scientists who investigate the processes of transcultural communication or transmission of messages from an incomprehensible into a comprehensible language, are unable or unwilling to find a common scientific language for mutual understanding or scientific discussion.
Neubert (1999, 21f.) formulates this rather drastically: "From the outset our discipline was primarily what its proponents presented it as being. [...] Even the

present state of the art is not especially illuminating for scientists and students. Misunderstandings are thus preprogrammed and real progress is hard to measure or even estimate. Unfortunately there are hardly any objective treatments of this problem, from which not only the similarities but also the differences of the positions represented – including their often large delay – can be made clear."
Thus, I would like to show in my contribution, that it is up to us either to further propagate the translation-scientific arbitrariness which has come about in recent decades or to supplement our activities with something more of an analytical (and self-critical) reflection from the perspective of scientific theory. In section 2 "Translation Science as an Interdiscipline", I will address *whether* translation science has anything to do with the term interdiscipline – originally grounded in scientific theory but which in the meantime has degenerated more and more to a buzzword – and if so, *what*. Section 3 "'Modern' General Translation Theory vs. 'Traditional' Translation Theory" contrasts the basic theses of the most antagonistic current theories of translation in the German-speaking world. Section 4 "Metatheoretical Evaluation of Translation-scientific Postulates" attempts to objectify or problematize Neubert's similarities and differences of the viewpoints represented (cited above), in terms of scientific theory. Finally, section 5 "Outlook" contains several considerations about what would be necessary in my view for translation science to find general recognition as an interdiscipline.

2. Translation Science as an Interdiscipline

Snell-Hornby (1986a; 1986b) was the first who, in her 'reorientation' of translation science (*Übersetzungswissenschaft. Eine Neuorientierung*), classified this discipline as an interdiscipline, and thereby paved the way for doing justice to the complexity of the translation science's subject matter (and also the diversity of translation types). Translation science has not, however, made especially good progress along this road in the last 15 years. I see above all two causes for this: for one thing, the fact that true interdisciplinarity is not sufficiently practiced, and as a consequence the lack of relevance of translation science for other disciplines; and for another, the dismissive and scientifically counterproductive contact between newly-liberated translation science and its closest interdisciplinary ally – linguistics.
What do I mean by "true interdisciplinarity is not sufficiently practiced"? If one attempts to analyze how the interdisciplinary reorientation of translation science crops up in everyday scientific life, one determines that in large part it has made up to now only the most varied scientific disciplines into supermarkets of translation science. In doing so, the leftovers from other disciplines and the newest insights – in part, completely contrary views from the perspective of 'scientific ideology' – are drawn on for the purpose of explaining translation, and usually with little thought as to how – and even whether – it all fits together and what it

should actually explain. This is probably one of the reasons why up to now translation science and its results are hardly of interest for all the other sciences from which it so diligently borrows.
If one compares translation science with, say, cognitive science – also an interdiscipline and born at roughly the same time as translation science – then Kaindl's postulated translation-scientific "success story" (see Kaindl 1997, 62) actually turns out to have been rather meagre. By contrast, cognitive science – which arose from experimental psychology, linguistics, computer science, philosophy and neuroscience to explain how human intelligence functions – has contributed significantly to the development of linguistics, psychology etc. It has even led to paradigm shifts in various related disciplines, while a 'translation-scientific transformation' has not thus far occured in any discipline (not even in communications or cultural studies, from where notions of translation which are currently en vogue were derived), and is unlikely to occur at any time in the near future.
Kaindl (1999) is to my knowledge the first and only translation scientist who has thoroughly engaged the theoretical and methodological implications of the postulate of translation science as an interdiscipline. First of all, he names in three points the prerequisites for interdisciplinary functioning. That is, when such a configuration does not obtain, a science cannot develop into an interdiscipline. The three prerequisites are: complexity of the subject matter, aspirations toward an integrated ascertainment of the subject matter and structural openness within the discipline with respect to research organization as well as methodology. Then he points out that interdisciplinarity is to be understood from two perspectives: for one (after Hübenthal 1991), as 'small-scale interdisciplinarity', which is understood as the cohesion between the sub-fields of a discipline. With respect to translation science, this means the connection between literary translation and its various subtypes – from the translation of specialized texts and literary translation to the interpreting with its various branches – which are all considered sub-branches of the subject area of translation. Here interdisciplinarity is understood as intradisciplinary coordination work. And the other sense of interdisciplinarity (according to which translation science is normally referred to as an interdiscipline) is the cooperation with other scientific disciplines which are independent from translation science.
Kaindl distinguishes three stages of interdisciplinarity with respect to translation science: The first stage is the so-called 'imperialistic' interdisciplinarity, in which one science constitutively embarks on the construction of another. In Kaindl's view, this was the case in the days when translation science was conceived of as part of linguistics. The second stage is the so-called 'importing' interdisciplinarity, which is characterized by cross-disciplinary cooperation in order to improve the success or appreciation of another science (cf. Wallner 1993, 17). At the moment this is indeed the most prevalent form of interdisciplinarity

in translation science. Finally, the third stage is 'reciprocal' interdisciplinarity, which ensues when two or more disciplines cooperate with each other on equal footing, in which theoretical and methodological concepts develop or are connected with each other while the research task is treated on a systematic level. The results attained in this manner represent a gain in insight for all participating disciplines.

A good example of this type of reciprocal interdisciplinarity can be seen today – as previously mentioned – in cognitive science, which has helped e.g. the field of linguistics make remarkable progress through the explanation of numerous linguistic phenomena. If one compares the relevance of cognitive science for other disciplines with that of translation science, it becomes clear that translation science still has a lot to do in order to fulfil the postulated claim of being an interdisciplinary field. It can only help here that translation science is currently growing out of its present stage of 'importing' interdisciplinarity and is increasingly addressing itself to cross-disciplinary projects exploring phenomena of translation on a reciprocal level. An additional precondition for this, however, is that pertinent developments in neighbouring disciplines always be taken into account; one should not simply take what one has just read in another discipline – no matter whether it originates in the 1960s or the 1990s – and then sell it without any context as the latest insight in translation science.

That this type of theoretical reflection among translation scientists on the topic of interdisciplinarity tends to be rather the exception, is also evident in the fact that while translation science adopts terms and proposed models from other sciences as termini, it feels it necessary to give them a translation-scientific content, such as e.g. Vermeer/Witte (1990) who introduce scene- and frame-sorts, and thus (as Risku 1998 also critically observed) create their own translation-scientific terminology for cognitive processes. In doing so, the further development of general models of cognition – which will also be important for translation science in the future – are dismissed, and interdisciplinary cooperation ends there.

Also undesirable from the perspective of interdisciplinarity is the very vague and undifferentiated usage in present-day translation science of the term 'holistic', which has been asserted again and again since Snell-Hornby's (1986a) 'reorientation of translation science', but is used in various senses even by Snell-Hornby herself. Cf.:

> In translation the text should be viewed as holistic, i.e. as *Gestalt*, as a multifaceted complex unit, which is more than, and qualitatively different from, the mere addition of its linguistic components. (See Snell-Hornby 1996, 55)

And at a different point:

In the meantime the linguistic orientation of the field has given way to a holistic view, which incorporates in its considerations the insights of neighbouring disciplines, from ethnology to cognitive psychology. (See Snell-Hornby 1997, 31)

It is clear that Snell-Hornby – who is oriented toward the hermeneutic philosophy of language and the Gestalt theory of psychology – uses 'holistic' in the sense of 'integrated'. In artificial intelligence and in the cognitive sciences, however, 'holistic' is the opposing counterpart to 'modular' (and crucially not to 'linguistic'!) and relates to theoretical modelling describing the organization of human cognition. According to the conception of modularism, the human mind is a decomposable complex of various capabilities forming subsystems (modules), that each follow their own principles. Thus a distinction is made once again between structural (relating to knowledge systems) and procedural (relating to transformation processes) modularity. Proponents of holism, however, advance the thesis that the human mind is an indivisible whole, determined by an array of fundamental principles (cf. Schwarz 1992, 22). Holistic models presuppose that the interaction of the individual parts of particular phenomena can be explained with a single mechanism only (or with only one type of rules). In contrast, modular models consist of qualitatively varied components, each of which can be integrated into modules where various mechanisms operate, and not every module influences all the others. This dichotomy is apparently not intended by Snell-Hornby. There are also great reservations about a holistic notion of text in action-oriented text analysis, however, cf. Heinemann/Viehweger (1991, 99):

> The prevailing equalisation – above all in the early stage of speech act theory-oriented text analysis – of linguistic actions/speech acts and text has proven to be problematic in many respects. For one thing, such a notion largely masks the inventive aspect of linguistic activity, whereby texts are not simply reproduced, but constituted from delineable elements. Inasmuch it can also be assumed that basic linguistic units represent the fundamental representational elements of illocutionary knowledge, which are linked up with each other during the production of a text in a specific way according to the illocutionary plan, and in this way constitute complex actions. For another, an equalisation of text and linguistic action negates fundamental principles of constitution, which underlie both text production as well as text processing.

Thus top-down and bottom-up strategies have established themselves in text analysis, both of which are used in translation science (cf. e.g. Neubert 1988). One is thus not bound to repeat the apparently nontrivial warning that in interdisciplinary work we must pay attention to whether we do not by one and the same word in fact really mean quite different things.
But even translation science's own terminology is not always explicitly defined. It is not unusual that tried and true concepts are renamed for the sake of modernity – something which causes translation-scientific approaches as a whole to

seem divergent or more controversial than they really are. And thus translation science has experienced a deep rift since the 80s, and the corpus delicti is based on one's relationship to linguistics. The basis for discrimination is "Tell me what you think about linguistics and I'll tell you who you are!"

3. 'Modern' General Translation Theory vs. 'Traditional' Translation Theory

The core of General Translation Theory (GTT) (=Allgemeine Translationstheorie – ATT) is the so-called skopos theory:

> 'Skopos' determines what should be translated/interpreted and how it should be translated, etc. Thus the theory is general, i.e. it holds for all cases of translation. ... How a specific translat arises in a given case, naturally cannot be specified in skopos theory. Micro-determinations with respect to this issue are the purpose of various disciplines, e.g. neurolinguistics, psychology and in (psychological) action theory. According to our understanding of general translation science, however, this is not the subject matter of this last discipline. Which relations obtain between target text and source text can be determined – retrospectively(!) – inter alia by linguistics. Thus, linguistics gives no directions on how one should go about translating; it can determine how something has been translated. (See Vermeer 1992, 31f)

That is, skopos theory consists of two postulates: First the claim of being a generally valid theory for all types of translation; and second the key sentence: the dominant of all translation is the purpose, alias skopos, which determines "what should be translated and how it should be translated, etc."
This definition – as we clearly see – actually says nothing about translation itself. On the contrary, skopos theory explicitly denies the need to say anything at all about translation and about the translat. That is, the purportedly modern General Translation Theory has nothing to say about the phenomenon of 'translation', but rather prescribes to the translator (or reassures him) that the purpose/skopos justifies the means. Where the translator should get these means and what these means are in detail is not the subject of the translation theory! Linguistics can investigate how something has been translated; neurolinguistics and psychology spell out how a translat arises. But why should linguistics, neurolinguistics and psychology do that if translation is not even their subject matter? And even if we were to recognize the normative and speculative character of the theory of translation and interpreting, which refuse to include the *HOW* and *WHAT* of translation and interpreting, we still reach the conclusion that skopos theory does not define skopos either, but merely substitutes the word 'skopos' for the word 'purpose'. That linguistic action is purposeful action has never been questioned by anyone in either text linguistics or linguistic action theory. However, just a brief look in the literature on text linguistics and action theory makes it clear that there is no consensus about what the goal of linguistic

activity is, and consequently completely different phenomena are understood by it in the individual models. In addition to 'skopos', the definition of which is not sufficiently clear from a scientific perspective (cf. Liedtke 1997), another new buzzword of GTT is 'culture'. Thus, one can read in Witte (2000, 26):

> The primary subject of investigation in translation science is no longer language, but rather the *aggregate behaviour of humans in different cultural contexts*.

But as Gerzymisch-Arbogast (1994, 75) has already felicitously observed:

> From this very broad understanding of culture however, applicable rules for the translation of cultural specifics can be derived only with difficulty. Up to now there has been little systematic investigation of which cultural (situational) factors (can) lead to which (linguistic) realisations in which given situations. In addition to this across-the-board understanding of culture, which offers little help in concrete cases of translation, other approaches focus on the individual cultural-specific word, i.e. they proceed at the micro-structural level, which often fails to yield a clear reference to the text.

Also Floros (2002, 77) rightly underscores:

> Here the limits of the informative value for translation of abstract definitions of culture become apparent: From a global point of view, the translator cannot recognize which segments of the text should be transferred in a culture-specific manner. Beyond that, the emphasis on components of behaviour addresses, if anything, non-verbal communication, since for verbal written (translation) or oral (interpreting), it is insufficient to 'strive for behaviour which conforms to expectations' as a directive for the coverage of culture in texts. Despite this rather problematic notion of culture, many authors in translation science are marked by Göhring's notion of culture (Reiss/Vermeer 1984, 26, Vermeer 1986, 178f., Holz-Mänttäri 1984, 34, Snell-Hornby 1988, 40), and this underlies many translation-scientific works (Nord 1993, Ammann 1995, Lauscher 1998, Schmid 2000, 51).

Without wanting to underestimate the relevance of both culturally-determined and functional aspects of translation, the omnipresent cultural determinism of modern translation science in relation to the process of translation seems to me to be too undifferentiated theoretically, in part misleading and in need of clarification. Besides that, theorizing on translation we must be aware that functional and cultural aspects are only one side of the coin. To sum up, a metatheoretical and methodological discussion in translation science, which has been largely missing up to now, seems on the whole to be desperately needed.

4. Metatheoretical Evaluation of Translation-scientific Postulates

The abstinence of scientific theory towards translation science identified at the beginning goes both ways, i.e. translation science has omitted translation-

scientific methodology in its now quite extensive literature. And thus the question is rarely posed as to what kind of science translation science even is. In Snell-Hornby (1986b, 27) we find only the statement that with reoriented translation theory "... no exact science [is] postulated, for that is not what translation is about: it involves much more the humanities." Whatever that may mean, it sounds like a charter for translation science against any type of rational review, free, according to the motto "Nothing is impossible in translation science".
In the opinion of many science theoreticians this division of the world into two scientific cultures – the culture of natural science and the culture of the humanities – and the consequent incursion of mutual ignorance and impoverishment, has not exactly contributed to a positive development of science(s) in the twentieth century. The 'divided culture' (cf. Mittelstraß 1998, 95) – whose parts form their own worlds: the objective world of the natural scientist and the 'literary' world of the scholar of the humanities – has led, according to Mittelstraß, to a myth,

> which settles around scientific and non-scientific relations, at the same time a myth which the scientific consciousness has created in order to better conceal its own ineptitude. It is this, the ineptitude of science, or more precisely: of the scientist, his own doing, if not to be understood as an expression of a system or of a unit of science, then at least as an expression of some idea of *indivisible rationality*, of an undivided rational culture (p. 95) [...]. Outside of science there may be many cultures, even divided ones; within science there is no divided culture in the long run; science will develop beyond it (p. 99).

At the same time as her characterization of translation science as a part of the humanities, Snell-Hornby also spoke of translation science as an interdiscipline, which while surely correct, does not release translation science from the need for metatheoretical self-reflection. For even declaring translation science an interdiscipline still does not say anything about its internal constitution, or the character or nature of its theories and methods. Moreover, interdisciplinarity or even transdisciplinarity is primarily a research form which cannot replace scientific disciplinarity, but rather can "extend beyond disciplinary knowledge and habits of knowledge formation" (cf. Mittelstraß 1998, 108). However, these types of methodological questions have not yet been considered in translation science. There have nevertheless been initial considerations or commitments with respect to the question of what kind of science translation science actually is. Thus, e.g. Koller (1997) or Doherty (2000) emphasise that translation science is an empirical science. I would like to align myself with this point of view.
What are the consequences of this for translation-scientific methodology? Translation science should take the source-language text as well as the target-language text into consideration in its investigations, for empirical sciences observe the reality of the subject of investigation (= translation) and formulate

theories which are then evaluated against reality. As such they must in principle clarify two questions in their theories: 1. What are the facts with respect to the subject of investigation? 2. Why is this the case? Theories which answer the first question are called descriptive; theories which answer the second question, explanatory. Thus, e.g. Gutt (1991, 20f.) sees as a precondition for further translation research "a shift away from the descriptive classificatory approach towards explanation". And these explanations are, from the point of view of scientific theory, generally verifiable. That is, if a scientific discipline such as in our case, translation science, has resolved what its subject matter is and how it should be investigated, it then becomes the task of scientific theory or methodology to observe what translation scientists do, or to subject their activities to critical analysis. In scientific theory, e.g. Opp (1995), the following method has been proposed for this:

Table 1: Method of critically evaluating theories
1. Evaluation of a theory by comparison with alternative theories
a)   Expose logical contradictions between one theory T1 and another T2, so that T1 = ~ T2
b)   Citing of different causes for one and the same explanation
2. Evaluation of a theory by detecting internal contradictions
3. Evaluation of a theory by comparison with the facts

In the following we want to test whether certain postulates of modern GTT can be evaluated by means of this method. We also want to show that there is apparently a way out of the clutter of translation-scientific approaches cited from Neubert in the beginning, if one metatheoretically verifies whether theories deliver what they promise.

Re 1) The evaluation of a theory by comparison with alternative theories
With the reorientation of translation science toward autonomy and independence from linguistics came an avoidance of any notion of language and understanding, and a push toward continually taking up new questions. This functioned – as Kopetzki (1996) determined – as a supplantive mechanism, for the interdisciplinary self-image was used as an alibi to largely neglect its own notion of language and understanding, and the concept of scientific rationality. This will get its revenge now, however, if the most heterogeneous approaches from other disciplines are integrated into an autonomous interdisciplinary field, and interdisciplinarity is not used to solve questions of translation or translation science, but rather is reduced de facto to a purely additive, disjoint parallel of heterogeneous competing models. Thus the claim that language is a manifestation of culture (i.e. that which is created by humans) – T1 – of 'modern' translation science is in logical conflict with the favoured assumption in cognitive science that "language is not an artefact of culture. ... it is qualitatively the same for all humans

and is distinct from general abilities such as the processing of information or intelligent behaviour; it is an instinct" (T2) – according to the American cognitive scientist Steven Pinker's (1998) best-seller *The Language Instinct*. Thus, already the comparison of these two basic assumptions results in the following: If T1 is valid then T2 is invalid, and vice versa. This fundamental contradiction seems not to bother modern translation science, however, even though it is of decisive importance for the construction of translation-scientific theories. Alternative theories can also be verified with respect to whether the same claims lead back to different causes (cf. 1.b in Table 1). Thus, not all linguists hold such an extreme nativist view as e.g. Pinker, and absolutely admit the consideration of cultural determinants of language, so that the statement "translation is cultural transfer" – a current key sentence in modern translation science – does not necessarily follow from a culturally-based concept of translation, but rather is completely consistent with a linguistically-based one, if one makes use of a sufficiently elaborate semantic theory which encompasses cultural components of knowledge. And for that there are now various linguistic approaches relevant to translation science, which have nevertheless not been absorbed by modern translation theories even though they call themselves interdisciplinary.

Re 2) Evaluation of a theory by searching for internal contradictions
If the axioms, i.e. the most general statements of a theory, are contradictory, then any arbitrary statements can be derived from them. In order to avoid this, one must first analyse a theory with respect to whether internal contradictions are present. Thus a contradiction is present if e.g. in the *Foundation of a General Theory of Translation* by Reiss/Vermeer (1984, 120) is stated "every translation - being always a translation of a text - is as such necessarily a cultural transfer", but on the other hand a model is constructed with several levels of complexity, in which a distinction is made between types of translation with and without transfer of cultural elements of the text.

Far more problematic, however, is an internal contradiction in skopos theory, which Liedtke (1997) pointed out, and which has to do with the definition of skopos by Reiss/Vermeer and the concomitant claim making skopos theory a foundation of a general theory of translation. This contradiction consists in the fact that the skopos rule relates to purpose as the justification for the activity of the translator: to his action in creating the translat ("An action is a function of its purpose. What one does is secondary with respect to the purpose of the action and its achievement." – see Reiss/Vermeer 1984, 98). Conversely, the functional perspective of GTT understands by 'purpose' the purpose of the translat in the target culture. Liedtke illustrates the contradiction with a technical example: If someone paints his fence, he must perform certain actions (such as e.g. removing rust or damaged wood, priming etc.), so that in the end the purpose of painting – having a nice-looking fence – is fulfilled. Whether he painted the fence

because he expects his rich aunt to visit him, or because the Pope is coming or because a neighbour has just put up a pretentious fence, changes nothing with respect to the act of painting and the result that the fence now looks nice. In other words, the purpose of the result of translation (=translat) in the broad context of potential target culture interests and the purpose of the actions which lead to the result (=translat) are different things; their relations to one another are not resolved, however, in skopos theory. Thus Liedtke logically concludes that the skopos rule of Reiss/Vermeer has shown itself to be inadequate for its claim to justify a general functional translation theory. And according to the method of critical evaluation of a theory, this failure to separate and link to each other distinct notions of 'purpose' as applied to translation can be viewed as an fundamental contradiction of skopos theory.
And finally one more illustration of the critical evaluation of ATT by means of the third criterion:

Re 3) Evaluation of a theory by comparison with the facts
As shown above, skopos theory raises the claim of general validity "for all cases of translation" (see Vermeer 1990, 31). It is then surely the task of translation science to address and to explain all types of translation and interpreting; the question is, is this possible by means of a single theory? Indeed, according to everything we know about types of translation (fiction, non-fiction) as well as interpreting (and its subtypes), they are so distinct from one another – both in their execution as well as their end result – that their empirical exploration requires very different methods and models. Thus, in my view there can be no general theory of translation for specialized texts, literary translation and interpreting (unless this theory is far too general, postulating nothing but general common wisdoms).
Now the proponents of the functional theory can object that skopos theory does not even bother with the *HOW* of translation, but rather focuses on the purpose of the translation in the target culture. Even with such a concession, however, to understand how inadequate skopos theory must be for literary translation, it is enough to take note of various remarks of Friedmar Apel concerning how wrong and outdated those theories of literary translation are which derive their purpose from the content of the composition and the function of literary translation from the reader. The creation of fiction and non-fiction texts involves two activities in which language is used in different functions. While non-fiction texts have a communicative function, language involves aesthetic and symbolic functions in fiction texts (in theatre and film even in conjunction with artistic symbolism). Here, language is an artistic product whose translation will be also an artistic artefact in the target culture, so that both the reception and translated reproduction of a fictional text use language differently than in non-fiction.

As far as interpreting is concerned, Pöchhacker (1992) attempts to apply the principles of GTT to interpreting, posing the question of the extent to which simultaneous translation should be evaluated as cultural transfer or as voice-over technology. The result of this investigation is: no cultural transfer, but voice-over technology! Nevertheless, Pöchhacker does not give up hope that later investigations will not exclude the possibility that simultaneous translation is indeed cultural transfer. Sure enough, our investigations and instruments of analysis are constantly improving, in order to place us in a position to achieve empirically-supported translation-scientific insights. In this sense, Pöchhacker's analysis is without doubt an expressive investigation which pursues an empirically-convincing hypothesis – and in my view an a priori rather suggestive one – on a rich and very extensive body of interpreting material. In addition, several directions of contemporary interpreting science fortunately seem to feel so autonomous, that they do not even discuss the question of a general theory of translation. Investigations into simultaneous translation are probably the most modern within translation science, for they are supported by cognitive and psycholinguistic models which modern translation theory – through its proud avoidance of or liberation from linguistics – has not yet absorbed.

With these few examples I wanted to suggest that scientific theory apparently has methods available for bringing us closer to the goal of constructing the truest possible theories and of falsifying inconsistent theories. Thus I come to my last point:

5. Outlook

What conclusions can we draw from the scientific theory methods for the critical evaluation of theories in the further development of translation science? First of all, I consider it necessary for us to seriously consider the first question of all empirical sciences: What are the facts in translation and interpreting?, i.e. to start with the most overdue empirical exploration of translation processes and products, and to interrelate the reality of translation in the past and present. Secondly, I deem it necessary to apply the suggested metric for evaluating scientific theories to translation and interpreting theory, and not to believe that an 'anything goes'-bonus is earned by placing translation science in the humanities – as done by Snell-Hornby in 1986 with her 'reorientation'. And thirdly, we must overcome the black-and-white matrix introduced into the scientific discourse by functionalist translation theory (functional, cultural = modern; linguistic = old, outdated), for this black-and-white matrix is counterproductive for the future development of translation science. And not only because it is artificially divisive, but because it is in fact itself an error. The translation-scientific revolutions or paradigmatic displacements which have been claimed or precipitated over and over in recent years are scientifically unsustainable, because the subject matter of translation theory is not an *either-or*, but rather a *not-only-but-also*, and offers the mutual complementation of various translation-scientific questions. The question of what should be translated for what purpose in which way (which functional culturally-oriented translation science is interested in) and the question of how translation and interpreting proceed in detail (which linguistically-oriented translation science is concerned with) are two different questions; they are also two sides of the same coin, however, and must both be treated by translation science. Thus it is a step backwards that modern functional translation theory justifies its autonomy by believing that it has to exclude numerous issues, many of which have been addressed in connection with translation by other disciplines – above all various 'hyphenated'-linguistic fields – from the subject matter of translation science. And it is also an error to want to view linguistics on the one hand as an exact (natural) science and translation science on the other as an (inexact) discipline of the humanities. Just as in linguistics, there is a mixture of humanities and natural scientific methods in translation science, which demands both approaches in order to be worthy of its very complex subject matter.

The desperately-needed unity of humanities and natural science at present is made clear by Mittelstraß (1998) in his *Häusern des Wissens* with the distinction between knowledge of disposition and knowledge of orientation, both of which every scientific discipline must unify and embody. By knowledge of disposition is understood a knowledge of causes, effects and means, by knowledge of orientation a regulative knowledge of (justified) purposes and goals. Knowledge of disposition has to do with the *can*, knowledge of orientation with the *should*. And in the end both forms of knowledge belong together. Somewhat schematically carried over to translation science, this means that linguistically-oriented translation science tracks down the *can* of the translator and the functional translation science the *should*. To the *can* belong additionally psychological, physiological, neurological etc. aspects; to the *should* belong sociological, cultural, artistic, ethical etc. viewpoints.

My suggestion for the theory is to incorporate – according to the research question with respect to the complex activity of translation and interpreting – various 'hyphenated' fields into the theory, which can devote themselves to the compilation and exploration of data in linguistic, cognitive, psychological, neurological, sociological, cultural, aesthetic etc. aspects of translation, make use of the already approved models and methods of their original disciplines and specify them for translation as necessary, so that the designation 'the interdiscipline of translation science' – used until now only as a label – is given a chance to become reality.

Remarks

[1] translated by Evan Mellander

[2] I am more than lucky that Eugene Nida found his way to Innsbruck in 2002 to give with his lecture an overwhelming opening to the "III. Internationale Innsbrucker Ringvorlesung zur Translationswissenschaft", which is now in press.

References

Ammann, M. (1995): *Kommunikation und Kultur: Dolmetschen und Übersetzen heute.* 3.Aufl. Frankfurt a. M.: Verlag für Interkulturelle Kommunikation (IKO).
Apel, F. (1982): *Sprachbewertung. Eine historisch-poetologische Untersuchung zum Problem des Übersetzens.* Heidelberg: Carl Winter Universitätsverlag.
Bierwisch, M. (1980): „Semantic Structure and Illocutionary Force." In: J. R. Searle/F. Kiefer/M. Bierwisch (1980) (Hrsg.): *Speech Act Theory.* Dordrecht, 1-35.
Doherty, M. (2000): „Übersetzungstheorie als Wissenschaftsdisziplin – ein kritischer Bericht." Fabricius-Hansen, Cathrine / Østbo, Johannes (2000): 31-40.
Fabricius-Hansen, C. / Østbo, J. (2000) (Hrsg.): *Übertragung, Annäherung, Angleichung. Sieben Beiträge zu Theorie und Praxis des Übersetzens.* Osloer Beiträge zur Germanistik 25. Frankfurt u.a.: Peter Lang.
Floros, G. (2002): „Zur Repräsentation von Kultur in Texten". In: G. Thome/C. Giehl/H. Gerzymisch-Arborgast (2002) (Hrsg.): *Kultur und Übersetzung. Methodologische Probleme des Kulturtransfers.* Jahrbuch Übersetzen und Dolmetschen; Bd.2, 2001. Tübingen: Narr, 75-94.
Gerzymisch-Arborgast, H. (1994): *Übersetzungswissenschaftliches Propädeutikum.* UTB 1782. Basel: Francke.
Gil, A./Haller, J./Steiner, E./Gerzymisch-Arborgast, H. (Hrsg.) (1999): *Modelle der Translation. Grundlagen für Methodik, Bewertung, Computermodellierung.* Frankfurt a.M. u.a.: Peter Lang.
Grbić, N./Wolf, M. (Hg.) (1997): *Text – Kultur – Kommunikation. Translation als Forschungsaufgabe.* Tübingen: Stauffenburg.
Gutt, E.-A. (1991): "Translation as Interlingual Interpretive Use." In: L. Venuti (2000) (Hg.): *The Translation Studies Reader.* London/New York: Routledge, 376-396.
Heinemann, W./Viehweger, D. (1991): *Textlinguistik. Eine Einführung.* Tübingen: Niemeyer.
Holz-Mänttäri, J. (1984): *Translatorisches Handeln. Theorie und Methode.* Helsinki: Suomalainen Tiedeakatemia.
Hübenthal, U. (1991): *Interdisziplinäres Denken. Versuch einer Bestandsaufnahme und Systematisierung.* Stuttgart.
Kaindl, K. (1997): „Von Hauptdarstellern und Statisten: Zur Rolle des Textes im translationswissenschaftlichen Handlungsspiel." In: N. Grbić/M. Wolf (Hrsg.) (1997), 53-65.
- (1999): „Interdisziplinarität in der Translationswissenschaft. Theoretische und methodische Implikationen." In: A. Gil et al. (Hrsg.) (1999): 127-155.
Kittel, H. (1988): „Kontinuität und Diskrepanzen." In: H. Kittel (1988) (Hrsg.): *Die literarische Übersetzung. Stand und Perspektiven ihrer Erforschung.* Göttinger Beiträge zur Internationalen Übersetzungsforschung 2. Berlin: Erich Schmidt, 159-179.
Koller, W. (1997): *Einführung in die Übersetzungswissenschaft.* 5., aktualisierte Auflage. Wiesbaden: Quelle und Meyer.

Kopetzki, A. (1996): *Beim Wort nehmen. Sprachtheoretische und ästhetische Probleme der literarischen Übersetzung.* Stuttgart: M & P, Verl. für Wissenschaft und Forschung.

Lauscher, S. (1998): „Zum Kulturbegriff in deutschen Arbeiten zur Translationswissenschaft. Eine Bestandsaufnahme." In: P. Holzer/C. Feyrer (Hrsg.) (1998): *Text, Sprache, Kultur.* Frankfurt a.M.: Lang, 277-289.

Liedtke, F. (1997): „Übersetzen in funktionaler Sicht." In: R. Keller (Hrsg.) (1997): *Linguistik und Literaturübersetzen.* Tübingen: Gunter Narr, 17-33.

Menne, A. (1984): *Einführung in die Methodologie. Elementare allgemeine wissenschaftliche Denkmethoden im Überblick.* Darmstadt: Wiss. Buchgesellschaft.

Mittelstraß, J. (1998): *Die Häuser des Wissens. Wissenschaftstheoretische Studien.* Suhrkamp taschenbuch wissenschaft 1390. Frankfurt a.M.: Suhrkamp.

Neubert, A. (1988): „Top-Down-Prozeduren beim translatorischen Informationstransfer." In: G. Jäger/A. Neubert (Hrsg.) (1988): *Semantik, Kognition und Äquivalenz.* Übersetzungswissenschaftliche Beiträge 11. Leipzig: Enzyklopädie, 18-30.

- (1999): „Übersetzungswissenschaft im Widerstreit. Äußere und innere Entwicklung einer Disziplin". In: A. Gil/J. Haller/E. Steiner/H. Gerzymisch-Arborgast (Hrsg.), 11-32.

Nord, C. (1993): *Einführung in das funktionale Übersetzen. Am Beispiel von Titeln und Überschriften.* Tübingen: Francke (=UTB.1734).

Opp, K.-D. (1995): *Methodologie der Sozialwissenschaften.* Opladen: Westdeutscher Verlag

Pinker, S. (1998): *Der Sprachinstinkt. Wie der Geist die Sprache bildet.* München: Knaur.

Pöchhacker, F. (1992): „Simultaneous interpretation: 'Cultural transfer' or 'voice-over text'?" In: M. Snell-Hornby/F. Pöchhacker/K. Kaindl (Hrsg.) (1992), 169-178.

Risku, H. (1998): *Translatorische Kompetenz. Kognitive Grundlagen des Übersetzens als Expertentätigkeit.* Tübingen: Stauffenburg.

Reiss, K./Vermeer, H. J. (1984): *Grundlegung einer allgemeinen Translationstheorie.* Tübingen: Niemeyer.

Schmid, A. (2000): „'Systemische Kulturtheorie' – relevant für die Translation?" In: M. Kadric/K. Kaindl/F. Pöchhacker (Hrsg.) (2000): *Translationswissenschaft. Festschrift für Mary Snell-Hornby zum 60. Geburtstag.* Tübingen: Stauffenburg, 51-65.

Schwarz, M. (1992): „Kognitive Semantik – State of the Art und Quo vadis?" In: M. Schwarz (Hrsg.) (1992): *Kognitive Semantik.* Tübingen: Gunter Narr, 9-19.

Snell-Hornby, M. (Hrsg.) (1986a): *Übersetzungswissenschaft – eine Neuorientierung.* Tübingen: Francke.

- (1986b): „Übersetzen, Sprache, Kultur." In: Snell-Hornby, M. (Hrsg.) (1986a), 9-29.
- (1988): *Translation Studies. An integrated Approach.* Amsterdam: Benjamins.
- (1996): *Translation und Text. Ausgewählte Vorträge,* hrsg. v. Mira Kadric u. Klaus Kaindl. WUV Studienbücher. Geisteswissenschaften. Band 2. Wien: WUV-Universitätsverlag.
- (1997): „Übersetzungswissenschaft in Europa – Theorie und Ausbildung im Wandel der Zeit." In: E. Fleischmann/W. Kutz/P. A. Schmitt (Hrsg.) (1997): *Translationsdidaktik. Grundfragen der Übersetzungswissenschaft.* Tübingen: Gunter Narr, 28-35.

Snell-Hornby, M./Pöchhacker, F./Kaindl, K. (Hrsg.) (1992): *Translation Studies – An interdiscipline.* Amsterdam/Philadelphia: John Benjamins.

Vermeer, H. J. (1986): *Voraussetzungen für eine Translationstheorie – einige Kapitel Kultur- und Sprachtheorie.* Heidelberg: Selbstverlag.

- (1990): *Skopos und Translationsauftrag – Aufsätze.* 2. Auflage. th-translatorisches handeln 2. Heidelberg: Institut für Übersetzen und Dolmetschen der Universität Heidelberg.
- (1992): „Translation today: Old and new problems." In: M. Snell-Hornby/F. Pöchhacker/K. Kaindl (1992): 3-16.

- (2000): „Mit allen fünf Sinnen oder: Sinn und Leistung des Kulturbegriffs in der Translation" In: M. Kadric/K. Kaindl/F. Pöchhacker (2000): 37-49.
Vermeer, H. J./Witte, H. (1990): *Mögen Sie Zistrosen? Scenes & frames & channels im translatorischen Handeln.* TEXTconTEXT, Beiheft 3. Heidelberg: Gross.
Wallner, F. G. (1993): „Interdisziplinarität zwischen Universalisierung und Verfremdung." In: H. Reinalter (Hrsg.) (1993): *Vernetztes Denken – Gemeinsames Handeln. Interdisziplinarität in Theorie und Praxis.* Thaur, 17-29.
Witte, H. (2000): *Die Kulturkompetenz des Translators. Begriffliche Grundlegung und Didaktisierung.* Studien zur Translation 9. Tübingen: Stauffenburg.
Wotjak, G. (2002): „Die Leipziger Übersetzungswissenschaftliche Schule – Anmerkungen eines Zeitzeugen." In: L. N. Zybatow (Hrsg.) (2002): *Translation zwischen Theorie und Praxis.* (=Forum Translationswissenschaft, Bd.1). Frankfurt/M. u.a.: Peter Lang, 87-117.
Zybatow, L. N. (2002a): „Stereotyp als translationswissenschaftliche Größe und die kulturelle Kompetenz des Translators." In: R. Rapp (Hrsg.): *Die Sprachwissenschaft auf dem Weg in das neue Jahrtausend. Akten des 34. Linguistischen Kolloquiums. Germersheim1999.* Frankfurt/M. u.a.: Peter Lang.
- (2002b): „Sprache-Kultur-Translation oder Wieso hat Translation etwas mit Sprache zu tun?" In: L. N. Zybatow (Hrsg.) (2002): *Translation zwischen Theorie und Praxis.* (= Forum Translationswissenschaft, Bd.1). Frankfurt/M. u.a.: Peter Lang, 57-86.
- (i. Dr.): „Quo vadis, Translationswissenschaft? oder Auf der Suche nach kleinen und großen translatologischen Wahrheiten." In: E. Fleischmann et al. (Hrsg.): *Proceedings der VII. Konferenz zu Grundfragen der Übersetzungswissenschaft LICTRA 2001 in Leipzig.*

ÜBERSETZUNGSTHEORIE UND ÜBERSETZUNGSPRAXIS IM „GLOBAL VILLAGE"
DES 21. JAHRHUNDERTS

Christina Schäffner, Birmingham

1. Globalisierung - Kommunikation - Übersetzen

Es ist eine nahezu unwidersprochene Tatsache, dass sich die zunehmende Internationalisierung in allen Bereichen des Lebens auch auf die sprachliche Kommunikation auswirkt. Linguistische (Teil-)disziplinen interessieren sich in diesem Zusammenhang unter anderem für die Rolle von Einzelsprachen in der internationalen Kommunikation. Das zeigt sich an Fragen wie: In welchen Sprachen erfolgt die Kommunikation im globalen Kontext? In welchen Sprachen wird Information im Internet zur Verfügung gestellt? In welchen Sprachen kommunizieren die Internetnutzer miteinander? In den Anfangszeiten des Internets wurde oft argumentiert, dass Englisch die dominante Sprache des „virtuellen siebten Kontinents" (*Der Spiegel*, 8. Februar 1999) sein wird. Die Zeitschrift *Language International* (Nr. 6, 1998) berichtete, dass 75% der Internetseiten auf Englisch sind, im Vergleich zu jeweils 4% Japanisch und Deutsch, 2,81% Französisch, 2,53% Spanisch und 1,5% Italienisch. In demselben Artikel heißt es, dass 80% der Kommunikation in den virtuellen „chat rooms" des Internets auf Englisch erfolgt. Diese Entwicklung stellt Anforderungen an die Sprachkompetenz der Kommunikationsteilnehmer, vor allem an ihre Fremdsprachenkompetenz. Untersuchungen zur sprachlichen Struktur des Englischen („International English") als gemeinsamem Kommunikationsmittel, zu Strategien zur Überwindung von Kommunikationsproblemen sowie zu Sprachpolitik und Sprachplanung haben in jüngster Zeit zunehmend das Interesse von Linguisten erweckt (u.a. Crystal 1997; Snell-Hornby 2000a; Wright 2000).
Die oft geäußerte Befürchtung, dass Englisch als dominantes Kommunikationsmittel im „globalen Dorf" die anderen Sprachen verdrängen wird (vgl. Phillipson 2001) hat sich jedoch nicht bewahrheitet. Immer mehr Menschen und Nationen haben die Chancen des Internets auch dafür genutzt, ihre eigene Sprache zu propagieren. Das Wiedererstarken von Regionalsprachen und Dialekten (vgl. Wright 1996), das zunehmende Interesse an Minderheitensprachen, sowie auch die bewusste Verwendung (oder Neukonstituierung) von Nationalsprachen aus politisch-ideologischen Gründen (u.a. Zlateva 2000) können als Gegentendenzen zu Globalisierungstendenzen angesehen werden. Für Entscheidungen betreffs Ein- oder Mehrsprachigkeit im supranationalen und internationalen Rahmen (d.h. in Organisationen oder bei Ereignissen, z.B. Konferenzen) spielen neben politischen Gründen (z.B. Sprachpolitik der EU) auch praktische Überlegungen eine Rolle (z.B. Zeitfaktor).

Die zunehmende Verflechtung in den Bereichen Wirtschaft, Technik, Politik, usw., und die damit einhergehende Zunahme der internationalen Kommunikation, bedeuten zum anderen aber auch eine Zunahme des Bedarfs an Übersetzungs- und Dolmetschleistungen. In Bezug auf den Übersetzungsmarkt in Deutschland, ist Englisch am häufigsten Ausgangssprache wie auch Zielsprache. Die für den Markt relevantesten Themenbereiche und Textsorten sind Wirtschaftskorrespondenz, Gebrauchsinformation, wissenschaftlich-technische Texte, Verträge, Produktspezifikationen, populär-wissenschaftliche Texte, Werbematerial (vgl. die statistischen Angaben in Schmitt 1998a; Stoll 2000). Im Folgenden sollen einige Aspekte angesprochen werden, die die Arbeit von Übersetzern im „globalen Dorf" des 21. Jahrhunderts beeinflussen. Auf Konsequenzen für die Übersetzerausbildung und die Disziplin der Übersetzungswissenschaft wird dabei ebenfalls Bezug genommen.

2. Englisch als Ausgangssprache und Zielsprache

Wie bereits angedeutet, fungiert Englisch als Kommunikationsmittel in verschiedenen Situationen und Kontexten. Das führt auch zu der Frage: welches Englisch? Englisch ist die, bzw. eine der offiziellen Sprachen in mehr als 50 Ländern (USA, Vereinigtes Königreich von Großbritannien und Nordirland, Irland, Australien, Indien, Nigeria, Südafrika, ...), genauer: diese Länder haben ihre eigenen Varianten des Englischen herausgebildet (vgl. Stoll 1999). Die Rolle des Englischen als eine der Weltsprachen beruht auf der früheren Rolle als dominante Sprache des „British Empire". Die heutige Rolle von Englisch als internationaler lingua franca ist hingegen vor allem durch die weltweite Dominanz von Technologie und Kultur der USA bedingt. Für Übersetzer bedeutet dies, dass Texte in der Ausgangssprache Englisch neben dem Standard Britischen Englisch ebenso in einer der zahlreichen nationalen, regionalen oder lokalen Varietäten vorliegen können, oder auch in Form des „International English", verfasst von Autoren, für die Englisch nicht die Muttersprache ist. Wie Reeves (2002, 26) argumentiert, haben Autoren, die ihre Texte im „International English" verfassen, die Übersetzungsphase umgangen – was aber nicht unbedingt zu erfolgreicher Kommunikation führen muss.
Auch Übersetzung ins Englische bedeutet nicht automatisch, dass die Adressaten des Zieltextes in Großbritannien beheimatet sind. Neben sprachlichen Nuancen bezüglich Orthographie (z.B. „colour" im Britischen Englisch [BE] - „color" im Amerikanischen Englisch [AE], „dialogue" im BE - „dialog" im AE) oder Lexik (z.B. „autumn" im BE - „fall" im AE, ganz zu schweigen von den zahlreichen lexikalischen Besonderheiten anderer nationaler Varianten), sind es Textsortenkonventionen und kulturspezifische Aspekte, auf die Übersetzer zu achten haben.

So illustriert z.B. Snell-Hornby (2000a) anhand der Textsorte Bedienungsanleitung, auf welche Weise ein deutscher Ausgangstext mit Blick auf die Zielkultur Irland lokalisiert wurde. Das zeigt sich vor allem auf der pragmatischen Ebene, z.B. in der Formulierung der Überschriften zu den Textbausteinen: „SERVICE FOR YOU" im Vergleich zu „Garantiebedingungen für Haushaltsgroßgeräte". Der englische Text verspricht den Kunden als erstes eine Dienstleistung, wohingegen der deutsche Text sofort den Schwerpunkt auf Garantiebedingungen legt. Neben der aus rechtlichen Gründen notwendigen Änderung des Namens der Firma („Bauknecht" - „Whirlpool") ist auch der Textbaustein „Garantiebedingungen" je nach kulturspezifischen Konventionen und gesetzlichen Bestimmungen sprachlich gestaltet. So wird bei gewünschter Inanspruchnahme von Garantieleistungen von deutschen Kunden die Vorlage des Kaufbelegs gefordert, wohingegen in der englischen Fassung „reasonable evidence" für den Kauf als ausreichend erachtet wird. Bei Hinweis auf den Geltungsbereich verweist der deutsche Text auf „Bundesrepublik Deutschland" und fügt weitere gesetzliche Beschränkungen an, wohingegen der englische Zieltext nur fordert, dass sich das Gerät in der Republik Irland befindet:

Garantiebedingungen
[...] eine Garantie zu folgenden Bedingungen ein:
1.Leistungsdauer
Die Garantie läuft 12 Monate ab Kaufdatum (Kaufbeleg ist vorzulegen). [...]
3. Geltungsbereich
Unsere Garantie gilt nur, wenn das Bauknecht-Gerät auf dem von uns in unseren Lieferbedingungen vorgeschriebenen Vertriebsweg erworben wurde und in der Bundesrepublik Deutschland in Betrieb ist.

YOUR GUARANTEE
[...] provided that:
1) reasonable evidence is supplied that the product was purchased within 12 months prior to the date of claim. [...]
4) the product is located in the Republic of Ireland.

Unterschiede zeigen sich auch in den textuellen Mikrostrukturen, z.B. sehr komplexe Syntax mit Prämodifikationen im Deutschen (vgl. „von uns in unseren Lieferbedingungen vorgeschriebenen Vertriebsweg") und stärkere Adressaten-Fokussierung im Englischen (vgl. „your guarantee").
Ist der Ausgangstext in Form des „International English" verfasst, so kann es durchaus vorkommen, dass keine klaren Textsortenkonventionen erkennbar sind. Eine Ursache hierfür kann in der Unkenntnis zielkultureller Konventionen auf Seiten des Autors liegen, oder auch in der bewussten Beibehaltung ausgangskultureller Konventionen bzw. in der Vermischung von ausgangs- und zielkulturellen Konventionen. Mit solchen Fällen können Übersetzer zunehmend konfrontiert werden, zum Beispiel in internationalen Organisationen. Be-

zug nehmend auf Untersuchungen von Didaoui (1996) illustriert Snell-Hornby (2000a) das anhand eines Textes, der bei dem United Nations Translation Service in Wien Ausgangstext für die Übersetzung in mehrere Sprachen war. Solche „defekten", oder hybriden, Texte bedürfen mitunter einer Editierung als Vorstufe des Übersetzens. Sie sind jedoch typische Produkte von suprakulturellen Institutionen und als solche Produkte unserer globalisierten Gesellschaft. Für den Umgang mit solchen Texten wird von Übersetzern in internationalen Organisationen Sachkompetenz sowie Wissen über die Arbeitsweise in diesen Institutionen (einschließlich über Prozeduren der Textproduktion) gefordert.

3. Textsortenkonventionen und Hybridität

3.1 Konventionalisierte Textsorten

Klassifizieren und Kategorisieren gehören zu den kognitiven Tätigkeiten der Menschen, und solche Klassifizierungen wurden auch für Texte vorgeschlagen. In der Textlinguistik gibt es verschiedene Modelle solcher Klassifizierungen nach Texttypen bzw. Textsorten (vgl. Heinemann/Viehweger 1991). So unterscheidet z.B. Werlich (1975) anhand der dominanten kommunikativen Funktion des Textes fünf idealisierte Texttypen: Deskription, Narration, Exposition, Argumentation, Instruktion. Die kommunikative Funktion ist ebenfalls das Klassifizierungskriterium für Rolfs (1993) assertive, direktive, kommissive, expressive und deklarative Textsorten, die wiederum Untersorten aufweisen. In der Übersetzungswissenschaft ist vor allem die übersetzungsorientierte Texttypologie von Reiß (1971) bekannt. Ihre drei Typen, inhaltsbetonter, formbetonter und appellbetonter Texttyp, basieren auf Bühlers Sprachfunktionen (Darstellung, Ausdruck, Appell). Reiß setzte diese drei Texttypen dann systematisch zu Übersetzungsmethoden in Beziehung, wobei ihr Modell jedoch oft als zu starr und präskriptiv kritisiert wurde (z.B. Snell-Hornby 1988, 31). Statt Texttypen hat sich die Translationswissenschaft daher in jüngster Zeit eher mit Textsorten und deren Konventionen im interkulturellen Vergleich beschäftigt (z.B. Göpferich 1995, die Beiträge in Trosborg 1997). Die Ermittlung von Textsortenprofilen anhand des systematischen Vergleichs von Paralleltexten (vgl. Neubert 1985, 75) kann dann zur Erstellung von Übersetzungsstrategien führen.

Definiert man Übersetzen mit funktionalen Theorien als zielgerichtete und zweckgebundene Handlung, als Herstellung eines Zieltextes, dessen Struktur für den bestimmten Zweck angemessen ist (vgl. Nord 1997; Holz-Mänttäri 1984), so schließt diese Handlung oft den Fall ein, dass der Zieltext den Textsortenkonventionen der Zielkultur entsprechen muss. Übersetzer benötigen folglich konkrete Daten, wie die anzusteuernde Textsorte gemäß den Normen und Konventionen der Zielgemeinschaft zu gestalten ist. Textsortenprofile als Modelle für die textsortengerechte Retextualisierung des Ausgangstextes können diese Funktion erfüllen.

Paralleltextanalysen zwecks Ermittlung von Textsortenkonventionen und Erstellung von Textsortenprofilen eignen sich auch methodisch sehr gut in der Übersetzerausbildung, tragen sie doch zur Entwicklung der Text(sorten)kompetenz bei (vgl. Neubert 1997; Schäffner 1998; 2000a). Textsorten können in ihren jeweiligen Kulturen mehr oder weniger stark konventionalisiert sein, und diese Konventionen können sich in der Textstruktur in der Ausgangs- und Zielsprache in mehr oder weniger unterschiedlicher Weise niederschlagen, sowohl auf der Makro- als auch auf der Mikroebene. Konventionalisierte Textmuster bzw. -schemata gestatten eine größere Vorhersagbarkeit hinsichtlich der Textstruktur und somit auch hinsichtlich der Produktion des ZS-Textes. Das soll an einem Beispiel kurz erläutert werden.

Die Textsorte Arzneimittel-Gebrauchsinformation zeichnet sich durch einen relativ hohen Grad an Konventionalisierung aus. Diese Texte findet man als Beilage zu Medikamenten, normalerweise als ein separater Zettel (mitunter auch auf der Verpackung). Ihre dominanten Funktionen sind Information, Warnung und Anweisung, und mitunter auch Werbung für andere Firmenprodukte (was aber nur bei frei käuflichen Medikamenten der Fall ist, vgl. Hoffmann 1983). Ein Vergleich von Paralleltexten im Sprachenpaar Deutsch und Englisch hat unter anderem ergeben, dass die englischen Texte (Name der Textsorte: Patient Information Leaflet, oder Information for Patients) oft als eine Art Dialog mit den Verbrauchern gestaltet sind, d.h. sie weisen eine Frage-Antwort-Struktur auf. Die deutschen Texte verwenden typischerweise Substantive (ein analoges Frage-Antwort-Schema findet sich manchmal bei frei verkäuflichen Medikamenten, aber insgesamt weitaus seltener im Vergleich zu den englischen Texten). Als Ergebnis des Vergleichs lassen sich die folgenden typischen Benennungen für die Textbausteine aufführen (Eigennamen werden im folgenden durch X ersetzt):

Deutsch	**Englisch**
Zusammensetzung	What is X? / What is in this medicine?
Anwendungsgebiete	What is X (used) for?
	How does X work? / Working
Gegenanzeigen	Do not take X if ... / Special warnings
Nebenwirkungen	What side effects may occur? / Possible side effects
Wechselwirkung mit anderen Mitteln	
Alkohol-Warnhinweis	Alcohol
Dosierungsanleitung	Dosage / How much to take
Art der Anwendung	How to take X / Directions (for use) / Taking this medicine
Dauer der Anwendung	
Hinweise / Hinweis zur Haltbarkeit	Storage

Charakteristisch für diese Textsorte sind auch Standardformulierungen, d.h. wiederkehrende Formulierungen in nahezu identischer sprachlicher Form. Anhand des Paralleltextvergleichs lassen sich folgende Zuordnungen vornehmen:

Deutsch	Englisch
(Bitte) sorgfältig lesen!/Wichtige Information, aufmerksam lesen!/Gebrauchsinformation. Bitte aufmerksam lesen!	Please read this leaflet carefully before you take this medicine./Please read this leaflet carefully before using this medicine.
Arzneimittel unzugänglich für Kinder aufbewahren./Arzneimittel für Kinder unzugänglich aufbewahren!	Keep all medicines safely away from children./Keep all medicines out of the reach of children./Keep out of the reach of children.
Das Arzneimittel soll nach Ablauf des Verfallsdatums nicht mehr angewendet werden./Das Präparat darf nach Ablauf des Verfallsdatums nicht mehr angewendet werden.	Do not use after the expiry date (shown on the pack)./You should not use this medicine after the expiry date stated on the pack.
Bei länger andauernden Beschwerden nur nach ärztlicher Anordnung einnehmen.	If symptoms persist, consult your doctor.

Zum Ausdruck der Anleitung dienen typischerweise Infinitive in den deutschen und Imperative in den englischen Texten. Die englischen Texte sind persönlicher als die deutschen (Gebrauch von „please" häufiger als „bitte"; mehr Personalpronomen im Englischen; eher verbaler Stil im Englischen, eher Nominalstil im Deutschen). Einige der ermittelten Unterschiede betreffen die Auswahl der Information, so findet sich z.B. eine Formulierung wie „Soweit nicht anders verordnet, ..." typischerweise in den deutschen Texten, und „Warning: Do not exceed the stated dose" typischerweise in den englischen Texten – ohne ein direktes Pendant im Paralleltext. Ein weiterer Unterschied betrifft die Lagertemperatur, wo eine veränderte Perspektive deutlich wird, vgl.:

Keep X in a dry place below 25°C (77°F)/Store at a temperature not exceeding 25°C./X should be stored away from heat (at a temperature of less than 25°C). – Tube nicht über 25°C aufbewahren./X ist vor Licht geschützt aufzubewahren.

Bei Beachtung der Textsortenkonventionen der Zielkultur kann der folgende deutsche Teiltext wie folgt ins Englische übersetzt werden:

Ausgangstext:
Dosierungsanleitung und Art der Anwendung:
Vor Gebrauch schütteln. Soweit nicht anders verordnet, nehmen Erwachsene 3x täglich 15 ml (gemäß Messbecher) ein.
Dauer der Anwendung:
Bei länger andauernden Beschwerden nur nach ärztlicher Anordnung einnehmen.
Arzneimittel unzugänglich für Kinder aufbewahren.
Das Arzneimittel soll nach Ablauf des Verfallsdatums nicht mehr angewendet werden.

Zieltext:
How to take X and dosage:
Shake well before use. Adults: use 15 ml 3 times a day (use cup to measure) or as prescribed by your doctor.
If symptoms persist, consult your doctor.
Keep all medicines safely away from children.
Do not use after the expiry date (shown on the pack).

3.2 Hybride Texte

Texte, die in einer spezifischen Kultur entstehen und in dieser Kultur ihre kommunikative Funktion erfüllen, folgen normalerweise den etablierten Textsortenkonventionen. Es kann jedoch auch vorkommen, dass ein Text Merkmale verschiedener Textsorten aufweist, bzw. dass ein Text aufgrund seiner Struktur in einer bestimmten Kommunikationssituation nicht eindeutig als Exemplar einer Textsorte erkennbar ist. Zur Charakterisierung solcher Fälle kann auf das Konzept der Hybridität zurückgegriffen werden. In der textlinguistischen Literatur haben zum Beispiel de Beaugrande/Dressler (1981) von intertextueller Hybridisierung gesprochen, wenn ein Text auf subtile Art in eine andere als seine eigene Textsorte übergeht, um einen anderen Zweck zu erfüllen, aber dabei nicht völlig die typischen Merkmale der ursprünglichen Textsorte verliert. Ein Beispiel wäre ein Märchen, geschrieben wie ein juristischer Text. Hatim/Mason (1996, 185) argumentieren, dass Texte häufig, oder sogar generell, multifunktional sind und Merkmale mehrerer Textsorten in sich vereinen. Anders gesagt, infolge der Dynamik der Textsortenkonventionen finden sich unausweichlich Elemente der intrakulturellen Hybridisierung in Texten.

Eine Vermischung von Textsortenkonventionen kann auch durch interkulturelle Kontakte zustande kommen. So illustriert zum Beispiel Zauberga (2001), wie die nach dem Zerfall der Sowjetunion neu gewonnene Unabhängigkeit der baltischen Staaten auch dazu geführt hat, dass konventionelle Strukturen bestimmter Textsorten (z.B. Werbetexte, Touristeninformation) bewusst aufgegeben wurden, da sie zu stark mit der vorherigen Dominanz des Russischen verbunden waren. Die neu entstandenen Konventionen reflektieren einen starken Einfluss der anglo-amerikanischen Kultur. Zauberga bezeichnet diese neuen Texte als hybride Texte, da sie neben Veränderungen der Makrostruktur auch „Neuerungen" in lexikalischen und syntaktischen Mikrostrukturen aufweisen. Trotz, oder gerade wegen ihrer sprachlichen Andersartigkeit werden sie von den Adressaten als kommunikativ angemessen akzeptiert.

In diesen Kontexten wird die Bezeichnung 'hybrider Text' für Originaltexte verwendet. Hybride Texte können aber auch das Ergebnis von Übersetzungen sein. So können Übersetzer absichtlich Zieltexte produzieren, die die linguistischen Strukturen des Ausgangstextes imitieren, um die Zieltextleser mit Ausgangstextstrukturen vertraut zu machen, um ihnen ein bestimmtes Leseerlebnis zu verschaffen (vgl. Venutis 'foreignisation' Strategie, Venuti 1995), oder auch weil der Skopos dies erfordert. So können nicht-konventionelle Strukturen in Zieltexten zum Beispiel durch die kommunikativen Rahmenbedingungen der Textproduktion und -rezeption erforderlich werden. Multilaterale und multilinguale Texte, die in internationalen Organisationen entstanden sind und alle gleichermaßen verbindlich bzw. autorisiert sind, können hierfür angeführt werden. Hier ist es notwendig, dass ein Satz in einem Text genau einem Satz in den anderen Sprachversionen entspricht, damit in Verhandlungen bei Verweisen auf Textstellen alle beteiligten Partner gleichermaßen wissen, worüber gesprochen wird. Solche Zwecke können es auch erforderlich machen, dass syntaktische Regeln einer Sprache 'verletzt' werden, wie im folgenden Auszug aus der Schlussakte von Helsinki deutlich wird anhand des Verbs (vgl. dazu auch Schäffner 1997):

> The participating States recognize the universal significance of human rights and fundamental freedoms, respect for which ...
> Die Teilnehmerstaaten <u>anerkennen</u> die universelle Bedeutung der Menschenrechte und Grundfreiheiten, deren Achtung ...

Die Ausweitung der Bezeichnung hybride Texte auf all diese Fälle von Zieltexten ist zugegebenermaßen problematisch, da sicher eine große Zahl von Zieltexten darunter fallen könnte (vgl. auch die Diskussion im Heft 2/2001 der Zeitschrift *Across*).
Die Konzepte der Hybridität und hybrider Texte haben in jüngster Zeit vor allem in der postkolonialen Literatur eine wichtige Rolle gespielt. In diesem Kontext werden auch Fragen der kulturellen Identität problematisiert. In Untersuchungen zu Postkolonialismus und Multikulturalität wird betont, dass kulturelle Identitäten keine natürlichen Phänomene sind, sondern durch spezifische soziokulturelle Bedingungen konstituiert werden. Vor allem in postkolonialer Literatur wird erörtert, wie ein Wechseln zwischen Kulturen dazu führt, dass das Leben und die Welt als ein permanentes „Driften" zwischen lokalen, temporalen und sozialen Unterschieden wahrgenommen werden. Dieses „Driften" sowie Instabilitäten und Andersartigkeiten sind konstitutive Elemente postkolonialer Literatur und Theoriebildung (vgl. Bhabha 1994). Eine solche Fokussierung auf Unterschiede im Gegensatz zu Identitäten und Gleichwertigkeiten bedeutet, dass eine jegliche Kultur durch Hybridität gekennzeichnet ist, und die Entstehung hybrider Texte reflektiert deren Verortung im interkulturellen Zwischenraum („the space between").
Wie bereits oben erwähnt, können Texte im „Internationalen Englisch" Beispiele für eine solche Verortung im interkulturellen Raum sein. Adejunmobi (1998) argumentiert, dass postkoloniale Autoren aus afrikanischen Ländern ihre Texte in einer europäischen Sprache (d.h. der Sprache der ehemaligen Kolonialherren) verfassen, dabei aber in ihrer Muttersprache denken. Solche Texte be-

bezeichnet Adejunmobi als „compositional translations" und definiert sie wie folgt: „I will identify as compositional translations texts which are published in European languages and which contain occasional or sustained modification of the conventions of the European language in use, where „versions" or „originals" in indigenous African languages are non-existent" (Adejunmobi 1998, 165). Wenn auch „translation" hier nicht im üblichen Sinne der Translationswissenschaft verwendet ist, so zeigen sich doch Parallelen zu dem Konzept des hybriden Textes.

Solche Texte sind in zunehmendem Maße Ausgangstexte für Übersetzungen, vor allem im Bereich des literarischen Übersetzens. Sie bedeuten eine neue Herausforderung für Übersetzer, da solche Texte, wie gesagt, nicht den in einer Kultur etablierten Konventionen folgen, und Übersetzer folglich auch nicht auf Textsortenprofile und Paralleltexte zurückgreifen können. Snell-Hornby (2001) illustriert solche Herausforderungen anhand der Übersetzung des Romans *The God of Small Things* von Arundhati Roy ins Deutsche. Die nicht-konventionelle Struktur solcher hybrider Texte bedeutet ebenfalls, dass Übersetzer nur in beschränktem Maße von modernen Technologien Gebrauch machen können, die mehr und mehr den Übersetzeralltag im nicht-literarischen Bereich bestimmen.

4. Humanübersetzen - Maschinenübersetzen - Maschinengestütztes Übersetzen

Der weltweit steigende Bedarf an Übersetzungen macht es nötig, diesen Bedarf so effektiv und effizient wie möglich zu decken. Elektronische Hilfsmittel spielen dabei eine immer größere Rolle für Übersetzer, zum Beispiel die Möglichkeiten des Internets als Recherchequelle, on-line Zugang zu bi- und multilingualen Terminologien, Glossaren, Wörterbüchern, die Entwicklung von übersetzungsspezifischer Software (z.B. Translation Memory Systems). Auch die Maschinenübersetzung hat weitere Fortschritte gemacht, und es stehen zum Beispiel maschinelle Übersetzungssysteme on-line zur Verfügung, die in Sekundenschnelle Zieltexte liefern. Diese Entwicklung wird einerseits euphorisch begrüßt, ruft aber andererseits auch Sorgen bei Übersetzern hinsichtlich ihrer gesicherten beruflichen Zukunft hervor. In einem Artikel in der britischen Wochenzeitschrift *Times Higher Education Supplement* wurde vor einigen Jahren bereits verkündigt, dass Maschinen die Fremdsprachenkundigen überflüssig machen werden, vgl.:

> Machine will make linguists redundant
> An electronic device that will instantly translate the spoken word will be invented within the next five years, according to a book published this week by the British Council. *The Language Machine* by Eric Atwell predicts future technological developments that could result in widespread redundancies in the language professions. [...]
> (*Times Higher Education Supplement*, 23. Juli 1999)

Nun kann keinesfalls abgestritten werden, dass Maschinenübersetzung extrem schnell ist, aber die Texte weisen meist Mängel in der sprachlichen Qualität auf. Für bestimmte kommunikative Zwecke mag ein defekter Text durchaus ausreichen, aber es trägt nicht unbedingt zum Prestige einer Firma bzw. Organisation bei, wenn ihre Website zwar die Option „Translate" anbietet, Besucher dann zu einem kommerziellen System wie Babelfish oder Systran gelangen, das ihnen aber Produkte von nur mehr als zweifelhafter Qualität liefert. So gab es diesen Service auch bei der offiziellen Website des Birminghamer Stadtrats (Birmingham City Council). Dort „warb" die örtliche Zeitung *The Birmingham Voice* wie folgt für sich in deutscher Übersetzung durch Systran:

> Die Birminghamstimme ist die freie Zeitung des Rates, aber sie liest oder sieht nicht wie eins aus. Sie wird mit Nachrichten, Eigenschaftsgeschichten stauen-verpackt, was eingeschaltet und Ratespalten und die bunten Verbreitungen zum Zusammenbringen jeder wöchentlichen Zeitung ist.

Diese „Dienstleistung" ist mittlerweile – zum Glück – auf dieser speziellen Website nicht mehr verfügbar, allerdings doch (noch?) bei relativ vielen anderen. Fragen, die sich in diesem Zusammenhang stellen, sind unter anderem: wer entscheidet bei Website-Produzenten, ob ein solcher Link angeboten wird? Kontrollieren die Website-Betreiber die Qualität der Übersetzungen, oder sind sie nur an Kostenersparnis interessiert? Nutzen die Besucher diesen Service? Welche Erwartungen haben sie? Wie reagieren sie auf die Ergebnisse? Untersuchungen anhand der Textsorte Arzneimittel-Gebrauchsinformation haben zum Beispiel gezeigt, dass Babelfish nicht in der Lage ist, Zieltexte gemäß den zielkulturellen Textsortenkonventionen zu produzieren (vgl. Schäffner 2002). Das System liefert vor allem wörtliche Übersetzungen, hat zum Teil Probleme mit der angemessenen Terminologie, und es erkennt manche Symbole nicht. Die folgenden Beispiele für die Übersetzung einiger Standardformulierungen (siehe oben) illustrieren das:

> Arzneimittel für Kinder unzugänglich aufbewahren – Medicaments for children inaccessible keep

> Keep all medicines safely away from children. – Halten Sie alle Medizin sicher weg von den Kindern

> Das Arzneimittel soll nach Ablauf des Verfallsdatums nicht mehr angewendet werden. – The medicament is not to be applied at flow of the purge date any longer

> Keep Lemsip in a dry place below 25°C (77°F) – Halten Sie Lemsip in einem trockenen Platz unter 25°C (77°F)

Aber solche Mängel stellen auch eine Herausforderung für die Übersetzungstheorie und -praxis dar, und hierbei kann die spezifische Expertise der Übersetzer und Übersetzungswissenschaftler perspektivisch zur Verbesserung solcher (Produkte von) Maschinenübersetzungssystemen führen. In der Praxis stellt sich zum Beispiel die Frage, ob es für Kunden effizienter ist, maschinenübersetzte Texte einer Postedititierung durch Humanübersetzer (oder andere Experten) zu unterziehen statt durchgängig Humanübersetzer zu nutzen. Ein qualifizierter Humanübersetzer, der über Kenntnisse der erforderlichen Textsortenkonventionen verfügt, kann die von Babelfish produzierten Texte sicher verbessern, aber ob eine solche „Doppelarbeit" effizient ist, kann sicher nur in der Praxis selbst beurteilt werden. Eine engere Zusammenarbeit von Softwareentwicklern mit Übersetzungswissenschaftlern sollte hingegen dazu beitragen, dass Maschinenübersetzungssysteme in zunehmendem Maße auch Textsortenkonventionen berücksichtigen können.

Maschinengestütztes Übersetzen wird für Übersetzer zunehmend Bestandteil ihrer täglichen Arbeit, und auch Translation Memory Systems kommen mehr und mehr zum Einsatz. Dabei sind solche Systeme nicht für alle Texte und Textsorten gleichermaßen gut geeignet, aber vor allem für stark konventionalisierte Textsorten oder Texte mit wiederkehrenden Strukturen und Inhalten sind sie schon relativ leistungsstark (aber wohl kaum von Nutzen für die literarischen hybriden Texte, auf die oben verwiesen wurde). Der Umgang mit den neuen Technologien ist eine Grundvoraussetzung für die Tätigkeit, und bietet darüber hinaus auch neue Arbeitsmöglichkeiten. Das schlägt sich in den Veränderungen des Berufsalltags und in den Berufsprofilen der Übersetzer nieder.

5. Berufsprofile

Schaut man sich Stellenangebote für Übersetzer an, so zeigt sich ganz deutlich, dass eine eng verstandene Übersetzungstätigkeit heutzutage nicht mehr allein den Berufsalltag ausmacht. Prä- und Postedititierung von Texten, Revision, Korrekturlesen, „abstracting", Desktop Publishing, „technical writing" (vgl. Göpferich 1998) gehören ganz selbstverständlich dazu, ebenso wie Mitarbeit an der Erstellung von Terminologien und „in-house style guides" sowie Beratungs- und Gutachtertätigkeit (vgl. Risku 1998, 91). Zu den erwarteten Qualifikationen gehören neben Sprach- und Sachkompetenz auch Fähigkeiten und Fertigkeiten im Umgang mit neuen Technologien sowie interpersonelle Kompetenz (d.h. Teamwork, Flexibilität, Anpassungsfähigkeit). Diese Anforderungen werden in dem folgenden Beispiel, ein Ausschnitt aus einem Stellenangebot für Übersetzer der Europäischen Zentralbank, deutlich:

> The translators' duties will include the translation of texts principally from English into their mother tongue, the revision of texts drafted in their mother tongue and the

proof-reading of texts produced in their mother tongue which are destined for publication.
Qualifications:
A perfect command of French and German, excellent English and a very good knowledge of at least one other official Community language.
An honours university degree - or equivalent qualification - in a relevant subject, preferably in modern languages and/or the financial and economic field. A postgraduate diploma in translation would be an advantage.
Several years' professional translation experience, preferably in the economic or financial field.
A sound background knowledge of financial, economic and legal affairs.
Strong interpersonal and communication skills; self-motivation and the ability to work as part of a team in a multicultural environment are very important.
Advanced PC skills and a practical knowledge of standard MS Office applications are essential. Familiarity with a terminology management package such as TRADOS MultiTerm and translation memory software such as TRADOS Translator's Workbench would be an advantage.

Des Weiteren ergeben sich auch immer mehr neue Arbeitsmöglichkeiten (z.B. Lokalisierung – vgl. die Beiträge in Schmitz/Wahle 2000 –, web translation, multimediales Übersetzen) sowie Veränderungen in den Arbeitsbedingungen (z.b. relay translation, relay interpreting in internationalen Institutionen, wie den Institutionen der EU – vgl. Wagner et al. 2002). An all dem wird deutlich, dass neue Anforderungen der Praxis neue Tätigkeiten von Übersetzern verlangen, die weit über das traditionelle Verständnis vom Übersetzen hinausgehen. Anhand der Praxis der 90er Jahre hat Schmitt (1998b, 1) das Berufsprofil der Übersetzer (und Dolmetscher) wie folgt charakterisiert:

> Übersetzer und Dolmetscher sind Fachleute für die Kommunikation zwischen Angehörigen unterschiedlicher Kulturen - sie sind das Bindeglied zu ausländischen Lieferanten, Kunden und anderen Partnern. Übersetzer und Dolmetscher übernehmen als Fachleute die Verantwortung für die von ihnen erbrachte Leistung.

Snell-Hornby (2000a, 25f.) ergänzt Schmitts Definition wie folgt:

> Translators (and interpreters) are experts for interlingual and intercultural communication, and assume full responsibility for their work. They have acquired the necessary professional expertise, above all linguistic, cultural and subject-area competence, and are equipped with suitable technological skills to meet the challenges of the market today and those to be expected over the coming years. On the basis of source material presented in written, spoken or multi-medial form, and using suitable translation strategies and the necessary work tools, they are able to produce a written, spoken or multi-medial text which fulfils its clearly defined purpose in another language or culture. Translators are engaged in fields ranging from scientific and literary translation over technical writing and pre- and postediting to translation for stage and screen.

Snell-Hornby (2000a) weist ebenfalls darauf hin, dass solche Charakterisierungen angesichts der rapiden Entwicklungen des Arbeitsmarktes ständig modifiziert werden müssen (vgl. auch Archer 2002 sowie die Beiträge in Kurz/Moisl 2002). Damit sind natürlich auch Konsequenzen für die Übersetzerausbildung und die Translationswissenschaft verbunden. Übersetzer als Experten der transkulturellen Kommunikation, als Experten für zweckadäquate Textproduktion, müssen über Übersetzungskompetenz im weitesten Sinne verfügen. Risku (1998, 90) spricht von Expertenkompetenz als „soziale[m] Phänomen der Zuständigkeit einerseits und [...] kognitive[m] Phänomen des Sachverstandes andererseits." Eine solche Kompetenz ist keine statische Größe, sondern vielmehr dynamischer Natur. In der universitären Übersetzerausbildung werden im Rahmen theoretischer Modelle die Grundlagen für eine solche Kompetenz entwickelt. Dazu gehören unter anderem auch ein Bewusstsein für den Umgang mit Texten, mit Kunden, mit Berufskollegen, ein Bewusstsein für den Wert und die Grenzen von Ressourcen sowie deren effektive Nutzung. Diese Grundkompetenz wird dann im Berufsleben, in einem Prozess des lebenslangen Lernens, ausgebaut und vertieft. Nur durch eine solche Bereitschaft zum „life-long learning" können Übersetzer sicherstellen, dass sie mit wachsenden Anforderungen Schritt halten und neuen Herausforderungen gewachsen sind. Und eine solch hohe Qualifikation kann auch Kunden davon überzeugen, dass ausgebildete Übersetzer zuverlässiger sind und adäquatere Produkte liefern als maschinelle Übersetzungssysteme wie Babelfish oder andere Sprachkundige ohne entsprechende Übersetzungskompetenz.

Für die Translationswissenschaft bedeuten Veränderungen des Berufsprofils auch, dass das Verständnis von Übersetzen (und Dolmetschen) als Untersuchungsgegenstand hinterfragt bw. modifiziert werden muss.

6. Herausforderungen für die Übersetzungstheorie

Bei einem Seminar zum Thema „Globalisation and Translation", das im Februar 1999 an der Aston Universität in Birmingham abgehalten wurde (vgl. Schäffner 2000b), nahm die Frage „Muss Übersetzen neu definiert werden?" einen breiten Raum ein. Dabei kam es zu einer kontroversen Argumentation vor allem zwischen Peter Newmark und Mary Snell-Hornby. Nach Meinung von Newmark hat das veränderte Berufsprofil das Wesen des Übersetzens nicht verändert, vielmehr seien es nur zusätzliche Tätigkeiten, wie Desktop Publishing oder Technical Writing, die von Übersetzern im Anschluss an das eigentliche Übersetzen verrichtet werden. Seiner Meinung nach ist die Definition im *Petit Robert* nach wie vor völlig zutreffend: „faire que ce qui était énoncé dans une langue le soit dans une autre, en tendant à l'équivalence sémantique et expressive des deux énoncés". Er argumentiert wie folgt: „This seems to me a perfectly adequate definition of the basic translation activity, however much modification

and differentiation it may require in the case of this or that translation task" (Newmark 2000, 60).
Im Gegensatz dazu meint Snell-Hornby, dass sich Übersetzen nicht auf die Herstellung semantischer und expressiver Äquivalenz beschränken lässt. Sie zitiert einen Marketingmanager einer internationalen Elektronikfirma, der deutlich zum Ausdruck bringt, dass er von Übersetzern Zieltexte in der Form erwartet, in der sie für die Endnutzer erforderlich sind, was auch den Ersatz sprachlicher Strukturen des Ausgangstextes durch eine graphische Darstellung im Zieltext bedeuten kann. Wenn Übersetzer sich nur um die semantische und syntaktische Korrektheit der Texte sorgen, bedarf es einer Posteditierung, was für die Firma zusätzliche Kosten bedeutet. Eine einmalige Investition in ein Maschinenübersetzungssystem wäre seiner Meinung nach in diesem Falle sicher rentabler. Nach Snell-Hornby zeigt diese Argumentation ganz deutlich, dass das traditionelle Verständnis vom Übersetzen als sprachlich korrekte Umwandlung von Texten den heutigen Marktbedürfnissen nicht gerecht wird. Was verlangt wird, ist Textproduktion, d.h. oft multisemiotische oder multimediale Textproduktion für eindeutig spezifizierte Adressaten und Zwecke. Ein solches translatorisches Handeln erfordert nicht nur Sprachkenntnisse (Sprachkonversion leisten auch Maschinenübersetzungssysteme für bestimmte Texte in akzeptabler Form), sondern auch Fachkenntnis, kulturelle Kompetenz sowie andere relevante nichtsprachliche Fertigkeiten, wie zum Beispiel Umwandlung von Text in Graphik. Snell-Hornby schließt wie folgt:

> This is the essence of the translator's job profile [...] and it is by no means merely equivalent to the traditional linguistic transcoding activity plus a technology component. Let us state it again quite bluntly: the translator on the brink of the new millennium is no longer comparable to a simple 19th century boatman, and as a citizen of a hybrid and globalised world she/he will need skills and expertise in multiple areas to qualify as an expert for interlingual and intercultural communication. (Snell-Hornby 2000b, 72)

Das Verständnis vom Übersetzen, wie es von funktionalen Ansätzen propagiert wird (vgl. Nord 1997), reflektiert diese Harmonie von Theorie und Praxis. Desweiteren sind Definitionen funktionaler Theorien auch relativ offen, so dass die Komplexität der Translation (im weitesten Sinne) damit abgedeckt werden kann und auch neue Entwicklungen der Translationspraxis (wie zum Beispiel Übersetzen von Websites) durchaus damit fassbar werden.
Das bedeutet andererseits aber nicht, dass alle in der Translationswissenschaft verwendeten und etablierten Konzepte ein für allemal gültig sind. Translation kann untersucht und beschrieben werden als kognitive Tätigkeit der Entscheidungsfindung, als zweckgerichtetes Handeln in soziokulturellen Kontexten (wobei diese Kontexte Aspekte von Ideologie, Machtstrukturen, Zwängen aller Art einschließen), und als Beitrag zur Entwicklung von Kulturen und Nationen.

Innerhalb der Textlinguistik hat es jüngst eine Diskussion gegeben zur Frage 'Brauchen wir einen neuen Textbegriff?' (vgl. Fix/Adamzik/Antos/Klemm 2002). Motiviert war diese Frage vor allem auch durch neue Entwicklungen, wie Kommunikationsformen im Internet, neue Medien, usw., sowie durch einen 'inflationären' Gebrauch des Begriffs 'Text' in Disziplinen außerhalb der Linguistik. In den Antworten wurde betont, dass es innerhalb der Textlinguistik eigentlich nie einen allgemein akzeptierten 'alten' Textbegriff gegeben hat. Vielmehr kann man auch an Text als Untersuchungsobjekt von verschiedenen Perspektiven herangehen, mit Fokussierung auf spezifische Strukturen in einem Einzeltext, auf Textsortenkonventionen, oder auf das Funktionieren von Texten in der Kommunikation. Eine ähnliche Situation kann man für die Translationswissenschaft ansetzen, für deren weitere Entwicklung es ebenfalls nützlich ist, ihre Konzepte und Analysemethoden immer wieder zu hinterfragen. Nur durch eine solche ständige kritische Hinterfragung und offene Diskussion kann die Disziplin wachsen und reifen.

7. Zusammenfassung und Ausblick

In diesem Beitrag habe ich einige Aspekte der Übersetzungspraxis im „global village" des 21. Jahrhunderts angesprochen: die Dominanz des Englischen als Ausgangs- und Zielsprache, Ausgangstexte im „International English", Veränderungen (bzw. „Verschwinden") von Textsortenkonventionen, hybride Texte, der zunehmende Einfluss moderner Technologien und Maschinenübersetzungssysteme. Diese Entwicklungen bedeuten auch Veränderungen des Berufsprofils der Übersetzer (und Dolmetscher), was sich in neuen bzw. modifizierten Tätigkeiten zeigt. Auf diese Herausforderungen der Praxis muss sich die universitäre Übersetzerausbildung einstellen, was eine regelmäßige Aktualisierung des Lehrplans bzw. der Lehrinhalte und -methoden erforderlich macht. Der Lernprozess ist allerdings mit dem Erhalt des Diploms nicht abgeschlossen, lebenslanges Lernen ist vielmehr ebenfalls integraler Bestandteil des Berufsbildes.
Für die Übersetzungswissenschaft stellen die Veränderungen der Praxis ebenfalls Herausforderungen dar, ist doch die Definition ihres eigenen Untersuchungsgegenstands betroffen. Trotz bedeutender Entwicklungen der Translationswissenschaft in jüngster Zeit und ihrer zunehmenden Etablierung als eigenständige Disziplin gibt es keine allgemein akzeptierte Definition vom Übersetzen. Vielmehr werden Prozess und Produkt von unterschiedlichen Perspektiven mit unterschiedlicher Zielstellung und unterschiedlichen Analysemethoden untersucht, wodurch es neben Anhäufungen von (Teil-)Erkenntnissen auch zu kontroversen Diskussionen kommt (vgl. Chesterman/Arrojo 2000 und die Reaktionen in den darauf folgenden Heften der Zeitschrift *Target* 2001 und 2002). Aufgrund ihres von Natur aus interdisziplinären Charakters ist die Translationswissenschaft prädestiniert für Kooperation mit anderen Disziplinen, und

solche Kooperation wird in den nächsten Jahren zunehmen und enger werden, vor allem mit Technikwissenschaften und Software-Technologien (zwecks Optimierung von Maschinenübersetzen und maschinengestütztem Übersetzen), mit den Kulturwissenschaften (zwecks Erhellung der Prozesse der Hybridisierung von Kulturen und deren Produkten), und mit Soziologie und Arbeitswissenschaften (zwecks Vertiefung der Einsichten in die Tätigkeit der Übersetzer als sozial Handelnde). Nicht zuletzt ist auch eine engere Zusammenarbeit von Übersetzungstheorie und -praxis zu erwarten, dank einer ständig steigenden Zahl von qualifizierten Praktikern sowie des wachsenden Einflusses der Berufsverbände.

Literatur

Across Languages and Cultures. A multidisciplinary journal for translation and interpreting studies. Special issue on *Hybrid texts and translation*. edited by C. Schäffner und B. Adab, Vol. 2, no. 2, 2001.

Adejunmobi, M. (1998): „Translation and Postcolonial Identity. African Writing and European Languages." In: *The Translator* 4/2, 163-181.

Archer, J. (2002): „Internationalisation, technology and translation." In: *Perspectives: Studies in Translatology*. 10/2, 87-117.

Beaugrande, R. de/Dressler, W. (1981): *Introduction to Text Linguistics*. London.

Bhabha, H. K. (1994): *The Location of Culture*. London.

Chesterman, A./Arrojo, R. (2000): „Shared Ground in Translation Studies." In: *Target* 12/1, 151-160.

Crystal, D. (1997): *English as a global language*. Cambridge.

Didaoui, M. (1996): *Communication Interferences in a Multilingual Environment. The Role of Translators*. Wien. Unveröff. Diss.

Fix, U./Adamzik, K./ Antos, G./Klemm, M. (Hg.) (2002): *Brauchen wir einen neuen Textbegriff?* (Forum Angewandte Linguistik Band 40). Frankfurt/Main.

Göpferich, S. (1995): *Textsorten in Naturwissenschaft und Technik. Pragmatische Typologie - Kontrastierung - Translation*. Tübingen.

- (1998): *Interkulturelles Technical Writing. Fachliches adressatengerecht vermitteln. Ein Lehr- und Arbeitsbuch*. Tübingen.

Hatim, B./Mason, I. (1996): *The Translator as Communicator*. London.

Heinemann, W./Viehweger, D. (1991): *Textlinguistik. Eine Einführung*. Tübingen.

Hoffmann, L. (1983): „Arzneimittel-Gebrauchsinformationen: Struktur, kommunikative Funktionen und Verständlichkeit." In: *Deutsche Sprache* 11/2, 138-159.

Holz-Mänttäri, J. (1984): *Translatorisches Handeln. Theorie und Methode*. Helsinki.

Kurz, I./Moisl, A. (Hg.) (2002): *Berufsbilder für Übersetzer und Dolmetscher*. Wien.

Neubert, A. (1985): *Text and Translation*. (Übersetzungswissenschaftliche Beiträge 8). Leipzig.

- (1997): „Teaching Translation as text." In: H. Drescher (Hg): *Transfer. Übersetzen – Dolmetschen – Interkulturalität*. Frankfurt, 75-90.

Newmark, P. (2000): „Taking a Stand on Mary Snell-Hornby." In: C. Schäffner (Hg.) (2000b), 60-62.

Nord, C. (1997): *Translating as a Purposeful Activity. Functionalist Approaches Explained.* Manchester.
Phillipson, R. (2001): *English for the globe, or only for globe-trotters?* Beitrag bei Tagung der Österreichen Akademie der Wissenschaften anlässlich des Europäischen Jahres der Sprachen, Wien, 7.-9. Juni 2001. Manuskript.
Reeves, N. (2002): „Translation, International English, and the Planet of Babel." In: *English Today.* 18/4, 21-28.
Reiß, K. (1971): *Möglichkeiten und Grenzen der Übersetzungskritik.* München.
Risku, H. (1998): *Translatorische Kompetenz: Kognitive Grundlagen des Übersetzens als Expertentätigkeit.* Tübingen.
Rolf, E. (1993): *Die Funktionen der Gebrauchstextsorten.* Berlin.
Roy, A. (1997): *The God of Small Things.* London.
Schäffner, C. (1997): Strategies of Translating Political Texts. In: A. Trosborg (Hg.): *Text Typology and Translation.* Amsterdam and Philadelphia, 119-143.
- (1998): „Parallel texts in translation." In: L. Bowker/M. Cronin/D. Kenny /J. Pearson (Hg.): *Unity in Diversity? Current Trends in Translation Studies. (Selected papers of Conference „Translation Studies: Unity in Diversity?", Dublin, May 1996).* Manchester, 83-90.
- (2000a): „The Role of Genre for Translation." In: A. Trosborg (Hg.): *Analysing Professional Genres.* Amsterdam/Philadelphia, 209-224.
- (Hg.) (2000b): *Translation in the Global Village.* (=Current Issues in Language and Society 6/2). Clevedon.
- (2002): „Entwicklung von übersetzungsorientierter Textkompetenz." In: C. Feyrer/P. Holzer (Hg.): *Translation: Didaktik im Kontext.* Frankfurt/Main, 41-58.
Schmitt, P. A. (1998a): *Marktsituation der Übersetzer.* In: M. Snell-Hornby/H. Hönig/P. Kussmaul/P. A. Schmitt (Hg.) (1998), 5-13.
- (1998b): *Berufsbild.* In: M. Snell-Hornby/H. Hönig/P. Kussmaul/P. A. Schmitt (Hg.) (1998), 1-5.
Schmitz, K.-D./Wahle, K. (Hg.) (2000): *Softwarelokalisierung.* Tübingen.
Snell-Hornby, M. (1988): *Translation Studies: An Integrated Approach.* Amsterdam and Philadelphia.
- (2000a): *Communicating in the global village. On language, translation and cultural identity.* In: C. Schäffner (Hg.) (2000b), 11-28.
- (2000b): *Some Concluding Comments on the Responses.* In: C. Schäffner (Hg.) (2000b), 69-72.
- (2001): „The space ‚in between': What is a Hybrid text?" In: *Across* 2/2, 207-216.
Snell-Hornby, M./H. Hönig/P. Kussmaul/P. A. Schmitt (Hg.) (1998): *Handbuch Translation.* Tübingen.
Stoll, K.-H. (1999): „Interkulturelle Anglophonie." In: *Lebende Sprachen.* 44/1, 14-20.
- (2000): „Zukunftsperspektiven der Translation." In: *Lebende Sprachen* 45/2, 49-59.
Trosborg, A. (Hg.) (1997): *Text typology and translation.* Amsterdam and Philadelphia.
Venuti, L. (1995): *The Translator's Invisibility.* London.
Wagner, E./Bech, S./Martínez, J.M. (2002): *Translating for the European Union Institutions.* Manchester.
Werlich, E. (1975): *Typologie der Texte.* Heidelberg.
Wright, S. (Hg.) (1996): *Language and the State: Revitalization and Revival in Israel and Eire.* Clevedon.

- (2000) *Community and Communication: the role of language in nation state building and European integration*. Clevedon.

Zauberga, I. (2001): „Discourse interference in translation." In: *Across* 2/2, 265-276.

Zlateva, P. (2000): *Globalisation, Tribalisation, and the Translator: A Response to Mary Snell-Hornby*. In: C. Schäffner (Hg.) (2000b), 66-68.

TEXTUELLES ÜBERSETZEN IM LICHTE GLOBAL PRÄSENTER TEXTWELTEN –
ÜBERSETZEN IM GLOBALEN KONTEXT

Albrecht Neubert, Hartenstein

1. Vorbemerkung

> Denn was man auch von der Unzulänglichkeit des Übersetzens zu sagen vermag, so ist und bleibt es doch eines der wichtigsten und würdigsten Geschäfte in dem allgemeinen Weltverkehr.
> Goethe: *Schriften zu Literatur: Deutsche Romantik IV*

Goethe hat dieses Urteil vor 200 Jahren abgegeben. Es gilt wahrscheinlich für alle Zeiten, in denen übersetzt wurde. Deshalb ist es immer wieder zitiert worden, weil es das ständige Spannungsverhältnis thematisiert, das zwischen der scheinbaren Unmöglichkeit des Übersetzens und den ständig neuen Anstrengungen der Übersetzer besteht, ihre historische Aufgabe für die in Sprachen gespaltene Menschheit zu leisten.
Natürlich werden „Glanz und Elend des Übersetzens" (Ortega y Gasset) immer, und dies auch zu Recht, Skeptiker auf den Plan rufen, die wie George Steiner verkünden: „There are no translations" („*Thomas Mann's* Felix Krull", *Language and Silence.*) Dabei lenken sie indes, mit dem Blick auf eben den „allgemeinen Weltverkehr" wieder ein: „We possess civilizations because we have learnt to translate out of time" (George Steiner: *After Babel*, Kap.1). Sie erkennen, wie „wichtig und würdig" es ist, dass „The translator imports new and alternative options of being" (Ders.: Kap.V.).
In jüngster Zeit tauchen in dem Auf und Ab des Streites über die Grenzen und Chancen der Übersetzbarkeit ganz neue Töne auf. Sie beklagen weder noch besingen sie mehr die Akteure des „Geschäfts" des Übersetzens. In ihrem neuen Lied geht es einzig um die Materialien und Werkzeuge des übersetzerischen Tuns. Wie überall im „allgemeinen Weltverkehr" drängen die Maschinen, die Automaten, die Menschen aus ihrer Rolle. Seit ein paar Jahrzehnten wird der Ruf nach Übersetzungsmaschinen oder -automaten immer wieder laut, einmal stärker und einmal leiser, aber ohne je ganz zu verstummen. Die Insistenz, trotz der Skepsis in Bezug auf den Zeitpunkt, an dem der Übersetzer einmal von der Maschine abgelöst werden wird, klingt aus den Worten von Bill Gates (1998):

> Some day software will translate both written and spoken language so well that the need for any common second language could decline. That day is decades away, though, because flawless machine translation is a very tough problem....Count on English to remain valuable for a long time as a common language of international communication.

Wie recht Gates mit seiner Skepsis hinsichtlich der automatischen Übersetzung auch hat, mit seinem Glauben an die Zukunft des „Nur-Englisch" hat er sich aber wohl sehr getäuscht. David Crystal beweist in seiner bemerkenswerten Studie *Language in the Internet* (2001, 216ff.) unter Bezug auf jüngste empirische Untersuchungen, dass dem Englischen schon jetzt starke Konkurrenten erwachsen (s. auch S. 45). Entgegen der Auffassung von Bill Gates wird also die Zunahme der internationalen Kommunikation einschließlich ihrer ständig zunehmenden digitalen Vollzugsform die Dringlichkeit effizienter und schneller Übersetzung zu einem immer akuter werdenden Problem machen. Übersetzen wird zweifellos eines „der wichtigsten und würdigsten Geschäfte im allgemeinen Weltverkehr" bleiben. Es wird sogar noch dringlicher werden. Und die von Goethe beklagte „Unzulänglichkeit"? Wird sie überwunden werden? Wird aus dem Resultat des Handwerks des Übersetzers bald oder zumindest einmal ein maschinelles Produkt, das ganz anderen und neuartigen Optimierungsstrategien offen steht?

2.1 Translatorische Tätigkeit im Wandel der bilingual vermittelten Kommunikation (eine Skizze)

Von Anfang an, seit verschiedensprachige Menschen in Kontakt getreten sind, gibt es zweisprachig vermittelte Kommunikation. In der Frühzeit der noch unterentwickelten Schriftlichkeit übernahm diese Aufgabe das **Dolmetschen**. Mit der Entwicklung der Schrift trat zunehmend das **Übersetzen** von Manuskripten dazu.

Dolmetschen wie Übersetzen bezog sich auf praktisch alle Gebiete, die für den kommunikativen Kontakt relevant waren. Kaum waren jemals nur **informative** Zwecke der Anlass. In vorwiegend religiösen, politischen und juristischen Bereichen spielten **pragmatische** Ziele von Anfang an die dominierende Rolle. So waren zum Beispiel Verbreitung des Glaubens unter Heiden oder Andersgläubigen, Durchsetzung und Aufrechterhaltung der Macht über Unterworfene die entscheidende Auslöser translatorischen Tuns. In der Regel arbeiteten Dolmetscher und Übersetzer im Auftrag anderer. Sie standen im Dienste derjenigen, die sich an Dritte richten wollten. Ihre Produkte sollten stets etwas **bewirken**. Dabei waren schon sehr früh Gruppen von Übersetzern am Werk. Am bekanntesten wurde das sich auch im Namen *Septuaginta* widerspiegelnde Kollektiv von Bibelübersetzern.

In zunehmenden Maße erfolgte auch die Übersetzung fremden Wissens und Erfahrens in Form von Weltchroniken, Reiseberichten etc. Übersetzerschulen in China widmeten sich seit 1100 v. Chr. der Übermittlung von Wissen aus Indien, aber später auch aus den arabischen Ländern und aus Europa. In Indien kam es ebenfalls sehr früh im letzten Jahrtausend vor Chr. zu intensiver Übersetzertätigkeit von Texten aus China, später vorwiegend aus dem Westen, speziell den Mittelmeerländern, ins gelehrte Sanskrit. Nach Chr. etablierte sich Bagdad zu einem Zentrum arabischer Übersetzung besonders aus dem Griechischen. Im 12. und 13. Jahrhundert blühte die Übersetzerschule von Toledo auf, die vor allem wissenschaftliches und philosophisches Wissen aus dem Arabischen und Griechischen dem mittelalterlichen Europa erschloss. Doch auch im europäischen Norden wurde früh aus dem Lateinischen übersetzt. Neben Skandinavien waren es um 900 die von Alfred dem Großen in seinem Westsachsenreich aktiv betriebenen und von ihm angeleiteten zahlreichen Übersetzungen, wiederum aus dem Lateinischen, die nicht nur religiöse, sondern auch umfangreiche weltliche Schriften ins Angelsächsische übertrugen. Delisle und Woodsworth haben, unterstützt von Dutzenden von der UNESCO unterstützten Zuarbeitern aus einer ganzen Reihe von Ländern, in ihrem *Translators through History* (1995) diese vielfältigen translatorischen Prozesse eindrucksvoll nachgezeichnet.

Bei der Einschätzung der Rolle von Übersetzungen wird auch deutlich, dass die Übertragung von Inhalten immer vor einem historischen Hintergrund erfolgt. Dabei können, in jeweils unterschiedlich stark ausgeprägter Weise, machtpolitische wie religionspropagierende Faktoren dominieren. Oder es sind kulturelle, speziell literarische, Formen und Inhalte ebenso wie die Entwicklung und Durchsetzung wissenschaftlichen Arbeitens und Denkens, die die Übersetzertätigkeit in ihren Dienst nehmen. Nicht zuletzt besteht ein außerordentlich enger Zusammenhang zwischen Translation und Sprachentwicklung. Übersetzungen haben ständige Auswirkung auf die Zielsprache. Die Herausbildung und Entfaltung der Nationalsprachen ist nachhaltig von übersetzerischen Effekten geprägt.

2.2 Die Methoden der Übersetzer

Mit Beginn der Neuzeit erfolgt eine sprunghafte Ausbreitung des Übersetzens im Gefolge der Erfindung des Buchdrucks. Diese quantitative Ausbreitung hat jedoch zunächst keine Auswirkung auf die traditionellen Methoden des Übersetzens. Qualitativ gleicht die Übertragung des gedruckten Textes der Übersetzung der Manuskripte von früher.

Was allerdings eine nachhaltige Veränderung erfuhr, das war der allmähliche Verfall der Reputation des Übersetzers selbst. Dabei war die romantische Überbewertung der Originalität nur ein Höhepunkt einer sich bis heute fortsetzenden Zurücksetzung des „nur nachschaffenden" Übersetzerberufs: Im Konzert der intellektuell Tätigen trat die Profession der Übersetzer gegenüber den angeblich allein schöpferisch und in eigener Verantwortung Handelnden wie Wissenschaftlern, Ärzten, Juristen, Geistlichen usw. immer mehr zurück. Im öffentlichen Bewusstsein spielte der vornehmlich Dienst leistende Übersetzer und Dolmetscher gegenüber früher keine dominante Rolle mehr, was sich nicht zuletzt auch in seiner ökonomischen Stellung widerspiegelte. Die Hungerlöhne für literarische Übersetzer bis heute sind dafür ein beredtes Beispiel. Demgegenüber ist das Los der technischen Übersetzer erheblich besser. Immer weniger Einrichtungen und Betriebe können sich eigene Übersetzerabteilungen leisten. In

die Selbständigkeit getrieben, müssen Übersetzer sich ständig um einen guten Kundenkreis bemühen, den sie durch intensive fachliche Weiterbildung einschließlich zunehmender Meisterung höchster Kenntnisse auf den verschiedensten Fachgebieten bei der Stange halten müssen.
Das vorherrschende Bild des Übersetzungsmarkts ist heute einerseits von der in der Tat ständig steigenden Zahl übersetzter und zu übersetzender Texte, Seiten und, wie sie besonders in der Technik abgerechnet werden, von Wörtern gekennzeichnet. Andererseits verlangt die adäquate Lösung translatorischer Probleme, vor allem in Fachtexten, vom Übersetzer ein Höchstmaß an Spezialisierung. Exakter ausgedrückt, da ja die Verschiedenartigkeit der Texte die translatorische Kompetenz immer wieder übersteigt, ist heute ein **Übersetzungsmanagement** gefragt, das der integrativen Rolle der Translation um die Wende zum neuen Jahrtausend gemäß ist. Wohl werden Übersetzer nicht mehr wie früher ihre Rolle im Mittelpunkt kommunikativen Geschehens einnehmen, zumindest nicht äußerlich sichtbar wie etwa noch im Mittelalter. Doch funktional und in Bezug auf ihre Wichtigkeit für unabdingbare interlinguale Prozesse in nahezu allen modernen Lebensbereichen von der Politik bis in alle Bereiche von Forschung und Entwicklung, von Wissenserwerb und -übertragung, von Technik und Produktion und allen zugehörigen Spezialfeldern ist der Platz der Übersetzer niemals wegzudenken, ohne dass schwerwiegende Verluste, Rückstände und Zeitverzüge auftreten.
Im Zuge einer solchen systematischen Neubewertung des notwendigen Beitrags der Übersetzer kommt es jedoch keineswegs zwangsläufig zu einer Aufwertung des Übersetzerberufs. Paradoxerweise verliert er vielleicht sogar in dem modernen Netzwerk der Informationsgewinnung und -übermittlung sein altes Profil. Anstelle der primär sprachlichen Ausrichtung fusioniert die Tätigkeit des Übersetzers mit den datenverarbeitenden Berufen der modernen Informationsgesellschaft und gewinnt dabei eine ganz neue Dimension. Übersetzungen liefern Daten, die aus Texten in anderen Sprachen gewonnen werden. In Anbetracht der zunehmend global verfügbaren Informationen, in der Regel in der Muttersprache des Informationssuchers oder oft genug auch nur in englischer Sprache, sind Daten ohne Sprachmittlung zugänglich. Dennoch wächst die Menge der Daten, die **nur** durch Übersetzung, also durch **bilingual vermittelte Kommunikation** erschlossen werden können.
Bisher, d.h. auch seit Alters her, haben Übersetzer ihr Geschäft der Rekonstruktion quellensprachlicher Texte zu Texten in der intendierten Zielsprache auf Grund ihres Wissens und ihrer Erfahrung in einem Prozess der „Neuschaffung" betrieben. Ob als einzelne Individuen oder in der Gruppe haben sie im Prinzip **prospektiv** gearbeitet. Auf der Basis der Rezeption und Analyse (inhaltlich und formal) des L1-Textes produzierten sie den L2-Text Abschnitt für Abschnitt, manchmal auch Wort für Wort, **neu**. Auch heute noch erschaffen sie die Übersetzung mit ihrer Kenntnis des Originals und dessen Sprache. Ihre Haupttätig-

keit ist seit jeher eindeutig eine **„bottom-up"**-Methode. Das Material, was sie für ihren L2-Text-Aufbau verwenden, stammt natürlich aus dem Bestand dieser Zielsprache. Analog zu dem L2-Sprachsystem, das die Übersetzer beherrschen und entsprechend der notwendigen Gebrauchsmarkierung, wie sie für die Textsorte am Platze ist, werden die Wörter und Wendungen in den vom Übersetzer neu geschaffenen ZS-Text „eingefügt" bzw. aus den Bausteinen des Übersetzers aufgebaut (vgl. Hönig 1995). Alles lief darauf hinaus: Übersetzen ist **Neuschaffen** eines Textes. Dieses **Übersetzungsverfahren** ist identisch mit den Anfängen. Es erscheint zunächst nach wie vor als natürlichste Übersetzungsweise. Was soll nun anders sein? Inwieweit verändert der „allgemeine Weltverkehr" auf der „Datenautobahn" im Zuge der Globalisierung das Geschäft des Übersetzers? Worin besteht die neue „Wichtigkeit", aus der dann auch eine neue „Würdigkeit" erwächst? Vielleicht hat es dann auch ein Ende mit der immer wieder eingewandten „Unzulänglichkeit", die weiten Bereichen des „alten" Übersetzens anhaftete.

3. Übersetzen im Zeitalter der IT (Informationstechnologie)

3.1 Übersetzen mit dem PC
Im öffentlichen Bewusstsein scheint sich die Übersetzung nicht verändert zu haben. Es besteht sogar nach wie vor die laienhafte Meinung, Übersetzer übertragen Sprachen. Die Textgebundenheit des Übersetzens wird kaum erkannt. Auch in den Medien und natürlich vor allem bei vielen Nutzern von Übersetzungen dominieren nach wie vor die alten Einstellungen, wonach der Übersetzer vorrangig einem „Fremdsprachenberuf" nachgeht. Und sogar unter den Übersetzern selbst wird die neue Situation noch längst nicht in ihren Auswirkungen und potentiellen Möglichkeiten begriffen.
Aber hinter dieser traditionellen Oberfläche sind tiefgreifende Wandlungen im Gange. Sie resultieren nicht primär daraus, dass der Personalcomputer mit seinem Textverarbeitungssystem in den vergangenen zwei Jahrzehnten immer mehr zum gängigen Arbeitsmittel der meisten Übersetzer geworden ist. Oft genug hat das lediglich zur Folge, dass damit ein höchst komfortables Schreibinstrument die Feder oder die Schreibmaschine abgelöst hat. Nach wie vor wird das konkrete Übertragen von Texten am Bildschirm von der Nutzung von gedruckten Nachschlagewerken begleitet. Die bequemen Korrektur- und Redigierverfahren sowie der saubere Ausdruck des Übersetzungsresultats erscheinen als das eigentliche Plus am Computerarbeitsplatz.
Darüber hinaus setzen sich erst allmählich elektronische Informationsquellen durch. Meist handelt es sich dabei jedoch lediglich um herkömmliche Wörterbücher und Lexika, die nun auch in elektronischer Version auf dem Markt sind. Dabei meinen manche Übersetzer, wahrscheinlich zu Recht, dass diese elektronischen Hilfen nicht unbedingt zur Optimierung ihrer Tätigkeit beitragen. Zu-

mindest erkennen sie, dass die Buch-auf-Diskette-Präsentation kein Mehr an Information bietet. Es ist auf diese Weise noch keine neue Qualität des Übersetzens eingeläutet, bestenfalls ein gewisser Zeitgewinn, der jedoch bei der nicht durchgängig angebotenen Nutzerfreundlichkeit elektronischer Nachschlagewerke nicht zwangsläufig gegeben ist.

3.2 Elektronische Präsenz globaler Textwelten
Gegenüber der bloßen elektronischen Alternative zum Gedruckten hält die IT eine ganz neue Qualität von Textangeboten bereit. Das entscheidende Novum, mit dem sich Übersetzer seit dem Auftauchen moderner Instrumente und Mittel elektronischer Datenverarbeitung im immer zunehmenden Maße konfrontiert sehen, ist die **unmittelbare Verfügbarkeit** und damit die **Präsenz globaler Textwelten.**
Mit der Durchsetzung und Verbreitung des **Internet** hat sich das Informationsangebot für Übersetzer schlagartig verändert. Immer mehr Institutionen, Firmen, Gruppen und Individuen von Netznutzern setzten Texte der verschiedensten Art „ins Netz". Ob gratis oder über eine einmalige Gebühr oder ein Abonnement öffnet sich der unbegrenzte Zugang zu elektronischen Daten und Dateien, die praktisch das gesamte Weltwissen mehr oder weniger aufbereitet zur Verfügung stellen.
Das wesentlich Neue gegenüber den alten Auflistungen von Wissen in der traditionell lemmatisierten Darbietung ist die dominierende Präsentation zusammenhängender Diskurse. Damit eröffnet sich dem Übersetzer eine schier unendliche Zahl von **Texten,** von **Textwelten.** Es ist nun möglich, nicht nur Daten abzurufen, die für den Neuaufbau des Zieltextes relevant sind. Stattdessen bzw. darüber hinaus kann der Übersetzer zielsprachliche Textsequenzen oder ganze Texte betrachten und herunterladen. Diese L2-Textexemplare sind selbst nicht von den Unzulänglichkeiten übersetzter Texte behaftet. Es sind ganz „natürliche" Produkte L2-sprachlicher Diskurswelt, und sie eignen sich deshalb vorzüglich als **translatorische Modelle.**
Sie unterscheiden sich grundsätzlich von den unbefriedigenden L2-Produkten aus den Anfängen und auch den späteren Etappen des maschinellen oder automatischen Übersetzens (s.o. Bill Gates und seine m. E. einseitige Schlussfolgerung!).
Der Umgang der Übersetzer mit solchen L2-Texten aus allen Bereichen kommunikativer Tätigkeit über alle Domänen des menschlichen Lebens erschließt den Hintergrund jeglicher translatorischer Aufgabenstellung. Die ubiquitäre Präsenz global vernetzter elektronischer Textwelten in Form von computerlesbaren Volltext-Corpora und dem ständig aktualisierten Datenspeicher des WWW (World Wide Web) erlaubt mehr als **prospektives** Übersetzen. Es eröffnet die Chance des **reproduktiven** Übersetzens. Dahinter verbirgt sich wesentlich mehr als das Einsetzen von einzelnen L2-Strukturen in die im Prinzip bot-

tom-up konstruierte Übersetzung. Dieses Verfahren steht dem Übersetzer natürlich nach wie vor zur Verfügung. Wirklich neu ist dagegen die **L2-textgestaltgetreue** Rückprojektion des Zieltexts über den Weg der **top-down Rekonstruktion**. Mit einer Begriffsentlehnung aus der evolutionären Psychologie kann man hier von einem **reverse engineering** (Tooby/Cosmides 1992; Pinker 1998) sprechen. Dort beinhaltet dieses Konzept, vom Design eines Produkts der Evolution aus die funktionale Herausbildung zu rekonstruieren. Dabei kommt es zu einem ganz neuen Bild über die Erklärung der Evolution. Nicht die einzelnen, oft blinden Schritte, die zur Herausbildung eines Organs, etwa des Auges oder des Gehirns, geführt haben werden primär verfolgt, sondern im Mittelpunkt des Blicks steht das evolutionäre **Ergebnis**. Von ihm wird **zurückgeblickt**. „Reverse engineering is possible only when one has a hint of what the device was designed to accomplish" (Pinker 1998, 42). Damit richtet sich diese Auffassung bewusst gegen die traditionelle Vorstellung vom **forward engineering**. In der Gegenüberstellung und auf die Technik übertragen, lauten die beiden Konzepte dann „one designs a machine to do something; in reverse engineering one figures out what a machine was designed to do" (Pinker 1998, 21). Entscheidend bei dieser Reorientierung ist das Umdenken vom Prozess auf das bereits Vorhandene: „Behavior itself did not evolve; what evolved was the mind" (Pinker 1998, 42).

Dieser teleologische Einschlag der evolutionären Psychologie ist zwar keineswegs unumstritten. Für die Nutzanwendung in der Technik und im modernen Übersetzen haben teleologische Vorwürfe jedoch nicht zu stören. Im Gegenteil, Translation ist höchst **zweckbestimmt**. Vom Ziel der funktionsgetreuen Übersetzung, die sich in die diskursiven Erwartungsmuster der L2-Adressaten adäquat einpasst, muss der Übersetzer „rückrechnen". Wenn er sich dabei ständig an den elektronisch abrufbaren L2-Vorbildern in Bezug auf Textgestalt in grammatischer und lexikalischer Ausprägung orientiert, kann er auf echte Vorleistungen zurückgreifen. Er bedient sich ihrer, um zu einem Zielprodukt zu kommen, das von vornherein den natürlichen, d.h. ohne Übersetzung entstandenen Texten der L2-Kommunikationswelt ebenbürtig ist (Neubert 2001, 59f.). Er reproduziert dabei nicht mehr nur einfach den Originaltext, sondern seine vielfältigen „Muster" im gegenwärtigen zielsprachlichen Diskurs. Der Übersetzer sucht nicht mehr den Bestand an potentiellen sprachlichen Einheiten des L2-Systems nach lokalen Entsprechungen ab und gewinnt daraus das Material zum Einsetzen in den L2-Text, sondern er **rekonstruiert** aus textuellen „Versatzstücken" den L2-Text.

Übersetzungen erscheinen im Ergebnis der **Rückprojektion,** der „reverse projection" als translatorische Version des technischen „reverse engineering", als **virtuelle Möglichkeiten** in realen L1-Textwelten. Übersetzungen gewinnen ihre Existenz als Exemplare in einem globalen Diskurs. Entscheidend ist dabei, dass die Globalisierung durch die Rückprojektion aus den natürlichen ziel-

sprachlichen Texten zugleich ein hohes Maß an **Lokalisierung** realisiert. Darunter ist die für das translatorische Produkt notwendige Anpassung an die L2-Textwelt zu verstehen, wie sie auch die Localization Industry Standards Association (**LISA**) anstrebt (LISA 1998, 19).
Es ist dabei zu betonen, dass es menschliche Übersetzer sind, die diese schöpferische Substitution des „natürlichen" L2-Diskurs durch den translatorischen L2-Diskurs mit Hilfe der IT leisten. Demgegenüber ist das Abarbeiten des L1-Textes mittels der elektronischen Ressourcen der Übersetzungsmaschine nur scheinbar eine adäquatere Methode. Die automatischen Ersetzungen von L1-Einheiten durch L2-„Äquivalente" erfolgen auf direkte Weise. Zumindest alle bisher bekannten ganzheitlichen Programme gehen im Prinzip ähnlich wie traditionell arbeitende Übersetzer, nämlich **prospektiv** vor. Sie setzen die Wörter im Rahmen der Sätze des L1-Textes Schritt für Schritt in die ihnen **systemhaft entsprechenden** Einheiten und Passagen des avisierten L2-Texts ein. Zahlreiche Ungenauigkeiten und Fehler sind die Folge. Umfangreiche und aufreibende Nachredigierung durch sog. „Postredakteure" sind unvermeidlich.
Bei textuell anspruchslosen Originalen wie z.B. Warenlisten und Inhaltsverzeichnissen fällt das Ergebnis merklich besser aus. Dies beweist offensichtlich, dass die normalerweise komplexe Textualität nicht prospektiv erfasst werden kann. Demgegenüber kann das beschriebene Reproduktive der Rückprojektion von der elektronischen L2-Textwelt als **computergestütztes Humanübersetzen** (**CAT** von computer-assisted translation) verstanden werden. Sie ist die echte moderne Alternative zum **MT** (machine translation). Ständig in der Regie des menschlichen Übersetzers, kehrt sie die Perspektive um und setzt bei den elektronisch disponiblen L1- und L2-Corpora an und reproduziert dann den Zieltext, und kehrt immer im Rahmen dessen globaler Textualität zu den Wörtern und Strukturen in Sätzen, also **top-down**, zurück.
Eine in den letzten 20 Jahren praktizierte „halb-automatische" Übersetzungsmethode weist bereits Züge auf, die in gewisser Hinsicht als eine, wenn auch unterentwickelte, Vorstufe des computergestützten Übersetzens angesehen werden kann. Oft als **translation memory** bezeichnet, beruht dieses automatisierte Verfahren auf der Überlegung, dass viele Teile, d.h. Sätze, eines zur Übersetzung anstehenden L1-Texts **schon einmal übersetzt** worden sind. Das eingesetzte Programm „**erinnert sich**" dabei an Formulierungen in realen L2-Übersetzungen. Es errechnet auch den Prozentsatz der bereits übertragenen Passagen. Resultate von 30 bis 40 Prozent der L1-Sätze sind dabei nicht selten. Die vom Programm identifizierten L2-Versionen kann der Übersetzer dann heraussuchen und auf ihre Eignung zur Wiederverwendung einschätzen. Dabei muss die Teilübersetzung natürlich in den prospektiven L2-Text hineinpassen. Dieser Test ist umso eher erfolgreich, je spezifischer das Programm in Bezug auf die Textsorte ist. In der Regel ist das translation memory jedoch darauf bedacht, die Satzäquivalente **unterhalb** der Text- oder auch nur der Teiltextebene festzustellen.

Letztlich handelt es sich um das Gegenüber im syntaktischen und lexikalischen Bereich. Das elektronische Hilfsmittel findet dabei allerdings auch die Entsprechungen von Fachtermini heraus, soweit diese in dem Prozentsatz der bereits einmal übersetzten Sätze enthalten sind. Ist dies nicht der Fall, so helfen nur elektronische Fachwörterbücher, womit der Computer wieder bei der bloßen Doublierung der bereits im Druck vorliegenden Nachschlagewerke angelangt ist. Natürlich ist die elektronische Erfassung von L1 und ihren jeweiligen L2-Pendants den gedruckten Hilfsmitteln durch die ständige Aktualisierung überlegen.

Bei der textuellen Rückprojektion innerhalb der CAT ist dagegen die ganze Palette funktionalstilistischer Parameter involviert. Nicht nur Wörter und Termini, Kollokationen, Textsätze und gesonderte Teiltexte, die alle den globalen Text konstituieren, können in das reverse engineering einbezogen werden. Jeder verfügbare Text kann sich als ein Exemplar einer Textsorte bzw. eines Texttyps ausweisen. Vom Alltagsdiskurs bis zum Fachstil, vom literarischen über die journalistischen, die amtlich-offiziellen, die technisch-wissenschaftlichen bis zu den religiösen Genres und praktisch jede andere für kommunikative Zwecke geschaffene Ausdrucksweise und -gewohnheit erstreckt sich eine nahezu unendliche Palette digitalisierter Texte.

Auch die sprachliche Vielfalt, die ja die Voraussetzung für textuelle Gegenüberstellung zur translatorischen Nutzung erst ist, hat sich seit der zweiten Hälfte der neunziger Jahre ständig und in immer stärkerem Maße entwickelt. Waren vorher über achtzig Prozent der Texte im WWW in englischer Sprache verfasst, wie eine Umfrage von Babel, einer gemeinsamen Initiative der Internet Society und Ali Technologies, vor wenigen Jahren feststellte (Babel 1997), so ist seitdem ein geradezu rasanter Anstieg nicht-englischsprachiger Web-Seiten zu verzeichnen. In seiner sehr informativen Zusammenstellung von Daten über die allerjüngste Entwicklung der Distribution der englischen und anderer Sprachen im Internet zitiert Crystal (2001) mehrere Quellen, die den Trend zur linguistischen Internationalisierung eindeutig bestätigen. Vor allem, wenn auch unterschiedlich über nicht-englischsprachige Länder in Europa, Asien, Afrika und Südamerika verteilt, ist die Neueinrichtung von Web-Seiten seit 1998 in Englisch erstmals proportional hinter der in anderen Sprachen erheblich zurückgeblieben. Insbesondere waren es Spanisch, Japanisch, Deutsch und Französisch, die immer mehr dem Englischen den angestammten ersten Rang abgelaufen haben (Lebert 1999). Die bekannte Suchmaschine Alta Vista ist der begründeten Auffassung, dass 2002 weniger als 50% des Web in Englisch geschrieben sein werden (nach Crystal 2001, 218). In seiner vom British Council initiierten programmatischen Studie *The Future of English* sagt Graddol sogar schon eine baldige Reduzierung der ursprünglichen englischen Dominanz des Internets auf 40% voraus (Graddol 1998). Für David Crystal, dem wohl bekanntesten Experten der globalen Rolle des Englischen in der Welt (Crystal 1997), gibt es keinerlei Zweifel daran, dass „the Web is increasingly reflecting the distribution of language presence in the real world" (Crystal 2001, 218).

3.3 Der translatorische Ausweg
Natürlich wird angesichts dieser multilingualen Datenfülle der Ruf nach der (voll)automatischen Übersetzung oder zumindest nach automatisierten Übersetzungshilfen immer lauter. Beim derzeitigen Stand der MT-Entwicklung und vor allem auf Grund der unendlichen Diversifikation der im Internet behandelten Thematik ist die bisher angebotene Qualität der Übertragungsresultate nach wie vor höchst unbefriedigend. Auch für die neben dem World Wide Web praktizierten elektronischen Kommunikationsweisen wie E-Mail, synchrone und asynchrone Chatgroups oder die Interaktionen innerhalb virtueller Welten (vgl. Crystal 2001) dürften direkte translatorische Sprach- bzw. Textbrücken der Schnelligkeit und der Präzision des Datentransfers noch lange nicht gewachsen sein.
Demgegenüber vermag die professionelle **Übersetzung im Auftrag für Dritte** ihre Ziele mit Hilfe elektronischer Daten viel effektiver anzugehen. Ihre Computerunterstützung (CAT) ist darauf gerichtet, wie bisher Kunden ein hochqualitatives Produkt anzubieten. Erst durch den zunehmenden multilingualen Charakter des Internets wird sie in die ganz neue Lage versetzt, textuelle Ressourcen allsprachlich und allthematisch direkt zu Rate zu ziehen. Damit können textuelle Überlegungen von vorn herein in das Übersetzungsgeschehen integriert werden. Die beschriebene **Rückprojektion** kann ja erst mit dem zu recherchierenden **zielsprachigen Textcorpus** realisiert werden. Textsortenspezifisch (einschließlich der gesamten Palette von sprachlich-graphischen Elementen) kann der Übersetzer direkt in den zielsprachlichen Diskurs hineinschauen. Die globalen Textwelten, die bereits seit den achtziger Jahren vornehmlich dem des Englischen Kundigen präsent waren, werden nun direkt translatorisch relevant. Alle sprachlichen Einheiten und Komplexionen vom Wort bis zur Ausdrucksweise, vom Satz bis zum Textstück im Gefüge des Zieltexts, aber auch die für bestimmte Textgruppen signifikanten kompositorischen und graphischen Zusatzdaten können nun nicht nur für das **Verstehen** der Totalität des L2-Texts einschließlich des diskursiven Texthintergrunds mental abgerufen werden, sondern für die Zwecke der **Reproduktion** einer L1-Textvorlage, dem Original, erschlossen werden. Jetzt erst kann die Rückprojektion für Dritte Realität werden. Wie weit die Übersetzung am Computer für Dritte auch die bisherigen Versuche direkter Übertragung im Internet auf neue Weise beflügeln kann, soll hier nicht untersucht werden.

3.4 Spezifik von Computercorpora als translatorische Tools: zwei Stufen des CAT

Generell geht es für den Übersetzer, also nicht für den **unmittelbaren** Internetnutzer, um die **mittelbare** Erschließung lexikalischer (terminologischer), syntaktischer (stilistischer), kurz: textueller Komponenten und Strukturen aus dem global präsenten Diskurs mit Hilfe von Suchmaschinen bzw. mittels speziell für das CAT erstellter Programme. Dabei steht jedoch ein grundsätzliches Problem im Wege. Es bezieht sich auf den gesamten Umgang mit digitalisierten Daten. Als solche sind diese immer nur auf die Zeichengestalt bezogen. Damit hängt auch zusammen, dass Recherchen im Internet stets wort- bzw. wortgruppenzentriert sind. Die mitunter sehr große Anzahl von „hits" auf eine Suchfrage betrifft nicht die Inhalte, die Semantik, die von den graphischen Oberflächen bzw. deren digitalen Repräsentationen signalisiert wird. Corpora enthalten nur diese durch direkten Abruf identifizierter zeichenhafter Daten. Computer **wissen** in diesem Sinne auch nicht, was sie für den denkenden menschlichen Nutzer an informationellen Schätzen bereit halten. Sie können diese Daten unendlich schnell manipulieren. Wenn sie kombinieren, so tun sie das **semantisch blind**. Immer bedarf es des menschlichen Bewusstseins, das es versteht, den auf dem Bildschirm erscheinenden Wörtern und Sätzen auf ihre **kognitiven Schliche** zu kommen.

Dabei zeigen die Erfahrungen mit den globalen Datennetzen, dass – eben immer vermittels der menschlichen Interpretation – auch aus rein graphisch-determinierten Befragungen dennoch gewaltige Informationsinhalte erschlossen werden können. Nicht der Computer leistet die Semantisierung, sondern der ihn benutzende Mensch. Die im eigentlichen Sinne „Unwissenheit" des Computers wird sogar in der Regel nicht ernsthaft wahrgenommen, so wie man ja auch zwischen den Einbänden eines Nachschlagewerkes keinen allwissenden Homunkulus vermutet.

Zumindest bei der einsprachigen Recherche genügen die Zeichenprofile den meisten Ansprüchen, wenn auch die häufigen Mehrdeutigkeiten, die sich hinter den Suchresultaten verstecken, umständliche Rückfragen, zeitraubende Umwege oder auch versteckte Missverständnisse unvermeidlich machen. Für den Translator ist das Eintakten in jeweils einsprachige Textcorpora von unschätzbarem Wert. Das neuerliche Angebot von Corpora in verschiedenen Sprachen erspart mühsames Beschaffen und umständliches Durchblättern gedruckter Informationsquellen, wenn die innerhalb der meist knapp bemessenen Termine für den Übersetzungsauftrag überhaupt beschaffbar sind, von den dabei auftretenden Kosten ganz zu schweigen. Auf jeden Fall aber stellen die **Parallel- und Hintergrundtexte**, die von den Übersetzern abgefragt werden können, ein außerordentlich wertvolles Datenmaterial dar, das schon jetzt durch seine Präsenz computergestütztes Übersetzen ermöglicht. Man könnte diese bereits von vielen Praktikern realisierte Tätigkeit als die **erste** Stufe des **CAT** bezeichnen (s.

Abschn. 3.5). Die L2-Texte entstehen im top-down-Verfahren aus der allseitig textuell abgestimmten translatorischen Rückprojektion von der L2-Textwelt auf die Neugestaltung des L1-Originals unter den neuen Bedingungen des L2-Diskurses.
Während das Internet in seiner derzeitigen **asemantischen** Struktur keine selbständige **semantisch basierte Vernetzung** zulässt, braucht der Translator für die Ermittlung von L1-L2-Äquivalenten den elektronischen Einsatz solcher Verknüpfungen (**links**), die die **Bedeutungen** der graphischen Zeichen zu hinterfragen in der Lage sind. Mindestens wie ein Wörterbuch, jedoch darüber hinaus wie ein Satzlexikon oder besser wie eine Textkonkordanz muss der Internetbrowser die potentiellen Entsprechungen zwischen den L1- und den L2-Textwelten präsentieren können. Dadurch kann die **zweite** Stufe des **CAT** erreicht werden. Sie setzt aber eine völlig neue Art von Internet voraus. Vom Erfinder des herkömmlichen Internet, Tim Berners-Lee, wurde sie bezeichnenderweise treffend **Semantic Web** genannt (Berners-Lee et al. 2001). Im Prinzip läuft diese in der Tat revolutionäre Erneuerung des World Wide Web darauf hinaus, dass zwischen Computern bzw. zwischen Computerprogrammen eine **direkte** Kommunikation stattfindet, die nicht mehr des interpretierenden Zugriffs des Menschen bedarf. Echtes Abfragen und Beantworten von Inhalten verrichtet die Software in einer computergemäßen Sprache. Die Hauptrolle spielt in diesem Prozess die neu entwickelte **eXtensible Markup Language (XML)**, die zu der für das „alte" Web unerlässlichen und erfolgreich praktizierten **Hypertext Markup Language (HTML)** hinzutritt. Letztere stellt den Code für die Formatierung der Verknüpfungen und anderer Merkmale auf den Web-Seiten dar und benutzt dazu standardisierte Tags, deren Bedeutung und Interpretation universell vom World Wide Web Consortium festgelegt sind. XML ist dagegen eine viel flexiblere Sprache, mit der jeder Einzelne seine eigenen gewünschten Tags definieren und benutzen kann (Markup languages sind generell Codes, die erst jede Art von digitaler Kommunikation möglich machen.)
Ohne hier auf die involvierten technischen Details eingehen zu wollen, sei unterstrichen, was diese semantisch basierte, nach wie vor computergemäß digitalisierte Sprachneuerung zu leisten imstande ist. Entscheidend dabei ist die echte Simulation einer wesentlichen Eigenschaft der natürlichen menschlichen Sprache, ohne dafür schon das Attribut **natürlich** zu besitzen, das dem Computer per definitionem nicht zusteht. In seiner Sprache kann der Mensch mit **einem** Zeichen mehrere, manchmal sogar **viele** Dinge und Ideen zum Ausdruck bringen. Damit hat er ein höchst ökonomisches, aber auch kreatives Prinzip verwirklicht. Auch die verschiedenen Bezeichnungen in verschiedenen Sprachen leben von diesem Prinzip. Digitale Automaten können dies wesenhaft nicht. Insofern sind sie auch nicht schöpferisch, zumindest in dem Sinn, in dem wir menschliche Kreativität verstehen.

Der XML-Code im Verein mit einer Reihe ebenfalls neu entwickelter digitalsierter Technologien überbrückt nun diesen „Nachteil". Die **resources**, wie man im Web-Jargon alle Elemente wie Web-Seiten oder Teile davon, Vorrichtungen, Personen usw. nennt, werden dann mittels bekannter Codes über **Hyperlinks** entsprechend den Intentionen der individuellen Nutzer lokalisiert, und zwar durch den **Universal Resource Locator (URL)**. Dieses Verfahren ist die Spezifizierung eines allgemeineren oder auch gröberen Identifizierungsprogramms, des **Universal Resource Identifier (URI)**, das Elemente im Web definiert oder spezifiziert, ohne sie notwendigerweise auch zu lokalisieren. Übergreifend werden die quasi-kognitiven Verfahren durch das **Resource Description Framework (RDF)** geleistet. Es ist dies ein strukturiertes Verfahren, mit Hilfe dessen Informationen im WWW verarbeitet werden. Darunter ist die Repräsentation der Inhalte/Bedeutungen von Termini und Begriffen zu verstehen, und zwar in einer Form, die eine problemlose Verarbeitung durch Computer ermöglicht. Der URL trägt dazu die Syntax bei und der URI spezifiziert die Elemente, Begriffe, Eigenschaften und Relationen. Schließlich funktioniert das Ganze über sog. **Ontologien**, worunter Gruppierungen von Aussagen zu verstehen sind, die wiederum in einer Sprache wie der des RDF formuliert sind. Diese Aussagen enthalten Definitionen der Beziehungen zwischen Begriffen und spezifizieren die logischen Regeln des Umgangs mit diesen Konzepten. Hier ist die entscheidende Crux, womit der Computer für die Simulation des Denkens teilqualifiziert wird. Indem er die Verknüpfungen (links) zu den spezifizierten Ontologien nachvollzieht, kann man davon sprechen, dass er die Bedeutung semantischer Daten quasi **versteht**.

Das wirklich Neue dieser Art von direkter, semantisch basierter Verständigung ist nun der Einsatz von spezifisch dazu entworfener Software, die nach der Rechercheeinleitung **ohne direktes menschliches Zutun** und **ohne ständige Aufsicht von menschlichen Nutzern beabsichtigte Ziele** verfolgt. Den Menschen ersetzen dabei **intelligent agents**, Software-Komponenten. Sie **sammeln, filtern** und **verarbeiten Informationen**, die sie im Web ausfindig gemacht haben, oft auch unterstützt von anderen intelligent agents.

Um auf diese Weise Auskünfte der verschiedensten Art, d.h. über alle möglichen Themen, auf einmal zu geben, bedarf das semantische WWW der Unterstützung durch ebenfalls elektronisch zugängliche Informationsdaten. Sie müssen aus den ubiquitären Texten zu digitalen Wissensspeichern koordiniert werden. Und dies geschieht wiederum vollständig abrufbar mittels eines Systems logischer Schlussregeln für die vollständige Ableitung. Die intelligent agents bewerkstelligen ihre Denksimulation ausschließlich durch **automatisiertes Schließen**. Die Grundlage eines solchen automatisch begehbaren Wissensterrains sind die von Vertretern der **künstlichen Intelligenz** ansatzweise entwickelten digitalen **Wissensrepräsentationen**. Der nach wie vor völlig unbefriedigende Zustand dieser Forschungsrichtung, von der bisher nur einige eindrucksvolle Demonstrationen auf wenigen ausgewählten Gebieten wie der Medizin, des Militärwesens und auf dem Dienstleistungssektor existieren, ist auch der Grund, weshalb die oben beschriebene „zweite Stufe" des CAT praktisch nur auf dem Reißbrett existiert[1].

3.5 Die elektronische Werkstatt des IT-Übersetzers heute
Für den gegenwärtig arbeitenden Übersetzer ist bis jetzt nur die erste Stufe des CAT Realität.
Elektronisch verfügbare originale Texte in verschiedenen Sprachen, d.h. Parallel- und Hintergrundtexte, ergänzen seine herkömmlichen Recherchequellen, ja ersetzen sie in zunehmendem Maße (Neubert 2001). Auch ohne automatische Bereitstellung von konkreten Äquivalenten und textuellen Translaten (zweite Stufe des CAT) bieten die abfrag- und herunterladbaren multilingualen Corpora für den konkreten Übersetzungsauftrag relevante Passagen. Was dem Übersetzer bereits jetzt enorme Unterstützung vermittelt, ist die systematische Suche nach thematisch eingrenzbaren Texten aus allgemeinen, z.B. journalistischen, und speziellen, z.B. technischen und wissenschaftlichen, Corpora. Aus diesen originalsprachlichen Quellen, die in der Regel von eventuellen Übersetzungsmängeln frei sind, können dann Wörter, Phrasen und Termini, ihre Definitionen und ihre kollokationellen Umfelder herausgesucht werden. Das Abgleichen dieser Funde mit den Formulierungen im zu übersetzenden Original („Rückprojektion"), aber auch aus diesem parallelen L1-Text tritt in Zukunft an die Stelle der Recherche im zweisprachigen Wörterbuch.
Die traditionellen ein- und mehrsprachigen alphabetisch aufgebauten und auf Einzelwörter bezogenen Hilfsmittel verlieren zwar nicht ihre Bedeutung. Durch den zeitraubenden Druck immer schon den neueren Entwicklungen hinterher laufend, werden sie durch die sofortige und schnelle Zugänglichkeit der digitalen Corpora und Einzeltexte auf ganz neuartige Weise aktualisiert, und zwar nicht als Druckfassungen, sondern in Form von indizierten Einheiten innerhalb der elektronischen Quellen. Mit dem Hinzutreten neuer Texte werden diese elektronisch kontextualisierten Äquivalentbrücken zudem laufend aktualisiert. Damit einher geht gleichzeitig die laufende Korrektur der bereits jeweils auf dem neuesten Stand realisierten Übersetzung. Ebenso erfolgt automatisch die Erweiterung der bisherigen elektronischen Indizierung („tagging") der Entsprechungen. Was dabei am Arbeitsplatz des Übersetzers entsteht, gewissermaßen als wichtiges Nebenprodukt des Übersetzungsprozesses, das ist eine ebenfalls ständig neu abrufbare elektronische Datenbank, ja im Grunde ein **elektronisches Wörterbuch,** das alle Bezüge zu **Textsätzen** und **Textpassagen** enthält. Es ist auf die Spezialisierung des jeweiligen Übersetzers orientiert und erlaubt die fortlaufende Aktualisierung, Erweiterung und auch Korrektur, also maßgeschneidert für die jeweilige Auftragslage. Natürlich ist diese moderne Hilfsquelle und besonders die ständig entstehenden und erweiterbaren Fach-

glossare auch mit anderen Übersetzerkollegen austauschbar und für Übersetzerkollekive bei Großaufträgen zugänglich, wobei zusätzliche Kommentare der elektronisch erworbenen Glossare nebst ihren beliebig umfangreichen Kontexten besonderen Gewinn bedeuten. Der Übersetzer qualifiziert sich im Vor- und Nachgang seiner konkreten Übertragungsleistungen zu einem höchst kompetenten und vor allem dem neuesten Entwicklungsstand seines sprachlichen und textlichen Materials erfassenden Fachlexikographen. Doch vollbringt er dies nicht auf herkömmliche Weise mit den Platzbeschränkungen der gedruckten Fachwörterbücher, sondern als kritischer Editor auf der Grundlage ständiger „updates".

Eine überhaupt nicht zu überschätzende Kombinationsmöglichkeit von sprachlichen Einheiten und Bedeutungsrecherchen, speziell im Terminologiebereich, kann durch die Einbeziehung von enzyklopädischen und fachspezialisierten Hintergrundtexten erreicht werden. An jeder Textstelle im Zuge des Übersetzungsprozesses am Bildschirm ist ja die „Umschaltung" vom als Modell ausgesuchten L2-Paralleltext auf ganz andere Textgattungen realisierbar. Dadurch kann der Wissenshorizont des Translators sofort erweitert bzw. vertieft werden. Er **versteht** besser, was er zu übersetzen hat. Und nicht nur für den entstehenden Zieltext bewährt sich dieses präzisierte **Fachwissen**. Es geht zugleich wieder in die Datenbank des Übersetzer zur Optimierung neuer Translationsaufgaben ein.

Natürlich verlangt die zielgerichtete Auffindung der für eine spätere übersetzerische Nutzung geeigneten Texte und das Kumulieren von Textcorpora, und zwar in der L1 ebenso wie in der L2, vom Übersetzer neue Kompetenzen in Bezug auf die Beherrschung seiner on-line tools. Alles, was graphisch vorliegt, kann im Prinzip Eingang in das WWW finden. Für die „großen" Sprachen gibt es bereits digitale Büchereien, elektronische Textarchive und Datendienste. Für das Englische listet Condron (2000) eine Reihe umfangreicher Quellen auf, so z.B. das *Oxford Text Archive* (http://ota.ahds.ac.uk), das *Electronic Text Center* (http://etext.lib.virginia.edu) oder den *Arts and Humanities Data Service* (http://ahds.ac.uk) und vermittelt auch dem Anfänger für die Suche in den Corpora wertvolle Starthilfen. Das Problem liegt aber in dem rechtzeitigen Auffinden der für eine konkrete Übersetzung auskunftswürdigen Textcorpora oder zumindest die Lokalisierung eines oder mehrerer adäquater Texte. Dennoch ist unbestreitbar, dass der Übersetzer im Vorfeld seiner Arbeit in immer stärkerem Maße fündig wird. Besonders gilt das für das Gros der heute anfallenden Übersetzungsaufträge, für Fachtexte aus dem Bereich Technik und Wissenschaft, wo auch die einschlägige Zeitschriftenliteratur große Dienste leistet. Hier sei vor allem die den neuesten Stand der Übersetzungstechnologie einbeziehende Zeitschrift *Language International: The magazine for language professionals* (http://www.language-international.com) genannt, die sich der aktuellen Information des Übersetzers und Dolmetschers über **localization** und **global com-**

munication verschrieben hat. Sie hilft auch beim Auffinden neuer, auch kommerziell bereitgestellter Textquellen. Es muss nämlich auch in Rechnung gestellt werden, dass nicht jeder digitalisierte Text im WWW bzw. auf Datenträgern frei verfügbar und ohne Abonnement abrufbar ist. Dennoch dominieren noch immer die unbeschränkten Quellen im WWW.
Vorgelagert vor die eigentliche Nutzung der L2-Corpora für die textuelle Ausgestaltung des L2-Texts ist die permanente Beschäftigung des Übersetzers mit den Textwelten seiner Arbeitssprachen, nicht zuletzt dabei der seiner eigenen Muttersprache. Wie ein reproduzierender Künstler, der seine Fertigkeiten ständig trainiert, kann sich der textreproduzierende Übersetzer ständig der Spezifik und der Feinheiten des sich in stetiger Veränderung befindlichen sprachlichen Materials durch aktive Lektüre und fortwährendes Recherchieren vergewissern. Er kann an seinem elektronischen Arbeitsplatz viel besser schalten und walten, als dies früher mit den verstreuten gedruckten und oft kostspieligen Quellen möglich war. Dies betrifft sowohl die sprachlichen Textgestalten des Allgemeinwissens als auch in besonderem Maße die spezifischen Ausdrucksformen seines Fachgebiets, auf dem er vorzugsweise Übersetzungsaufträge erhält. Gerade auf der letzteren Ebene der **textuellen** Stile bieten die Corpora sowohl Überblick und größere Zusammenhänge und informieren über die Exaktheit des Speziellsten, insonderheit auf dem Feld der Terminologie.
Wenn von der Möglichkeit die Rede ist, dass der Übersetzer die digitalen Textwelten „besuchen" kann, so muss doch eingestanden werden, dass diese Suchobjekte im Gegensatz zur herkömmlichen Wörterbuch- und Lexikonrecherche Texte **nicht alphabetisch** aufgelistet sind. Daraus ergibt sich die Notwendigkeit, andere, d.h. corpusadäquate Abrufmethoden zu entwickeln. Diese orientieren sich z.B. an Textkarteien, die nicht nur nach lexikalischen, sondern zunehmend nach semantisch gegliederten Oberflächen angeordnet sind. Neben und an Stelle von lexikalischen Auflistungen gewinnen kognitive Kartierungen an Bedeutung. Hier kann auf Ergebnisse der Wissensrepräsentation zurückgegriffen werden, die trotz ihres insgesamt unbefriedigenden Entwicklungsstands praktikable Orientierungsschemata anzubieten hat. Sie helfen dem Übersetzer bei der Durchsicht übersetzungsrelevanter bzw. übersetzungswürdiger Materialien und offerieren Wegführer: z.B. Notate bereits besuchter Orte, translatorische Kommentare und schließlich Translationskarteien. Als Nachvollzüge (follow-ups) eignen sich auch die Protokolle bereits übersetzter Ganztexte und Textpassagen bis „herunter" zum Einzelwort oder Terminus. Dabei tauchen auch Angaben zu erfolglos gebliebenen Übersetzungs- und Rechercheschritten wieder auf. Auch bei anfänglich fehlender übergreifender Ordnung kann auf jeden Fall zumindest die chronologische Auszeichnung Hilfestellung bieten. Generell muss aber eingeräumt werden, dass die Ordnungskriterien des CAT derzeit generell ungenügend sind. Die in der Sache vielversprechende Einheit von sprachlichen und

textuellen Oberflächen und inhaltlichen wissensorientierten Einsichten harrt zweifellos noch intensiver Sichtung und Aufbereitung.

3.6 Ist „reverse engineering" immer übersetzungsadäquat?

Es soll hier noch auf eine allerdings eindeutig translationsinhärente Problematik beim Umgang des Übersetzers mit global präsenten Texten hingewiesen werden. Der immense Gewinn an translatorischer Natürlichkeit, der aus dem breiten Zugang zu originalen L2-Texten dem Übersetzer fast spielend erwächst, gilt sicherlich in erster Linie für das Gros der sogenannten pragmatischen, d.h. nicht-literarischen Texte. Es stellt nachweislich auch quantitativ die mit Abstand größte Seitenzahl der zur Übersetzung anstehenden Texte dar (zur Marktsituation in Deutschland vgl. Schmitt 1990; 1993; 1998). Es gibt jedoch ganz anders geartete Übersetzungssituationen, in denen eine solche optimale, weil maximal an die zielsprachlichen Textkonventionen angelehnte Übersetzung nicht angebracht und auch nicht wünschenswert ist. Während das Herüberholen des Originals in die Textwelt der Adressatengemeinschaft z.B. auf Gebieten wie Technik und Wissenschaft, aber auch in den Medien oder im amtlichen Verkehr das dominante Verfahren, also die L2-textgetreue Rückprojektion mit Hilfe des CAT sein dürfte, kann beim literarischen Übersetzen oder beim Übertragen alter oder historisch akzentuierter Texte eine eher verfremdende Methode gefordert sein. Damit werden die Möglichkeiten und Grenzen des CAT vom Grad der angebrachten „Naturalisierung" des Ausgangstexts zum Zwecke der Einpassung an den zielsprachlichen Diskurs bestimmt. Diese aus der Übersetzungsgeschichte abgeleitete Einsicht der Translatologie wird auch durch den Computereinsatz nicht außer Kraft gesetzt. Die textuelle und natürlich bereits die grammatisch-lexikalische Profilierung des Zieltextes wird nach wie vor vom Übersetzer und seinem Verständnis der pragmatischen Umstände des Übersetzungsprozesses gesteuert. Dass dieses menschliche Einwirken auf das translatorische Resultat letztlich vom Übersetzungsziel abhängt, erweist sich als ein entscheidendes Kriterium auch im Zeitalter der Informationstechnologie. Die Chance, dieses pragmatische Funktionsgefüge voll zu berücksichtigen, unterscheidet das computergestützte Übersetzen von der Übersetzungsmaschine, bei der erst Postredakteure die Adäquatheit mühsam nachträglich gewährleisten müssen, wobei das absichtlich verfremdende Übersetzen zur Erhaltung unverzichtbarer Merkmale des Originals wahrscheinlich niemals auch nur in Ansätzen automatisiert werden kann.

Ohne die eben ausgeführten Grenzen wieder zurückzunehmen, soll jedoch noch ein translatorisches Betätigungsfeld erwähnt werden, auf dem das CAT sich Sporen verdienen kann, auch wenn es auf den ersten Blick für die elektronische Rückprojektion kaum geeignet zu sein scheint. Es handelt sich um das Übersetzen von literarischen Werken eines Autors, von dem Arbeiten bereits übersetzt auf dem Markt sind. In diesem Fall besteht mit der Existenz einer oder mehrerer solcher Übersetzungen als Corpora auf dem Computer die Gelegenheit, den u.U. eigentümlichen personalen Stil des Autors, der ja unter den zielsprachlichen Lesern durch L2-Merkmale aus den Übersetzungen bereits mehr oder weniger vertraut gemacht worden ist, in einer neuen Übersetzung zu erhalten. Eine **elektronische Konkordanz** der bereits veröffentlichten Übersetzungen im Vergleich mit den Originalen kann adäquate Hilfestellung für Wortwahl und Satzbau einer neuentstehenden L2-Version bieten. Wenn dann noch der Autor vom Übersetzer kontaktiert werden kann, bietet sich eine nahezu ideale Situation, aus der heraus translatorische Alternativen diskutiert werden können, die manchmal sogar bekannte Schriftsteller zu überraschenden Einsichten in ihren eigenen Sprachgebrauch bringen. Nicht wenige Autoren erkennen aus den Vorschlägen des Übersetzers in Bezug auf die Fassung in der Zielsprache sprachliche Eigentümlichkeiten, bisweilen auch Ungeschicktheiten, ja Ungereimtheiten ihres Originaltextes auf ganz neue Weise. Dass es zwischen Schriftstellern und ihren Übersetzern, besonders wenn es sich dabei um langjährige Beziehungen handelt, ständige Anlässe zu äußerst fruchtbaren Rücksprachen gibt, wird in der Literatur immer wieder diskutiert (vgl. *Translation* 1984[2])

3.7 Translatorische Kreativität am Computer
Damit wird aber auch deutlich, dass die Allgegenwart elektronischer Texte im Grunde für jede Art von Übersetzen, auch die literarische und damit künstlerische Neuschaffung, von grundsätzlicher Bedeutung sein kann. Es geht ja grundsätzlich **nicht primär** um den **elektronischen Vollzug** des Übersetzungsprozesses, sondern um den Erwerb des Wissenshorizonts **vor** der Ausführung der Übersetzung. Nicht die Maschine, sondern der kreativ vorgehende Mensch schafft sich die optimalen Voraussetzungen für eine künstlerisch adäquate Leistung. Durch die Textvorgaben z.B. vorgängiger Übersetzungen des gleichen Autors wie überhaupt gelungener literarischer Übersetzungen oder auch originaler L1-Werke bietet sich für die literarische Translation eine breite Skala von Modellansätzen. Sie eröffnet die Chance der **abgeleiteten Kreativität** (Neubert 1997, 17ff.). Sie ist die spezifische Leistung der Translation. Verglichen mit der Neuschaffung ohne Textvorbild, verlangt der Zieltext als Rekonstruktion des Originals ein Schöpfertum von nicht minderer Qualität. Der L2-Adressat hat das gleiche Recht wie der Leser des Originals auf einen Text, der ein Optimum an Kommunikativität besitzt bzw. ermöglicht. Und die abgeleitete Kreativität ist letztlich ein Charakteristikum jeder, auch der pragmatischen, utilitaristischen Übersetzung. Nur der Grad, in dem der Übersetzer kreativ ist, variiert von Text zu Text, von Textsorte zu Textsorte und von einer translatorischen Situation zur anderen.

3.8 Translatorische Qualitätsstandards im Alltag des CAT

Mit der Zugänglichkeit elektronischer Textwelten und mit ihrer potentiellen Vorbildwirkung werden neue translatorische **Qualitätsstandards** aktuell und verpflichtend. Verantwortliche Übersetzer können, ja dürfen daran nicht mehr vorbeigehen. Unvollkommene Hilfsmittel, wie veraltete oder ungenügende Wörterbücher, nicht zu beschaffende Parallel- und Hintergrundtexte können immer weniger als Entschuldigung für translatorische Qualitätsmängel angeführt werden. Vor allem sind die textuellen Parameter von Übersetzungen stets in die Produktbewertung einzubeziehen. Damit werden translationsauftragsgemäße und textsortengerechte Auswahlstrategien fast zum Alltag des modernen Übersetzers. Die zeitliche Dimension und damit die Terminstreue setzen beim Übersetzungsprozess im Rahmen des CAT nicht nur die on-line-Abarbeitung des elektronischen Angebotes, sondern auch die damit einhergehende automatische Erstellung bzw. Einpassung von Entsprechungskonkordanzen voraus. Sie werden auch durch vorgängig erfolgte Bereitstellung bzw. Herstellung von solchen zum Usus gewordenen lexikalischen und syntaktischen Konkordanzen zum Zweck späterer Nutzung bei anfallenden Übersetzungsfällen erleichtert. Was früher aus Wörterbüchern entnommen wurde, entsteht jetzt als spin-off der aktuellen Übersetzung. Von der Erfassung des sich ständig im Wandel befindlichen Allgemeinwortschatzes bis zum Fachglossar, von den dominanten syntaktischen Strukturen bis zu den spezifischen Textbauplänen können sich Übersetzer relevante Auskünfte einholen. Eingeschlossen ist dabei auch die graphische Seite der Texte, von der tabellarischen Gestaltung bis zur Architektur der Bild- und Textgestaltung.

Die eingeholten Informationen betreffen natürlich vor allem die Verhältnisse in der Zielsprache, aber auch die Ausgangssprache in Bezug auf ihren Hintergrundwert für das Original. Von nicht zu unterschätzender Bedeutung ist dabei das textuelle Wissen, das die Corpora über die Muttersprache des Übersetzers vermitteln. Entgegen der weit verbreiteten Ansicht, dass die Kenntnisse über die Ausgangssprache, meist eine **Fremdsprache**, für den Übersetzer und die von ihm erreichte Qualität des Zieltextes maßgeblich sind, sind es gerade die Mängel in der **Mutter- als Zielsprache**, die das Niveau der Übersetzung erheblich beeinträchtigen.

Neben die sprachlich-textuellen Hilfen vom kontextualisierten Wort oder Terminus bis zum Textusus in den verschiedenen Genres tritt als weitere essentielle Recherchehilfe die **inhalts- bzw. fachbezogene Information**. Der Übersetzer kann über sein bisheriges Spezialgebiet hinaus auf den verschiedensten Feldern das für seine Arbeit entscheidende Fachwissen erwerben und erweitern. Bisher unumgängliche Fachkonsultationen mit den nicht immer verfügbaren kompetenten Experten können jetzt durch die direkte Konfrontation mit den komplexen Textwelten eines Faches ersetzt werden. Dabei ist es immer wieder das

sprachlich-inhaltliche Miteinander, das die Corpora demonstrieren, was die Übersetzer zur Leistungssteigerung befähigen kann. Natürlich ist angesichts dieser potentiell fast unendlichen, auf jeden Fall aber immerzu anwachsenden digitalisierten Informationsflut die Frage berechtigt: Wie werden die Übersetzer mit diesem „embarras de richesse" fertig? Fertigkeiten in der Nutzung der IT sind eine wesentliche, aber nicht hinreichende Voraussetzung für die erfolgreiche Anwendung zum Nutzen der translatorischen Qualität. Einher gehen muss eine grundsätzlich veränderte Einstellung des Übersetzers zu seiner Aufgabe. Die bereits seit langem gemachten Erfahrungen in der Team-Arbeit zwischen Übersetzern erscheinen nun in neuem Licht. Der Translator erkennt sich mehr und mehr als Ausgangspunkt oder „Startcenter", dessen Arbeitsplatz sich praktisch im Mittelpunkt einer elektronischen Kommandozentrale befindet. Er sitzt am Bildschirm einer sogenannten „translator workstation". Wie er sie nutzt, wie er die Potenzen seiner Informationsquelle ausschöpft, ist seiner Verantwortung anheimgestellt. Theoretisch kann der Computer lediglich als komfortables Textverarbeitungsgerät eingesetzt werden und für saubaren Ausdruck sorgen. Er kann aber auch, von der ersten bis zur letzten Zeile des zu übertragenden Textes, alle global präsenten Textwelten im geschilderten Sinne zu Rate ziehen. Wie intensiv Übersetzer dabei vorgehen und wie groß der damit verbundene Umfang der IT-Nutzung ist, wird vom jeweiligen Übersetzungsauftrag abhängen. Er wird vom Grad der Fachspezifik abhängen. Die Fachübersetzungen stehen mit Abstand an der Spitze, während allgemeine Texte relativ wenig Corpusrecherche verlangen. Dennoch können in nahezu jedem Text, so weit zu seinem Verständnis und seiner Übertragung in eine neue Zielkultur Allgemeinwissen auf neuestem Stand gefragt ist, eine Abfrage digitaler Quellen, meist Wissensquellen, opportun erscheinen lassen. Immer wieder tauchen scheinbare „Inseln der Unübersetzbarkeit" auf. Um sie zu umschiffen, kann der Übersetzer jetzt in Richtungen navigieren, aus denen die verschiedensten Auskünfte erforscht werden können. So lassen sich z.B. die Dutzende Bände der *Encyclopedia Britannica*, die fall- und gesetzesbezogenen juristischen Dokumentationen in mehreren Sprachen, die gewaltigen Textmengen der wöchentlich erscheinenden *Chemical Abstracts* und vieles mehr als elektronische Quellen systematisch abfragen.

Offensichtlich ist die Qualität von Übersetzungen mit der sich immer stärker entfaltenden IT direkt proportional zur Beherrschung der Mittel, die der elektronische Übersetzerarbeitsplatz potenziell bereit stellt. Ohne die Bedeutung der umfassenden Kenntnisse in den Arbeitssprachen in irgendeiner Weise zu unterschätzen, kann doch nicht bezweifelt werden, dass das Umfeld der übersetzerischen Tools in gerade revolutionärem Umfang an Bedeutsamkeit zunimmt.

4. Translatologische Schlussfolgerungen

Unter den sich immer stärker durchsetzenden Bedingungen und Möglichkeiten der IT erhält die Durchsetzung der **kommunikativen Äquivalenz** einen neuen Stellenwert. Die potentielle Omnipräsenz multilingualer Corpora setzt Maßstäbe für Prozess und Resultat des Übersetzens. Sie ermöglicht und verlangt eine neue **translatorische Kompetenz**. Sie hat zu berücksichtigen, dass **Übersetzbarkeit** objektiv realisierbarer geworden ist.
Trotzdem wird es wohl noch weitere Fälle von Unübersetzbarkeit geben. Da neue und auch viele alte Texte im Prozess ihrer Entstehung und vor dem Hintergrund ihrer sprachlichen ebenso wie hinsichtlich ihrer inhaltlichen Spezifik letztlich immer Unikate sind, wird es wahrscheinlich niemals eine hundertprozentig äquivalente interkulturelle Kommunikation geben. In Bezug auf das zielsprachliche **Übersetzungsprodukt** ist die Neuschaffung des Ausgangstextes auch unter den Bedingungen und im Lichte der Möglichkeiten global präsenter Textwelten sicherlich grundsätzlich keine „neue" Übersetzungsleistung. Der **Übersetzungsprozess**, den die Translatologie mit Recht in den vergangenen Jahrzehnten in den Mittelpunkt ihrer Überlegungen gestellt hat, muss allerdings als durch die IT revolutionär verändert beschrieben und erklärt werden. Angesichts des optimierten Wissenshintergrunds ist subjektive Inkompetenz nicht mehr begründ- und damit entschuldbar. Will die Übersetzungswissenschaft auf der Grundlage der Einsichten in die neue Praxis und als Basis für ihre Nutzanwendung in der akademischen Ausbildung auf der Höhe der Zeit stehen, muss sie ihre theoretischen Axiome neu bestimmen und interdisziplinär abstimmen.

Anmerkungen

[1] 2001 wurde von Gregory M. Shreve, dem Direktor des Department of Applied Linguistics der Kent State University, ein Projektprogramm, das der beschriebenen zweiten Stufe des CAT sehr nahe kommt, beim US-Patentamt angemeldet und inzwischen bestätigt, an dessen theoretischen Vorarbeiten insbesondere der translatorischen Ausgestaltung der Autor beteiligt ist. Es hat den Titel *Process for the multilingual document management and computer-assisted translation of documents utilizing document corpora constructed by intelligent agents*. Es sieht jedoch einen breiteren Anwendungsbereich vor und bezieht neben CAT auch die vorgängige computerisierte Erzeugung von einsprachigen Texten ein.

[2] Die amerikanische Zeitschrift für literarisches Übersetzen *Translation* (1984) veröffentlichte in ihrer Jubiläumsausgabe die sehr instruktiven Ergebnisse eines Symposiums, auf dem so bekannten Autoren wie Anthony Burgess, William Styron, Kurt Vonnegut, Graham Greene, Günter Grass und Nadine Gordimer und ebenfalls sehr erfahrene Übersetzer wie William Weaver, Richard Wilbur, Edward Seidensticker, Gregory Rabassa, Susanne Jill Levine und Lore Segal über ihre guten und schlechten Erfahrungen sowohl über das „Übersetzt-werden" als auch das Übersetzen sich äußern. Auch der amerikanische Verleger Robert Wechsler, der selbst viele Übersetzungen in Englisch herausgebracht hat, berichtet davon in einem Buch mit

dem bezeichnenden Titel *Performing Without A Stage* (1998) über die Problematik der Einschätzung der Qualität der Übersetzerkunst. Wie treffend und einleuchtend viele seiner und der von ihm beigebrachten Urteile auch sind (vgl. Neubert 2001), so bleiben doch die meisten in wohl überlegten, aber dennoch subjektiven Auffassungen stecken. Eine sich systematisch auf Corpora von Originalen und parallelen und nachfolgenden Übersetzungen stützende Beurteilung könnte hier wesentliche Fortschritte bringen und die nach wie vor wissenschaftlich unbefriedigende translatologische Kritik erstmalig auf ein solides Fundament gründen. Die unsichtbaren Akteure könnten dann ein kontinuierliches Bühnenstudium betreiben. Die Perfektion der Besten wäre nachvollziehbar und prägte das Vorbild für die Novizen. Und ganz besonders könnten die Errungenschaften, die bei einer früheren Werkübertragung das Publikum an den unverwechselbaren Stil eines Autors gewöhnt haben, seinen Werken von vorn herein den Weg ebnen.

Literatur

Babel (1997): http://www.isoc.org:8030/palmares.en.html
Berners-Lee, T./Hendler, J./Lassila, O. (2001): „The Semantic Web." In: *Scientific American.* May 2001, 29-37.
Condron, F./Fraser, M./Sutherland, S. (Hrsg.) (2000) *CTI [=Computers in Teaching Initiative] textual studies guide to digital resources for the humanities.* Oxford.
- (2000): „Starting points on the Internet." In: Condron et al., 15-18.
Crystal, D. (1997): *English as a Global Language.* Cambridge.
- (2001): *Language and the Internet.* Cambridge.
Delisle, J./Woodsworth, J. (Hrsg.) (1995): *Translators through History.* Amsterdam/Philadelphia
Gates, B (1998): Schriftliche Kommunikation.
Graddol, D. (1998): *The Future of English.* London.
Hönig, H. G. (1995): *Konstruktives Übersetzen.* Tübingen.
Lebert, M.-F. (1999): *Le multilinguisme sur le Web.* http://www.ceveil.qc.ca/multi0.htm. In: English at http://www.ceveil.qcca/multing2.htm.
LISA (1998): „Training Localisers: The LISA Education Initiative." In: *Language International* 10(4), 19. Vgl. auch http://www.lisa.org
Neubert, A. (1997): „Postulates for a Theory of *Translatio.*" In: J. H. Danks/G. M. Shreve/S. B. Fountain/M. K. McBeath (Hrsg.) *Cognitive Processes in Translation and Interpreting.* Applied Psychology Vol. 3, Thousand Oaks/London/New Delhi, 1-24.
- (2001a): „Translation in a textual context: a new appraisal." In: M. Thelen/B. Lewandowska-Tomaszyk (Hrsg.): *Translation and Meaning: Part 5.* Maastricht, 55-72.
- (2001): „Rezension von Robert Wechsler *Performing Without A Stage –The Art Of Literary Translation.*" In: *ACROSS Languages and Cultures* 2(1), 149-153.
Ortega y Gasset, I. (1937): *Miseria y esplendor de la traducción.* Stuttgart.
Pinker, S. (1998): *How the Mind Works.* London.
Schmitt, P. A. (1990): „Was übersetzen Übersetzer? – Eine Umfrage." In: *Lebende Sprachen* 3/1990, 97-106.
- (1993): „Der Translationsbedarf in Deutschland. Ergebnisse einer Umfrage." In: *Mitteilungsblatt für Dolmetscher und Übersetzer MDÜ* 4, 3-10.
- (1998): „Marktsituation der Dolmetscher." In: M. Snell-Hornby/H. Hönig/P. Kussmaul/P. A. Schmitt (Hrsg.): *Handbuch Translation.* Tübingen, 5-13.

Steiner, G. (1975): *After Babel – Aspects of Language and Translation*. London/New York/ Toronto.
Tooby, J./ Cosmides, I. (1992): „Psychological Foundations of Culture. " In: J. H. Barkow/I. Cosmides/J. Tooby (Hrsg.): *The Adapted Mind: Evolutionary Psychology and the Generation of Culture*. New York.
Translation (1984): Vol. XII (Anniversary Issue), Symposium, 3-57.
Wechsler, R. (1998): *Performing Without A Stage –The Art Of Literary Translation*. North Haven.

METAPHERN FÜR EMOTIONEN: UNIVERSALIEN ODER KULTURSPEZIFIKA?

Manfred Kienpointner, Innsbruck

0. Einleitung

> We have defined the *meaning* of a linguistic form as the situation in which the speaker utters it and the response it calls forth in the hearer. In order to give a scientifically accurate definition of meaning for every form of a language, we should have to have a scientifically accurate knowledge of everything in the speakers' world. We can define the names of minerals, for example, in terms of chemistry and mineralogy, as when we say that the ordinary meaning of the English word *salt* is 'sodium chloride (NaCl)', and we can define the names of plants and animals by means of the technical terms of botany and zoology, but we have no precise way of defining words like *love* or *hate*, which concern situations that have not been accurately classified - and these latter are in the great majority.
> (Bloomfield 1935, 139)

> Ziel semantischer Theorien scheinen oft Definitionen... Aber eine Bedeutung ist eine lange Geschichte. Und um davon wenigstens etwas zu erfassen, braucht es wenigstens eine short story... Nur die detaillierte Darstellung des Gebrauchs offenbart die konstitutive Rolle eines Wortes für die Kultur, für die Weltansicht, für uns.
> (Heringer 1999, 39)

In der oben zitierten Passage aus Bloomfields klassischer Abhandlung „Language" wird eine pessimistische Sicht hinsichtlich der Möglichkeit einer präzisen und wohlmotivierten linguistischen Beschreibung der Bedeutung von Ausdrücken wie engl. *love* und *hate*, dt. *Liebe* und *Hass* zum Ausdruck gebracht. Dieser Pessimismus scheint heute überwunden zu sein. Tatsächlich zeigt der aktuelle internationale Boom linguistischer Emotionsstudien, dass LinguistInnen sehr wohl hoffen, „a precise way of defining words like *love* or *hate*" gefunden zu haben. Die zahlreichen Kontroversen in Bezug auf die semantische Beschreibung von Emotionsausdrücken zeigen jedoch, dass trotz des enormen Interesses eine umfassende Theorie ihrer Deskription erst noch entwickelt werden muss.
Die Funktion und der Ausdruck von Emotionen sind auf verschiedenen Ebenen und von verschiedenen Disziplinen untersucht worden, darunter Linguistik, Psychologie, Anthropologie und Philosophie (für einen breiten Überblick vgl. Fiehler 1990; Russell et al. 1995; Niemeier/Dirven 1997;; Palmer/Occhi 1999). Was die Linguistik anlangt, gehören zu den untersuchten Phänomenen Gesprächsschrittwechsel, Höflichkeitsstrategien, Sprechakte, Wortfelder, syntaktische Ausdrucksmuster, Metaphern, Partikeln, Interjektionen, Intonation, Gesichtsausdruck usw. (vgl. Wierzbicka 1991; 1995; 1999).

In diesem Aufsatz werden aus diesen Phänomenen emotionsrelevante Wortfelder und Metaphern herausgegriffen. Dabei werden deskriptive Emotionsausdrücke (wie z.b. dt. *Liebe, Zorn, Hass*) behandelt, nicht jedoch expressive Emotionsausdrücke (wie z.b. dt. *Scheiße! Oh! Ach! Igitt!*; vgl. Kövecses/Palmer 1999, 239; Kövecses 2000, 2ff.). Speziell wird das lexikalische Mikrofeld von Ausdrücken für Liebe, Zorn und Hass und die entsprechenden alltagssprachlichen Metaphern (z.B. dt. *kochen vor Zorn*) näher erörtert werden (teilweise auch metonymische Ausdrücke wie dt. *rot vor Wut*).
Metaphern spielen eine zentrale Rolle in der menschlichen Kognition. Dies ist in vielen neueren Studien zu Metaphern festgestellt worden (vgl. Black 1954; Ricoeur 1975; Lakoff/Johnson 1980; Lakoff 1987; 1993; 1996; Gibbs 1994; Kövecses 2000). Dies macht ihre linguistische Beschreibung nur noch wichtiger und interessanter. Für eine umfassende Beschreibung von Metaphern für Emotionen ergeben sich dabei zwei Hauptfragen:
1. Welche Semantiktheorien sind am adäquatesten für die Beschreibung von sprachlichen Metaphern für Emotionen?
2. Ist eine universale Theorie der Metapher möglich, die den Gebrauch von Metaphern für Emotionen in den meisten oder gar allen Sprachen der Erde korrekt vorhersagt?
Im Folgenden möchte ich zunächst einige neuere Semantiktheorien herausgreifen und deren Beitrag zur Metapherndiskussion diskutieren, um eine tentative Antwort auf die erste Frage zu ermöglichen (Kap. 1).
Daraufhin werde ich empirische Daten zu einigen indoeuropäischen und nichtindoeuropäischen Sprachen erörtern, um zu einer Antwort auf die zweite Frage beizutragen (Kap. 2). Für eine definitive Antwort werden zweifelsohne noch hunderte von Sprachen näher untersucht werden müssen. Hier soll die Universalitätshypothese anhand von Daten zum Deutschen, Englischen, Türkischen, Chinesischen und drei nordamerikanischen Indianersprachen (Hopi, Tohono O'odham, Navaho) einer erneuten empirischen Überprüfung unterzogen werden. Dabei stelle ich universalistischen Ansätzen die folgende gemäßigt relativistische Hypothese entgegen:

Metaphern für Emotionen unterscheiden sich in den Sprachen der Erde umso häufiger und grundlegender (bzw. die Schicht der in allen untersuchten Sprachen anzutreffenden Metaphern für Emotionen nimmt umso mehr ab), je weniger sich die betreffenden Sprachen genetisch und/oder typologisch nahestehen und je weniger die betreffenden Kulturen geographisch und historisch in einem Naheverhältnis standen oder stehen (d.h. umgekehrt: je größer die sprachliche und kulturelle Distanz ist).

Im abschließenden Kapitel 3 werde ich aufgrund der empirischen Daten für einen solchen gemäßigten Relativismus plädieren. Dies besagt, dass zwar auf einer sehr allgemeinen Ebene eine in sehr vielen Sprachen, vielleicht den meisten oder sogar allen Sprachen der Erde eine universale Schicht von Metaphern für

Emotionen existiert (z.b. „Liebe ist Hitze", „Zorn ist Hitze"), dass aber bei Sprachen mit großer genetischer, typologischer und kultureller Distanz die Gemeinsamkeiten drastisch abnehmen und die spezifischen Unterschiede immer häufiger und auch immer wichtiger und fundamentaler werden.
Einzelsprachliche Emotionsausdrücke werden im Folgenden kursiv geschrieben (z.B. dt. *Liebe, Hass, Zorn*; engl. *love, hate, anger*). Wenn ich dagegen auf Emotionen als außersprachliche Größen Bezug nehme, verwende ich die deutschen Bezeichnungen ohne Kursivsetzung (z.b. Liebe, Hass, Zorn, Emotion). Bezugnahme auf den Inhalt von Ausdrücken wird durch doppelte Anführungszeichen signalisiert. (z.B.: die Bedeutung von „Liebe") Diese aus praktischen Gründen gewählte Vorgangsweise soll keineswegs implizieren, dass die einschlägigen deutschen Ausdrücke eine universale Metasprache darstellen würden, mit deren Hilfe man unproblematisch sich auf die entsprechenden Emotionen in einer neutralen, sprach- und kulturübergreifenden Art und Weise beziehen könnte (vgl. unten Kap. 1 und Wierzbicka 1999, 1ff. zur Gefahr von Ethnozentrismus durch einen naiven Sprachrealismus).

1. Neuere Semantiktheorien und die Beschreibung von Metaphern für Emotionen

Einen nützlichen Überblick über eine Reihe von neueren Ansätzen zur Beschreibung von Metaphern für Emotionen bieten Kövecses/Palmer (1999, 241ff.; vgl. auch Kövecses 2000, 6ff.). Hier werde ich mich auf eine Kritik referenzsemantischer Ansätze beschränken und danach genauer einige Ansätze herausgreifen, deren Kombination mir das zur Zeit vielversprechendste Arsenal von Beschreibungsinstrumenten zu liefern scheint. Insbesondere werden dabei die folgenden Ansätze im Mittelpunkt stehen: Die strukturelle Semantik Coserius (1956; 1958; 1973; 1988), die bereits erwähnten prototypensemantischen Ansätze von Lakoff und Kövecses (Lakoff 1987; 1993; 1996; Kövecses 1995b; 2000), Wierzbickas Kombination von strukturell-semantischen und prototypensemantischen Ansätzen (Wierzbicka 1985; 1995; 1999) und die Gebrauchstheorie der Bedeutung von Wittgenstein (1975), die von Heringer (1978) weiterentwickelt und auf die Beschreibung emotionsbezeichnender Ausdrücke angewendet worden ist (vgl. Heringer 1999).

1.1 Kritik der Referenztheorie in Bezug auf die Beschreibung von Metaphern für Emotionen

In Bezug auf die emotionsbezeichnenden Ausdrücke (in Hinkunft: EA) nehmen referenztheoretische Ansätze an, dass EA einfach als Etiketten anzusehen sind, die mit außersprachlichen emotionalen Phänomenen assoziiert werden, wobei die physiologischen Reaktionen und die jeweilige Situation einzubeziehen sind (vgl. Schachter/Singer 1962, zitiert nach Kövecses/Palmer 1999, 261). Diese

„Etiketten-Theorie" (von Kövecses/Palmer „label view" genannt) behauptet, dass die Bedeutung von EA für eine wissenschaftliche Beschreibung von Emotionen nicht von Belang ist, da die Bedeutung nicht mit dem zusammenfallen muss, was Personen tatsächlich emotional erleben. Damit entspricht die Sicht der „Etiketten-Theorie" der allgemeinen Überzeugung referenztheoretischer Traditionen, die die Bedeutung von sprachlichen Ausdrücken mit deren Bezug auf Objekte in der außersprachlichen Wirklichkeit gleichsetzen. Dies ist die Position von Logikern und Philosophen wie Russell (1949) und Quine (1971), die sich entschieden gegen die Existenz einer einzelsprachlichen Bedeutung geäußert haben, die von der Referenz auf außersprachliche Gegenstände unterschieden werden könnte. Die „Etiketten-Theorie", und allgemein die Referenztheorie, vernachlässigen jedoch die folgenden sprachlichen Phänomene:

– Wenn lexikalische Ausdrücke Etiketten wären, sollten synonyme Ausdrücke in gleicher Weise auf ein und dieselbe außersprachliche Größe angewendet werden können. Der Fall von völlig synonymen Ausdrücken, die in jedem Kontext ohne erkennbaren Bedeutungsunterschied durcheinander ersetzt werden können, scheint jedoch extrem selten zu sein, wenn es überhaupt solche Fälle gibt. Dies trifft selbst dann zu, wenn bloße stilistische Unterschiede ausgeklammert werden, z.B. Unterschiede zwischen Wörtern, die zu unterschiedlichen sozialen, regionalen oder genrespezifischen Varietäten gehören (z.B. *Mutter* und *Mama, pissen* und *urinieren, Quark* und *Topfen*). Selbst wenn also nur Synonyme innerhalb ein und derselben Varietät berücksichtigt werden (z.B. dt. *Ärger, Zorn, Wut, Hass* oder engl. *indignation, anger, rage*) unterscheiden sich diese Synonyme subtil in ihrer Bedeutung und werden trotzdem oft gebraucht, um auf dieselben außersprachlichen Größen Bezug zu nehmen (vgl. Freges berühmte Beispiele *Morgenstern* und *Abendstern*, oder bei den EA dt. *Angst* und *Furcht; Zorn* und *Wut; Empörung* und *Entrüstung*). Diese Fakten unterstützen die Schlussfolgerung, dass einzelsprachliche Bedeutung und außersprachliche Referenz klar unterschieden werden sollten.
– Der Vergleich des emotionalen Lexikons verschiedener Sprachen zeigt, dass sogar diejenigen lexikalischen Einheiten, die die naheliegendsten Kandidaten für Übersetzungsäquivalenz wären, sich semantisch beträchtlich voneinander unterscheiden. Das gilt selbst für nahe verwandte Sprachen und Kulturen, wo man am ehesten annehmen könnte, dass Lexeme bloße Etiketten wären, die sich zwar phonetisch unterscheiden, aber ansonsten in gleicher Weise auf dieselben außersprachlichen Objekte und Situationen beziehen (vgl. Wierzbicka 1995, 21f.; 1999, 3f. zu den semantischen Differenzen zwischen engl. *emotion*, dt. *Gefühl/Gefühle*, russ. *čuvstvo/čuvstva*, franz. *émotion*, ital. *emozione*, span. *emoción*).

– Schließlich unterscheiden sich Sprachen auch dahingehend, dass ihr emotionales Lexikon in bestimmten Wortfeldern mehr oder weniger detailliert ausdifferenziert ist. Zum Beispiel ist das deutsche und altgriechische Mikrofeld der EA für Liebe und Hass elaborierter als das entsprechende Mikrofeld im Lateinischen (vgl. Kienpointner 1996a; 1999). Speziell kann beobachtet werden, dass ein außersprachlich als „dieselbe" wahrgenommene emotionale Empfindung in einer Sprache A mit einem Lexem, in einer Sprache B mit zwei (oder mehr) Lexemen bezeichnet wird. So haben z.b. das Englische und Deutsche nur einen Basisausdruck für Liebe, nämlich *love* bzw. *Liebe*, Türkisch hat dagegen zwei Basisausdrücke: *aşk* and *sevgi*. Basisausdrücke können wie folgt definiert werden: Sie sind morphologisch einfach, semantisch nicht in der Bedeutung anderer Ausdrücke inkludiert, ferner in ihrer Semantik intersubjektiv und intersituativ stabil, also keine innovativen Augenblicksbildungen; schließlich sind sie nicht erst seit kurzem eingebürgerte Fremdwörter; vgl. Berlin/Kay 1969, 6 und unten Kap. 2.3).

Einige KritikerInnen der hier vertretenen Auffassung, dass einzelsprachliche Bedeutung von Referenz deutlich unterschieden werden muss, akzeptieren zwar die Existenz von einzelsprachlichen Bedeutungsunterschieden, halten sie aber für sekundär bzw. unwichtig. So haben die Psychologen Ekman/Friesen (1975) empirische Evidenz zum nonverbalen Ausdruck von Emotionen in Sprachgemeinschaften auf der ganzen Welt gesammelt. Aus dieser Evidenz ergibt sich nach Ekman/Friesen, dass trotz beträchtlicher Unterschiede im emotionalen Lexikon bestimmte Basisemotionen (nämlich Freude, Trauer, Zorn, Angst, Ekel, Überraschung) in gleicher Weise auftreten und nonverbal ausgedrückt werden. In ähnlicher Weise argumentiert in neuerer Zeit der Psychologe Harris (1995, 357), dass „societies, even when they diverge in their lexicon of emotion, have a fundamentally similar conception of emotion". Diese Annahmen sind jedoch angesichts der Tatsache, dass einzelsprachliche Bedeutungsunterschiede deutliche Auswirkungen auf die menschliche Kognition, insbesondere für den metaphorischen Ausdruck von Emotionen haben, nicht ohne weiteres akzeptabel (vgl. unten Kap. 2).

1.2 Strukturelle Semantik und Metaphern für Emotionen
Der Hauptgrund, warum besonders aus Sicht der Linguistik einzelsprachliche lexikalische Unterschiede für wichtig gehalten werden, ist ihr potentiell wichtiger Beitrag zur Rezeption und kognitiven Verarbeitung von emotionsbezogenen Phänomenen. Den klassischen Ansätzen der strukturellen Semantik (z.B. von Coseriu, Pottier, Lyons, Greimas) und den neueren Beiträgen von Wierzbicka ist gemeinsam, dass sie von der Existenz einer einzelsprachlichen Grundbedeutung ausgehen und insgesamt einzelsprachlichen Differenzen besondere Aufmerksamkeit schenken. Die meisten semantischen Traditionen, die zwischen einer

Grundbedeutung und einer peripheren (konnotativen, kontextspezifischen) Redebedeutung unterscheiden, gehen von den folgenden Annahmen aus:
Annahme 1. Ein zentraler Bereich der Bedeutung von Lexemen kann und soll von den prinzipiell unendlich vielen peripheren Redebedeutungen unterschieden werden. Dies scheint deshalb plausibel, weil sonst kaum erklärt werden könnte, wie Menschen einander verstehen, weil die Zahl der Redebedeutungen nach oben offen ist und ihre Speicherung und Verarbeitung mit den begrenzten Ressourcen der menschlichen Sprachverarbeitung nicht geleistet werden könnte.
Annahme 2. Aus Annahme 1 folgt, dass es zumindest im Prinzip möglich ist, eine Grenze zwischen semantischen Merkmalen zu ziehen, die zur Grundbedeutung eines Lexems gehören, und semantischen Merkmalen, die zur Peripherie bzw. zur kontextuellen Redebedeutung gehören. Bei aller Schwierigkeit, im Einzelfall diese Grenze zu ziehen (vgl. Haiman 1980), ist doch im Prinzip und auch in der lexikographischen Praxis die Unterscheidung zwischen Wörterbuchinformation (Sprachwissen) und enzyklopädischer Information (Weltwissen) einsichtig und unverzichtbar.
Annahme 3. Es ist grundsätzlich möglich, die Grundbedeutung mithilfe einer geeigneten semantischen Metasprache präzise und erschöpfend zu beschreiben.
Neben diesen gemeinsamen Grundannahmen zeigen sich innerhalb der strukturellen Semantik auch deutliche Unterschiede. So gehen nicht all ihre VertreterInnen davon aus, dass sämtliche Lexeme einer Sprache ohne Einbeziehen von Weltwissen beschrieben werden können (vgl. Annahme 2). Anders als Katz (1972, 250) geben z.B. Vertreter der europäischen strukturellen Semantik wie Coseriu (1973, 26ff.) und Lyons (1977, I 287ff.) zu, dass bestimmte Sektoren des Wortschatzes wie zoologische, botanische und mineralogische Nomenklaturen nur mithilfe von enzyklopädischem Weltwissen zugänglich sind. Dies zeigt sich daran, dass selbst Native Speakers die Bedeutung von einschlägigen Ausdrücken wie dt. *Fink, Ulme, Rittersporn, Granat, Amethyst* (oder entsprechend engl. *finch, elm, larkspur, garnet, amethyst*) ohne einschlägiges enzyklopädisches Wissen nicht oder nur rudimentär beschreiben können.
Ferner gehen Pottier (1992, 75) und Wierzbicka (1985, 141) anders als Katz davon aus, dass es im Einzelfall schwierig sein kann, die Ebene des allen Native Speakers zugänglichen einzelsprachlichen Wissens vom Sachwissen von Fachleuten zu trennen. Die Annahme eines eher graduellen Übergangs zwischen zentralen und peripheren semantischen Merkmalen eines Ausdrucks ermöglicht auch die Kombination der strukturell-semantischen Annahme einer Grundbedeutung, die jedoch unscharfe Grenzen hat, mit der Prototypensemantik (vgl. Kleiber 1993, 47). Die Prototypensemantik kritisiert nämlich zurecht die Annahme, dass ein inhaltliches Konzept immer mithilfe einer scharf abgegrenzten Menge von notwendigen und hinreichenden Bedingungen definiert werden kann und dass alle in diesen Bedingungen genannten semantischen Merkmale gleich zentral für das Konzept wären (vgl. unten Kap. 1.3).

Was die semantische Metasprache betrifft (vgl. Annahme 3), ergeben sich ebenfalls deutliche Unterschiede, was deren Format und Ausgestaltung im Detail betrifft. In den Frühphasen der strukturellen Semantik wurde die Grundbedeutung als Menge von semantischen Merkmalen (Semen, Markern, Noemen) gefasst (vgl. Greimas 1966; Katz 1972; 1981; Pottier 1992). Diese Art von Metasprache ist jedoch zurecht scharf kritisiert worden (vgl. Eco 1975), da 1. ihre Universalität in Frage gestellt werden kann, weil üblicherweise einfach Lexeme einer Einzelsprache genommen worden sind, um Seme zu bezeichnen, 2. diese Seme aber in hohem Maße interpretationsbedürftig sind und 3. diese Interpretationsbedürftigkeit von Semen zu einem potentiell infiniten Regress von Metasprachen führt.
Einige Linguisten (vgl. Coseriu 1973, 14f.; Lyons 1977 I, 334f.; Pottier 1992, 73) haben deshalb das Postulat der Universalität der Seme aufgegeben und sie einfach als Ausdrücke einer bestimmten Sprache aufgefasst, die aus praktischen Gründen als Kürzel statt einer ausführlichen metasprachlichen Bedeutungsbeschreibung eingesetzt werden. Diese pragmatische Lösung erhöht jedoch die Gefahr, dass die Ausdrücke einer bestimmten Sprache A, die als Metasprache fungiert, die semantische Struktur von Ausdrücken der beschriebenen Sprache B nur verzerrt wiedergibt.
Um diese Probleme zu lösen, hat Wierzbicka in vieljährigen Anstrengungen versucht, eine tatsächlich universale Metasprache zu entwickeln, die sie als „Natural Semantic Metalanguage" (= NSM) bezeichnet. Wierzbicka (1999, 36f.) schränkt die metasprachlichen Ausdrücke in NSM auf etwa 60 Lexeme ein, darunter „I, you, person, thing, people, one, two, some, many, good, bad, big, small, do, make, feel, believe, have, not, because, if, now, here" usw. Sie versucht damit, alle semantisch spezifischeren Lexeme auszuschließen, die die Beschreibung notwendigerweise zirkulär oder verzerrend in Bezug auf eine bestimmte Einzelsprache machen würden. Besonders wichtig ist, dass Wierzbicka ihre Beschreibungen in Form von kurzen Texten zu formuliert, die die Bedeutung von Lexemen als prototypisches Szenario wiedergeben. So stellt Wierzbicka (1999, 88) die Grundbedeutung des englischen Adjektivs *angry* wie folgt dar:

X was angry (with Y)
(a) X felt something because X thought something
(b) sometimes a person thinks about someone:
(c) „this person did something bad
(d) I don't want this person to do things like this
(e) I want to do something because of this"
(f) when this person thinks this, this person feels something bad
(g) X felt something like this
(h) because X thought something like this

Dieses Format der Darstellung legt die Kombination von Wierzbickas universalsemantischem Ansatz mit dem prototypensemantischen Ansatz nahe (vgl. unten Kap. 1.3 und Kövecses/Palmer 1999, 242f.; Kövecses 2000, 8). Wierzbickas Ansatz ist ein wertvoller Beitrag zur Beschreibung von EA, besonders wegen ihrem konsequenten Beharren auf der Einsicht, dass EA einer bestimmten Sprache immer eine spezifische semantische Perspektive implizieren, die typisch für eine kulturelle Ideologie ist und nicht mit einer universalen menschlichen Sicht der Welt verwechselt werden darf. Aus verschiedenen theoretischen und praktischen Gründen scheint mir Wierzbickas Ansatz dennoch nicht uneingeschränkt übernehmbar zu sein (vgl. Heringer 1999, 114). Die praktischen Gründe liegen auf der Hand: Beschreibungen, die ausschließlich mithilfe der NSM gemacht werden, sind eher umständlich und nicht gerade einfach zu verstehen. Zumindest auf dem gegenwärtigen Stand der Anwendung von NSM ist nicht einmal Wierzbicka selbst in der Lage, nur mithilfe von NSM deskriptiv zu arbeiten, was sich daran zeigt, dass Wierzbicka (1999) ihre Beschreibungen von EA mit NSM stets durch sehr ausführliche Kommentare in englischer Sprache ergänzen muss. Auf theoretischer Ebene muss sich erst durch die Beschreibung zahlreicher weiterer Sprachen zeigen, ob NSM wirklich für alle Sprachen in gleicher Weise angemessen ist. Schließlich ist Wierzbickas Annahme, dass die nichtmetaphorische Grundbedeutung von EA primär ist und die metaphorische Bedeutung sekundär, zurecht in Frage gestellt worden (vgl. Gibbs 1994; Kövecses/Palmer 1999, 247; Yu 1998, 33ff.).

Andere Vertreter der strukturellen Semantik und ihr nahestehender semantischer Theorien haben jedoch zumindest konventionalisierte, „verblasste" bzw. „tote" Metaphern als Teil des Sprachsystems angesehen. So beschreibt Greimas (1966, 52) Sätze wie frz. *Le commissaire aboie* („Der Kommissar bellt") auf der Grundlage einer zweiten konventionalisiert-metaphorischen Lesart von *aboyer* („bellen") (vgl. ähnlich Pottier 1992, 66f., 74f.). Der Begründer der Systemischen Funktionellen Grammatik, M.A.K. Halliday, stellt sogar fest: „there are many instances where a metaphorical representation has become the norm" und „It is possible that metaphoric variation has been inherent in the nature of language from the very beginning" (1994, 342f.).

Hier könnte nun eingewendet werden, dass die oben genannten Ansätze zwar den konventionalisierten Charakter vieler toter Metaphern richtig feststellen, den Metaphern aber nicht die zentrale Rolle in Sprache und Kognition zubilligen, die z.B. von Lakoff/Johnson (1980) und den zahlreichen an ihrem Ansatz orientierten Studien immer wieder festgestellt worden ist.

Es gibt jedoch zumindest eine Variante der strukturellen Semantik, wo die Sicht von metaphorischer bzw. allgemein figurativer Sprache als sekundäre Abweichung von einer nicht-figurativen Standardvarietät einer Sprache grundsätzlich zurückgewiesen wird, nämlich die Sprachtheorie von Coseriu (vgl. Coseriu 1956; 1994, 160ff.). Coseriu geht davon aus, dass poetische, d.h. figurative

Sprache in ihrer Vollendung, zugleich Sprache schlechthin ist, nämlich die volle Entfaltung des kreativen Potentials von Sprache. Auch bei der alltäglichen Sprachproduktion schöpfen jedoch SprecherInnen ständig eine Vielfalt von figurativen Möglichkeiten aus, um in Texten Sinn zu kreieren. Die Grundbedeutung von Lexemen wird dabei in einem dynamischen Prozess ständig reproduziert, aber auch kreativ adaptiert, modifiziert und erweitert. Metaphern sind ein zentrales Element dieses dynamischen Prozesses. Schon 1956 betonte Coseriu daher in einem Artikel über die kreative Bildung von Metaphern, dass metaphorische Erfindung ein essentieller Bestandteil der Definition von Sprache ist (1956, 22):

> Pero ¿cuáles son las razones de la creación metafórica en el lenguaje? O mejor: ¿pueden investigarse las razones íntimas de la creación lingüística? Evidentemente no, puesto que la creación, la invención, es inherente al lenguaje por definición.

Abgesehen von der mehr kognitiven Perspektive von Lakoff/Johnson und der Tatsache, dass sie dazu tendieren, einzelsprachliche Unterschiede bei der (metaphorischen) Bedeutung zu vernachlässigen, ist wenig Unterschied zwischen der oben zitierten Passage und Lakoff/Johnson's bekannter Feststellung (1980, 3) dass „Our ordinary conceptual system, in terms of which we both think and act, is fundamentally metaphorical in nature" (vgl. auch Ricoeur 1975, 25).
Als Hauptunterschied zwischen strukturell-semantischen Ansätzen und der prototypensemantischen Konzeption von Lakoff/Johnson (1980) bleibt dann noch, dass letztere die Annahme einer nichtmetaphorischen Grundbedeutung zurückweisen und die Möglichkeit ihrer nichtmetaphorischen Beschreibung bestreiten. Ich trete hier für eine vermittelnde Position ein. Während ich mit der strukturellen Semantik davon ausgehe, dass eine nichtmetaphorische Grundbedeutung von EA grundsätzlich ermittelt und beschrieben werden kann (vgl. z.B. oben Wierzbickas Beschreibung von engl. *angry*), folge ich Lakoff/Johnson (1980) und Kövecses (2000, 114ff.) darin, dass auch metaphorische Bedeutungen von EA kognitiv elementar sein können, d.h. durch weitgehende Konventionalisierung den Status von einer (zweiten, dritten usw.) kognitiv elementaren Grundbedeutung annehmen können.

1.3 Prototypensemantik und Metaphern für Emotionen
Die Prototypensemantik beruht auf den bahnbrechenden experimentellen Studien der Psychologin Eleanor Rosch (1978; zitiert nach Türk Smith/Smith 1995), die auch Wittgensteins (1975) Konzept der „Familienähnlichkeit" einbezogen hat. Die Prototypensemantik wurde von Lakoff (1987; 1993) aufgegriffen und verfeinert und ist eine der einflussreichsten Traditionen in der neueren linguistischen und psychologischen Forschung zum emotionalen Lexikon geworden (vgl. z.B. Shaver et al. 1992; Gibbs 1994; Kövecses 1988; 1995b; 2000;

Smith/Tkel-Sbal 1995; Türk Smith/Smith 1995; Yu 1998; Palmer/Bennett/Stacey 1999).
Zu den Grundannahmen der Prototypentheorie gehören (vgl. Kleiber 1993):
1. Menschen klassifizieren Objekte und Sachverhalte auf der Grundlage von Konzepten, die nicht immer durch eine Menge von notwendigen und hinreichenden Bedingungen definiert werden können (z.b. engl. *emotion*).
2. Deshalb werden Objekten und Sachverhalten verschiedene Grade von Zugehörigkeit zu einer Kategorie zugewiesen, in Abhängigkeit von ihrer relativen Nähe zu Prototypen, das sind klare Instanzen der Kategorie. So sind im Englischen *happiness, anger, love, fear* prototypischere Instanzen für *emotion* als z.B. *pride, hope, uncertainty*.
3. Die Elemente einer Kategorie ähneln einander wie Familienmitglieder, d.h. sie sind in verschiedener Hinsicht ähnlich, ohne notwendigerweise eine oder mehrere Eigenschaften aufzuweisen, die für alle Elemente der Kategorie zutreffen. So ist *anger* nahe mit *rage* und *hate* verbunden, etwas weniger mit *envy* und *jealousy*, aber *anger* hat wenig oder nichts mit *joy*, *love* und *happiness* gemeinsam.

Speziell vertritt die von Lakoff, Johnson, Kövecses und anderen entwickelte Experientielle Theorie der Metaphern, dass:
1. kognitive Modelle von Emotionen wie Liebe, Hass und Zorn weitgehend metaphorischer Natur seien. Das bedeutet, dass Metaphern kognitiv elementar sind und das naiv-alltägliche Verständnis von Emotionen wie den oben genannten konstituieren und nicht etwa nur reflektieren.
2. Diese Modelle werden durch das Funktionieren des menschlichen Körpers motiviert (z.B. physiologische Prozesse wie erhöhte Körpertemperatur oder erhöhter Blutdruck).
3. Diese Modelle sind universal und nicht (völlig) arbiträr, d.h. nicht nur ein Produkt von soziokulturellen Rahmenbedingungen.

Auf der Basis von diesen Vorannahmen haben Lakoff und Kövecses ein kognitives Modell von Zorn entwickelt. Es beruht auf einem prototypischen Skript oder Szenario mit fünf Phasen (Lakoff 1987, 397ff.; Kövecses 1995b, 51ff.; Kövecses 2000, 142ff.):

1. Offending event (wrongdoer, self, causation of anger);
2. Anger, physiological effects (body heat, internal pressure, physical agitation);
3. Attempt at control;
4. Loss of control;
5. Act of retribution (self performs the act of retribution against wrongdoer, intensity of anger drops to zero).

Die Experientielle Theorie der Metapher unterschiedet konzeptuelle Metaphern wie z.B. ANGER IS HEAT oder ANGER IS A HOT FLUID IN A CONTAINER oder LOVE IS A JOURNEY oder HAPPINESS IS UP von den sprachli-

chen Ausdrücken, die für ihre Verbalisierung gebraucht werden, z.B. im Englischen *She was doing a slow burn, You make my blood boil, Look how far we've come, We're at a crossroads, We had to cheer him up, She was on cloud nine* usw.
Der universalistische Anspruch der Experientiellen Metapherntheorie bedeutet jedoch nicht, dass sie nicht grundsätzlich mit Theorien vereinbart bzw. kombiniert werden könnte, die kulturbedingte Unterschiede im Gebrauch von metaphorischen EA hervorheben, wie z.B. sozial-konstruktivistischen Theorien, die universalistischen Ansätzen sehr skeptisch gegenüberstehen und vor den Gefahren von (westlichem) Ethnozentrismus warnen (vgl. Lutz 1988). Eine solche Synthese bzw. Kombination wird von Kövecses (2000, 182ff.) erarbeitet und als „body-based constructionism" bezeichnet:

> Essentially, the synthesis involves acknowledging that some aspects of emotion language and emotion concepts are universal and clearly related to the physiological functioning of the body. Once the universal aspects of emotion language are parsed out, the very significant remaining differences in emotion language and concepts can be explained by reference to differences in cultural knowledge and pragmatic discourse functions that work according to divergent culturally defined rules or scenarios.

Während ich viele der oben skizzierten Annahmen der Experientiellen Theorie der Metapher bzw. allgemeiner des prototypensemantischen Ansatzes teile und für fruchtbar halte, halte ich die folgenden Modifikationen und Erweiterungen aus der Sicht der strukturellen Semantik für nötig:
1. Zunächst besteht grundsätzlich kein Grund zu der Annahme, dass die strukturelle Semantik mit ihrer Annahme einer Grundbedeutung und die Experientelle Metapherntheorie unvereinbar wären. Wie ich oben gezeigt habe (vgl. Kap. 1.2), ist zumindest Coserius strukturelle Semantik und seine Sicht der Metapher mit Lakoff/Johnsons Annahme kompatibel, dass Metaphern kognitiv primär bzw. sprachlich elementar sind. Die Annahme einer nichtmetaphorischen Grundbedeutung und die Annahme des kognitiv elementaren Status von konventionalisierten Metaphern für Emotionen könnten integriert werden, indem man davon ausgeht, dass tote Metaphern in einem Ausmaß lexikalisiert worden sind, dass sie diachron zu einer zweiten (dritten...) Grundbedeutung entsprechender EA geworden sind. In diesem Sinn hätte z.B. dt. *Zorn* eine Grundbedeutung, die grob und stark vereinfachend mit „eine starke Abneigung gegen eine Person (oder ein Lebewesen), die durch eine vorangegangene Kränkung verursacht und durch den intensiven Wunsch nach Vergeltung gekennzeichnet ist" wiedergegeben werden kann, und weitere, kognitiv ebenso elementare Grundbedeutungen, die z.B. mit den metaphorischen Konzepten „kochende Flüssigkeit in einem Behälter" oder „(Anfall von) Wahnsinn" wiedergegeben werden können.

2. Dem Einwand, dass damit gerade der Vorzug der strukturell-semantischen Bedeutungstheorie verschwinden könnte, da so immer mehr Grundbedeutungen anzunehmen wären und keine Obergrenze angegeben werden kann, ist mit dem folgenden methodischen Postulat der strukturellen Semantik zu begegnen: Alle kontextuellen Redebedeutungen müssen von der angesetzten Grundbedeutung abgeleitet werden.
So können z.B. von der Grundbedeutung von dt. *Liebe* (stark vereinfacht: „starkes Gefühl der Zuneigung zu einer Person/einem Lebewesen/einem abstrakten Objekt") die spezifischen Redebedeutungen im Sinne von dt. *platonische Liebe, mütterliche Liebe, egoistische Liebe, Tierliebe, Vaterlandsliebe* und *sexuelles Begehren* als Sonderfälle abgeleitet werden, nicht aber umgekehrt (vgl. auch Kövecses 1988, 56ff., wo ein „ideal model" von Liebe von einem „typical model" und einer Reihe von nicht-prototypischen Fällen unterschieden wird).
3. Prototypensemantische Ansätze wie die Experientielle Metapherntheorie betonen die kognitiven und universalen Aspekte von Metaphern: „The metaphor is not just a matter of language, but of thought and action" (Lakoff 1993, 210). Dies wirft jedoch die äußerst schwierige und vieldiskutierte Frage nach der Ablösbarkeit des menschlichen Denkens von einzelsprachlichen Voraussetzungen auf. Selbst wenn man prinzipiell davon ausgeht, dass sich Sprache und Denken voneinander isolieren lassen, ist es doch sehr ratsam, stets zu überprüfen, inwiefern potentiell universale Metaphern für Emotionen wie ANGER IS A HOT FLUID IN A CONTAINER vom einzelsprachlichen Lexikon einer Sprache beeinflusst werden, oder zwar auf der Übereinstimmung vieler Sprachen, aber eben doch nicht aller Sprachen beruhen (vgl. unten Kap. 2.3-2.5).
4. Dass wissenschaftliche Theorien zu den (Metaphern für) Emotionen von Laienkonzeptionen, die wesentlich auf der jeweiligen Alltagssprache beruhen, mitgeprägt werden können, ist von verschiedener Seite festgestellt worden (vgl. Kövecses 1995a, 12f.; Kövecses 2000, 126ff.; Parrott 1995; Wierzbicka 1999, 24ff.). Der Ausgangspunkt für die wissenschaftliche Darstellung von EA sollte daher die sorgfältige Beschreibung einzelsprachlicher Unterschiede ihrer Bedeutung sein. Nur ein Vergleich einer Reihe von Sprachen mit großer genetischer, typologischer und kultureller Distanz kann bei der Aufstellung von Universalien eine stabile Grundlage liefern und verhindern, dass die alltagssprachliche Semantik von EA einer bestimmten Einzelsprache zu ethnozentrischen wissenschaftlichen Theorien führt.
5. Hier ist auch zu berücksichtigen, dass es vorkommen kann, dass in einer Sprache ein prototypisches Lexem, in einer anderen zwei oder mehrere existieren. So beruht z.B. Lakoff/Kövecses' prototpyisches Fünf-Phasen-Modell von Zorn wesentlich auf dem Umstand, dass es im Englischen einen und nur einen prototypischen EA für dieses Gefühl, nämlich *anger* gibt. Was aber,

wenn Sprachen zwei eng verwandte Synonyme aufweisen, die engl. *anger* entsprechen, wie z.B. dt. *Zorn* und *Wut* (Kienpointner 1998, 920f.)? Die mit *Zorn* und *Wut* verbundenen feinen Bedeutungsunterschiede und entsprechenden Unterschiede bei ihrer metaphorischen Verwendung zeigen, dass *Wut* kognitiv enger mit der Metapher „Wahnsinn" zusammenhängt als *Zorn* (So sagt man im Deutschen z.b. eher *Wutanfall*, als ?*Zornanfall*). Oder wie geht man mit der Tatsache um, dass in manchen Sprachen nicht ein, sondern zwei Ausdrücke dem allgemeinen englischen Ausdruck *emotion* entsprechen, z.b. Türkisch mit seinem genuin türkischen Lexem *duygu* und den arabischen Lehnwörtern *heyecan* und *his* (vgl. Türk Smith/Smith 1995, 106). Alle diese Problempunkte zeigen, dass einzelsprachliche Differenzen bei der Beschreibung von EA sorgfältig zu berücksichtigen sind und prototypensemantische Ansätze mit Erkenntnissen der strukturellen Semantik sinnvoll kombiniert werden können und müssen.

1.4 Die Gebrauchstheorie der Bedeutung und Metaphern für Emotionen
Die Gebrauchstheorie der Bedeutung wurde von Ludwig Wittgenstein in kritischer Reaktion auf die objektivistische Referenztheorie der Bedeutung entwickelt. In der Gebrauchstheorie wird die Bedeutung eines Wortes als sein Gebrauch in der Sprache definiert (vgl. Wittgenstein 1975, 41). In dieser Sicht ist die Sprache der irreduzible Hintergrund nicht nur für den Gebrauch von Lexemen und deren Definition, sondern auch für Urteile über die Wahrheit und Falschheit von Aussagen (1975, 139). Diese Grundannahme wird von Heringer (1978, 12) wie folgt zusammengefasst:

> The use theory gives up the idea that words, like labels, are attached to objects given in the world. There is no need here to assume such a preestablished world. The description of speech acts can demonstrate, rather, that different social groups make different assumptions about the world by referring to different objects or by referring differently.

Wie diese kurze Zusammenfassung zeigt, besteht eine offenkundige Nahebeziehung zwischen Gebrauchstheorie und sozial-konstruktivistischer Theorie (vgl. auch Kövecses 2000, 184). Beide Ansätze teilen die Annahme, dass eine objektive und universale Beschreibung von „essentiellen" Eigenschaften von Objekten und Sachverhalten eigentlich unmöglich ist (vgl. Heringer 1999, 155). Andererseits stellt sich daher die Frage, ob die Sicht der Gebrauchstheorie mit den Annahmen der strukturellen Semantik und der Experientiellen Theorie überhaupt vereinbar ist. Diese grundsätzliche Frage stellt sich deshalb, weil eine Grundbedeutung stets nur einen Teil, nämlich den zentralen Bereich des tatsächlichen Gebrauchs eines Lexems erfassen kann und erst recht universale, über den Sprachgebrauch einzelner sozialer Gruppen und Kulturen hinausgehende Generalisierungen für eine Gebrauchstheorie eigentlich obsolet erscheinen müssten. Eine Synthese aus Gebrauchstheorie, struktureller Semantik und Experientieller Theorie scheint mir dennoch möglich. Man kann nämlich Grundbedeutungen als „minimale Gebrauchsbedingungen" auffassen. Diese können aus der prinzipiell unendlichen Vielfalt des Gebrauchs herausabstrahiert werden und ausschließlich den prototypischen Gebrauch von Lexemen in Form von kurzen Skripts und Szenarios erfassen. Dadurch wird auch eine Synthese mit prototypensemantischen Theorien möglich. Wenn diese Skripts und Szenarios auf einer reichen Datengrundlage aus vielen Sprachen mit großer genetischer, typologischer und kultureller Distanz beruhen, sollte es auch möglich sein, minimale Gebrauchsbedingungen für Lexeme, z.B. (metaphorische) EA zu formulieren, die für die meisten oder in Teilbereichen sogar für alle Sprachen, d.h. (weitgehend) universal gelten.

Damit zeigt sich aber eine integrale Bedeutungstheorie, die Ansätze der strukturellen Semantik, Prototypensemantik (speziell der Experientiellen Theorie) und der Gebrauchstheorie kombiniert und zu einer Synthese verdichtet, nicht nur als möglich, sondern auch als wünschenswert, da sie die Stärken der genannten Ansätze vereint und die Schwächen durch die Kombination auszugleichen vermag. Zugleich liegt damit eine mögliche Antwort auf die Frage 1 (vgl. oben Kap. 0) nach der adäquatesten Semantiktheorie für die Beschreibung der (metaphorischen) EA vor: Nicht eine, sondern eine Kombination von verschiedenen komplementären Ansätzen ermöglicht eine zufriedenstellende Darstellung. Natürlich müsste eine solche integrale Theorie weiter ausgearbeitet und im Detail elaboriert werden.

Hier muss ich mich jedoch mit einigen weiteren Bemerkungen zur Gebrauchstheorie begnügen, wie sie von Heringer (1999) speziell auf EA angewendet worden ist. Heringer versucht dabei bereits, Gebrauchstheorie und Prototypensemantik zu kombinieren. Er ist sich dabei des Problems der Unendlichkeit des Gebrauchs deutlich bewusst: „Die Bedeutung ist der Gebrauch. Der Gebrauch ist unüberschaubar. Also muss man ihn kondensieren" (Heringer 1999, 215). Zu diesem Zweck verwendet Heringer ähnlich wie Lakoff und Kövecses einerseits und Wierzbicka andererseits prototypische Szenen, d.h. kurze Texte mit einigen wenigen Paragraphen, die Sätze enthalten, die die besten, eben prototypischen Beispiele für den Gebrauch eines Lexems enthalten (Heringer 1999, 127, 138).

Um die in spezifischen Kontexten realisierte Vielfalt des Gebrauchs von EA so weit als möglich einzubeziehen, versucht Heringer die Distributionssemantik mithilfe moderner computergestützter Korpusforschung wiederzubeleben. Auf der Grundlage von Programmen für die automatische Extraktion und morphologische Analyse einer Datenbasis von ungefähr 50 Millionen deutschen Lexemen stellt er die Distribution von EA wie *Liebe*, *Angst* und *Gefühl* in Form von „Sternen" dar. Der Mittelpunkt („Wurzel") dieser Sterne ist der betreffende EA. In engerem oder weiterem Abstand um den EA sind die in dessen Kontext, d.h. in einem gewissen auszuwählenden Abstand vorkommenden Lexeme als „Sa-

telliten" angeordnet. Eine größere „Affinität" zum EA ergibt sich durch die höhere Frequenz des affinen Ausdrucks im ausgewählten Subkorpus und durch die geringere Distanz vom EA innerhalb der linearen Ketten, die für die Analyse extrahiert werden. Größere Affinität wird im Stern durch einen geringeren Abstand vom EA abgebildet.
Heringer hat mit seiner distributionellen Analyse eine Art empirische Kontrolle für die Formulierung von prototypischen Szenen eingeführt. Trotz der unbestreitbaren Vorzüge dieser Vorgangsweise für die Erfassung der realen Vielfalt des Gebrauchs von EA bleibt das Problem, wie die distributionellen Daten zu interpretieren sind, die ja nur quantitative Zusammenhänge ohne qualitative Deutung liefern. Speziell zum metaphorischen Gebrauch von EA bietet Heringer keine definitive Lösung an, was deren primären oder sekundären Status betrifft und oszilliert zwischen der Annahme eines primären und eines sekundären kognitiven Status von Metaphern für Emotionen (1999, 133, 178, 204).

2. Universalität vs. Sprach- und Kulturspezifität von Metaphern für Emotionen

2.1 Empirische Studien
In den letzten Jahren ist eine beträchtliche Menge von empirischem Material zu (metaphorischen) EA in einer Vielzahl von genetisch verwandten und nichtverwandten Sprachen zusammengetragen worden (vgl. z.B. Lakoff/Johnson 1980; Lakoff 1987 zum Englischen; Kövecses 1995b; 2000, 146ff. zum Englischen, Ungarischen, Japanischen und Chinesischen; Omondi 1997 zum Dholuo; Yu 1998 zum Chinesischen; Palmer/Bennett/Stacey 1999 zum Tagalog; Shibamoto Smith 1999 zum Japanischen; Kienpointner 1998; 1999 zum Deutschen, Lateinischen und Altgriechischen). Im Folgenden sollen auf der Grundlage bereits publizierter Studien und eigener Befragungen (Fragebögen, Interviews) von Native Speakers empirische Daten zu (metaphorischen) EA aus dem Mikrofeld „Liebe" und „Hass" in Sprachen mit zunehmender genetischer, typologischer und kultureller Distanz überprüft bzw. neu diskutiert werden. Den Anfang machen Englisch und Deutsch (Kap. 2.2), es folgen Türkisch (Kap. 2.3) und Chinesisch (Kap. 2.4). Den Schluss bilden Daten zu den nordamerikanischen Indianersprachen Hopi, Tohono O'odham und Navaho (Kap. 2.5). Die geringe Zahl der befragten Native Speakers und die Notwendigkeit, für haltbare Generalisierungen über Sprecherintuitionen hinaus auch zahlreiche schriftliche und mündliche Textsorten als Datenmaterial einzubeziehen, verhindert jedoch mehr als vorläufige und tentative Schlussfolgerungen.

2.2 Metaphern für Liebe und Hass im Deutschen und Englischen
Metaphern für Liebe und Hass sind im Deutschen sehr ähnlich zu ihren Entsprechungen im Englischen, das diesbezüglich bereits detailliert untersucht worden ist (vgl. Lakoff 1987, 397ff.; Lakoff 1993, 206ff.; Kövecses 1988; 1995b;

2000). So finden sich z.B. die Metaphern „Liebe ist Feuer", „Liebe ist eine Flüssigkeit in einem Behälter", „Liebe ist eine Krankheit/Wahnsinn", „Liebe ist eine Reise", und „Zorn ist Feuer", „Zorn ist Wahnsinn", „Zorn ist ein gefährliches Tier", „Zorn ist eine heiße Flüssigkeit in einem Behälter" häufig auch im Deutschen, wie die folgenden Beispiele belegen (vgl. auch Heringer 1999, 201ff.):

Liebe (love):
1. *Er ist glühend in sie verliebt.* (*He is burning with love for her*)
2. *Ihre Liebe zu ihm ist erloschen.* (*Her love for him has died*)
3. *Sein Herz floss vor Liebe über.* (*His heart was overflowing with love*)
4. *Eine Welle der Liebe/Zuneigung stieg in ihr hoch.* (*A wave of love/sympathy welled up inside her*)
5. *Sie ist wahnsinnig in ihn verliebt.* (*She is madly in love with him*)
6. *Er ist verrückt nach ihr.* (*He's crazy about her*)
7. *Vielleicht müssen wir getrennte Wege gehen.* (*We may have to go our separate ways*)
8. *Ihre Beziehung ist in einer Sackgasse gelandet.* (*Their relationship has become a dead-end street*)

Zorn/Wut (anger), Hass (hate):
9. *Ich brenne vor Wut.* (*I'm burning with anger*)
10. *Glühender Hass loderte in seinen Augen.* (*His eyes blazed with hatred*)
11. *Sein Zorn ist verraucht.* (*His anger has blown over*)
12. *Sie wird einen Wutanfall bekommen.* (*She'll have a fit*)
13. *Er begann vor Wut zu schäumen.* (*He started foaming at the mouth*)
14. *Ich bin fast durchgedreht.* (*I almost blew a fuse*)
15. *Du must deinen Zorn zähmen.* (*You need to subdue your anger*)
16. *Er hat ein wildes Temperament.* (*He has a fierce temper*)
17. *Sie kochte vor Zorn.* (*She was seething with rage*)
18. *Er lässt nur Dampf ab.* (*He's just blowing off steam*)

Alles in allem zeigen diese Beispiele deutlich, dass die Metaphern für Liebe und Hass im Deutschen keineswegs arbiträr von den englischen Metaphern abweichen und insgesamt sehr ähnliche, durch die Experientielle Metapherntheorie gut vorhersagbare Abbildungsverhältnisse zwischen körperlichem Herkunftsbereich und psychischem Zielbereich aufweisen.

Unterschiede zeigen sich im Detail und im Konventionalisierungsgrad einzelner Metaphern. Die Metaphern *I almost blew a fuse* und *Ich bin fast durchgedreht* verwenden beide defekte technische Geräte als Herkunftsbereich, der auf den Zielbereich Zorn abgebildet wird. Aber die involvierte Technologie ist leicht verschieden. Außerdem erscheint mir die wörtliche Übersetzung für *I almost blew a fuse*, nämlich *Bei mir sind fast die Sicherungen durchgebrannt*, etwas weniger konventionalisiert als die Metapher *Ich bin fast durchgedreht*, die eher durchdrehende Räder eines Autos als Elektrizität involviert. Die Zorn-Metapher *He/she is breathing fire* (Lakoff 1987, 388) ist im Deutschen nicht konventionalisiert und wäre eher als kreative Erweiterung dieses Metapherntyps anzusehen.

Allerdings bezweifeln zwei von mir konsultierte Native Speakers des Britischen und Amerikanischen Englisch (für Auskünfte danke ich Linda Quehenberger-Dobbs und Leona Cordery) auch die Konventionalität dieser und anderer der von Lakoff angeführten englischen Zorn-Metaphern, z.B. *He is burning with love for her*, *His eyes blazed with hatred*, *You need to subdue your anger*, *I was growling with anger*.
Die Behälter-Metapher „Zorn ist eine heiße Flüssigkeit in einem Behälter" schließt metaphorische Explosionen sowohl im Englischen als auch im Deutschen ein, aber Sätze wie *He hit the ceiling* oder *I went through the roof* oder *Smoke was pouring out of his ears* (Lakoff 1987, 385f.) werden im Deutschen entweder etwas anders verbalisiert (*Er ging an die Decke*) oder sind wieder nicht konventionalisiert, sondern kreative Anwendungen der Explosionsmetapher: *Ich ging durch das Dach/Rauch strömte aus seinen Ohren*.
Ein wichtigerer Unterschied zwischen dem Deutschen und Englischen betrifft den Umstand, dass im Deutschen drei synonyme EA *Ärger-Zorn-Wut* existieren. Sie sind in den meisten Kontexten austauschbar, besonders *Wut* und *Zorn*. Keiner von ihnen ist deutlich prototypischer als die beiden anderen. Diesbezüglich ist Deutsch nicht mit Englisch vergleichbar, wo *anger* klar der prototypische Ausdruck ist (vgl. Shaver et al. 1992, 187).
Trotz ihrer weitgehenden Synonymie unterscheiden subtile semantische Unterschiede die Lexeme *Ärger*, *Zorn* and *Wut* doch erkennbar voneinander. Dies hat auch Auswirkungen für die prototypischen Szenarios, die ihrem Gebrauch zugrundeliegen, und für die Metaphern, die mit ihnen verbunden sind. Allgemein kann gesagt werden, dass die drei Lexeme für unterschiedliche Grade von Erregung stehen, wobei *Wut* den intensivsten Grad und *Ärger* den schwächsten Grad bezeichnet. *Zorn* belegt eine mittlere Zone. *Wut* kommt *Raserei* oder *Tobsucht* nahe. Dies macht *Wut* besonders geeignet für Metaphern, die Wahnsinn involvieren. Wie oben bereits angedeutet, gibt es im Deutschen zwar übliche Ausdrucksweisen wie *Wutanfall/wutschäumend/wutverzerrtes Gesicht*, aber üblicherweise nicht ?*Zornanfall*/?*zornschäumend*/?*zornverzerrtes Gesicht*, und keinesfalls *Ärgeranfall/*ärgerschäumend/**ärgerverzerrtes Gesicht*. Wieder zeigt sich die Wichtigkeit, einzelsprachliche Kontraste im Sinne der strukturellen Semantik gebührend in Betracht zu ziehen.
Insgesamt lassen sich die großen Ähnlichkeiten bei den Metaphern für Emotionen im Deutschen und Englischen mit der Experientiellen Theorie, aber auch mit der oben (Kap. 0) angenommenen gemäßigt relativistischen Hypothese vereinbaren, da Deutsch und Englisch genetisch und kulturell eine relativ geringe Distanz aufweisen. Typologisch haben sich die beiden Sprachen zwar auseinanderentwickelt (Englisch ist diachron durch den Abbau der Flexion zu einer weitgehend isolierenden Sprache geworden, Deutsch ist immer noch eine flektierende Sprache), dies betrifft jedoch im Wesentlichen die Morphologie und nicht

den hier einschlägigen Wortschatz sowie typologische Gemeinsamkeiten auf anderen Ebenen.

2.3 Metaphern für Liebe und Hass im Türkischen
Meine Daten zum Türkischen beruhen auf einem Fragebogen zu (metaphorischen) EA im gegenwärtigen Türkisch. Der Fragebogen wurde von einer bilingualen Sprecherin ins Türkische übersetzt und von 6 türkischen Studentinnen und 5 Studenten an der Universität Innsbruck (Alter: 19-27) und einem türkischen Migranten (Alter: 45) ausgefüllt. Natürlich erlaubt die geringe Anzahl von InformantInnen keine weitreichenden Generalisierungen. Die Antworten haben aber doch ein reichhaltiges Korpus von mehreren hundert türkischen Beispielsätzen hervorbracht, die EA und Metaphern für Emotionen enthalten. Meine Interpretation der Beispielsätze habe ich mit der Hilfe des Migranten, der bilingualen Sprecherin und eines Türkisch-Lektors der Universität Innsbruck überprüft (Für ihre Hilfe möchte ich Ahmet Gündoğdu, Therese Leichter und Helmut Weinberger danken).
Die InformantInnen wurden gebeten, türkische EA für Liebe, Zorn und Hass (z.B. *sevgi, aşk, sevda, meyil*; sowie *öfke, kızgınlık, nefret, kin, garaz*) kurz inhaltlich zu beschreiben sowie Idiome, Redewendungen und Sprichwörter aufzulisten, die Metaphern für Liebe und Hass im Türkischen enthalten. Zusätzlich habe ich das Lexikon türkischer Sprichwörter von Yurtbaşı (1993) und Wörterbücher wie Steuerwald (1974) und Heuser/Şevket (1958) benützt. Im Folgenden konzentriere ich mich auf die Wiedergabe von gut belegtem Datenmaterial, das sowohl in Yurtbaşı (1993) als auch in den Fragebögen häufig aufscheint. Daten aus den Fragebögen werden stets wörtlich zitiert, z.T. also als Redewendungen im Infinitiv, da die InformantInnen sie in dieser Form angegeben haben.
Wie von der Experientiellen Theorie vorhergesagt, bestätigen die Daten zunächst die Existenz der Metaphern „Liebe ist Hitze" und „Zorn ist Hitze" im modernen Türkisch. Liebe (*sevgi*) wurde einmal als ein Gefühl der Wärme/Hitze in Bezug auf eine Entität beschrieben (*Bir şeye duyulan sıcaklık*). Leidenschaftliche Liebe (*aşk*) wurde aber auch als ein Funke (*kıvılcım*) charakterisiert. Andere InformantInnen verglichen den Zustand der Liebe mit Brennen:

19. *Aşk bir kıvılcımdır.* (*Die leidenschaftliche Liebe ist ein Funke*)
20. *Eğer seversen yanarsın.* (*Wenn du verliebt bist, brennst du*)

Die Wendung „sein Blut aufwärmen" (*kanı ısınmak*) wird auch im figurativen Sinn „dazu kommen, etwas zu mögen", „etwas lieben lernen" verwendet. Darüberhinaus bedeutet „Mein Herz brennt" (*Yüreğim yanıyor*) metaphorisch „Ich bin verliebt".
Was Zorn betrifft, entspricht ein türkischer EA ungefähr dt. *Ärger*, nämlich *kızgınlık*, das die nicht-metaphorische Bedeutung „Hitze" hat und vom Verb

kızmak (wörtlich „heiß werden", aber auch „zornig werden"). Ein einschlägiges Sprichwort lautet: *Ateşe körükle gidilmez*, d.h. „Man geht nicht zum Feuer mit dem Blasebalg", oder freier übersetzt, man sollte nicht „Öl ins Feuer gießen", wobei Feuer metaphorisch für Zorn steht. Metonymisch wurde einmal der Effekt von Zorn mit „verstreuen von Feuer durch die Augen" (*gözleri ateş saçmak*) charakterisiert.

Ein nicht unerheblicher Unterschied zu bisher beschriebenen Sprachen zeigt sich bei der Metapher „Zorn ist eine heiße Flüssigkeit in einem Behälter". Die InformantInnen bestätigten zwar die Existenz von Ausdrucksweisen wie „Mein Blut ist am Kochen" (*Kanım kaynıyor*), diese metaphorische Ausdrucksweise wird jedoch gerade nicht für Zorn, sondern für Zuneigung oder Liebe verwendet. Auf meine entsprechende Rückfrage bestätigten alle InformantInnen, dass *kaynamak* („kochen") nie für metaphorischen Ausdruck von Zorn verwendet wird.

Dagegen finden sich sehr andere Metaphern aus dem Behälter-Bereich, nämlich Explosions-Metaphorik für den Ausdruck von Zorn. Einschlägige Ausdrücke sind z.B. *Patlamak üzereyim* („Ich bin am Explodieren") oder *sinirleri tepesine çıkmak* (wörtlich: „Das Kommen ihrer/seiner Nerven aus ihrem/seinem Kopf", freier: „Er/sie explodiert").

Auch die Metapher „Liebe/Zorn ist eine Krankheit/Wahnsinn" ist im modernen Türkisch gut belegt. Der türkische Ausdruck für Liebe als extrem leidenschaftliches Gefühl, *aşk*, erscheint in Sprichwörtern wie:

21. *Aşk başa beladır müşkül iptiladır.* (*Liebe ist ein Unglück und eine schlimme Sucht für den Kopf*).

Was Zorn betrifft, werden Sprichwörter wie *Gazap gelince akıl gider* („Wenn Zorn kommt, geht der Verstand") oder *Garaz marazdır* („Groll ist eine Krankheit") von Yurtbaşı (1993) genannt. Mehrere InformantInnen erwähnten metaphorische Wendungen wie *kudurmak* („tollwütig/rasend werden"), *uyuz olmak* („räudig werden") für extreme Wut.

Auch die Metapher „Liebe ist eine Reise" erscheint in den Daten. Z.B. werden die folgenden Sprichwörter von InformantInnen und bei Yurtbaşı (1993) erwähnt:

22. *Kalpten kalbe yol vardır.* (*Es gibt einen Weg von einem Herz zum andern*)
23. *Aşkın yolu dikenlidir.* (*Der Weg der leidenschaftlichen Liebe ist dornig*)

Ich komme nunmehr zur Blumen-Metaphorik für Liebe/die geliebte Person, die im Türkischen stärker konventionalisiert zu sein scheint als im Englischen und Deutschen (vgl. aber Kövecses 1988, 65, 79f., wo er einige konventionelle englische Metaphern erwähnt, die Liebe als Pflanze oder Blume porträtieren, z.B. das Sprichwort *Love is a flower which turns into fruit at marriage*). Im Türkischen ist diese Metaphorik jedenfalls weiter verbreitet. Sowohl Yurtbaşı (1993) als auch meine InformantInnen erwähnen

24. *Gülü seven dikenine katlanır.* (*Wer immer die Rose liebt, erträgt ihre Dornen*)

Die weibliche geliebte Person ist eine Blume (*çicek*) oder eine Rose (*gül*), aber einmal wurde auch die Liebe selbst eine Rose genannt, die sorgfältig zu behandeln sei: *Sevgi bir güle benzer. Güle iyi bakmak gerekir* („Liebe ist wie eine Rose. Du musst gut für die Rose sorgen"). Ferner gibt es ein Sprichwort, das Leben und Rose und Liebe und den Duft der Rose metaphorisch zusammenführt:

25. *Eğer hayat çicekse aşk kokusu.* (*Wenn das Leben eine Blume ist, ist die leidenschaftliche Liebe ihr Duft*)

Liebende, deren Liebe unerfüllt bleibt, werden mit Personen verglichen, die eine Rose verwelken lassen: *Gülü solduran insanlar karşılıksız sevenlerdir* („Menschen, die eine Rose verwelken lassen, sind Liebende ohne Gegenliebe").
Die Grundbedeutung der vier wichtigsten EA für Liebe (*sevgi, aşk*), Zorn (*öfke*) und Hass (*nefret*), die von meinen InformantInnen, aber auch in prototypensemantischen Untersuchungen besonders hochfrequent als typische Emotionen genannt werden (vgl. Türk Smith/Smith 1995, 107 und Frijda/Markam/Sato/Wiers 1995, 122), unterscheidet sich in mancherlei Hinsicht von der Grundbedeutung einschlägiger EA im Deutschen, Englischen und anderen bisher untersuchten Sprachen.
Meine InformantInnen betonten oft, dass *sevgi* und *aşk* klar unterschiedliche Bedeutungen haben. *Sevgi* hat die allgemeinere Bedeutung. Liebe im Sinne von *sevgi* kann ein Gefühl der Zuneigung zu so gut wie allen denkbaren Entitäten bedeuten. Zielobjekt von *sevgi* kann die Natur sein, aber auch Tiere und Menschen beiderlei Geschlechts, romantische ebenso wie elterliche Liebe oder freundschaftliche Liebe. Türkisch *sevgi* scheint also eine breitere Bedeutung zu haben als engl. *love* und Elemente sowohl des „idealen" Modells als auch des „typischen" Modells in Kövecses' (1988, 56ff.) Beschreibung des englischen alltagssprachlichen Modells für Liebe zu enthalten. Ferner hat *sevgi* eine deutlich positive Konnotation.
Aşk hat eine engere Grundbedeutung und steht prototypisch für die leidenschaftliche, irrationale Liebe zwischen Personen verschiedenen Geschlechts. Meine InformantInnen stuften ferner *aşk* als ambivalent ein, was die positiven oder negativen Folgen dieser Emotion betrifft, stellten seine Bedeutung in die Nähe von Eifersucht und betonten, dass *aşk* vergänglich sei. Seine Konnotation ist nach Auskunft meiner InformantInnen weniger positiv als die von *sevgi*.

Bei den Ausdrücken für Zorn scheint zunächst neben *öfke* auch *kızgınlık* ein elementarer EA zu sein, da die InformantInnen oft beide Ausdrücke als semantisch austauschbar bezeichnet haben. Dennoch dürfte das Lexem *öfke* unmarkierter sein als *kızgınlık*, da letzteres morphologisch komplex ist und vom Verb *kızmak* mittels Suffix abgeleitet ist. Außerdem bezeichneten manche InformantInnen *öfke* als eine intensivere und aggressivere Emotion als *kızgınlık* (vgl. den ähnlichen Unterschied zwischen dt. *Ärger* und *Zorn/Wut*). Dieser Unterschied wird auch durch Sprichwörter und metaphorische Ausdrucksweisen bekräftigt, in denen *öfke* und nicht *kızgınlık* aufscheint und es um negative Effekte von Zorn geht, z.B. *Öfke ile kalkan zararla oturur* („Wer immer im Zorn weggeht, befindet sich in Schwierigkeiten"), ein Sprichwort, das von mehreren InformantInnen und Yurtbaşı (1993) erwähnt wird.

Der EA *nefret* unterscheidet sich von engl. *hate* oder dt. *Hass*, weil er eine Nuance von „Ekel" inkludiert. Mehrere InformantInnen erwähnten, dass *nefret* impliziert, ein Ding oder eine Person nicht sehen zu wollen, weil man Abscheu und Widerwillen empfindet. Aber *nefret* unterscheidet sich auch von *öfke*. Die InformantInnen beschrieben *nefret* als intensiver und langandauernder als *öfke* und direkter gegen jemand/etwas gerichtet als *öfke* (Ähnliche Unterschiede zeigen sich übrigens auch bei den lateinischen (*ira – odium*) und altgriechischen (*orgé – mísos*) Ausdrücken für Zorn und Hass (vgl. Kienpointner 1998; 1999). Mehrere InformantInnen betonten auch die besondere Bösartigkeit des durch *nefret* bezeichneten Gefühls.

Zusammenfassend lässt sich feststellen, dass sich im Türkischen zwar zahlreiche der von der Experientiellen Theorie als universal angenommenen Metaphern finden (z.B. „Liebe/Zorn ist Feuer", „Liebe/Zorn ist eine Krankheit/Wahnsinn", „Liebe ist eine Reise", „Liebe ist eine heiße Flüssigkeit in einem Behälter"), dass aber im Vergleich zum Deutschen deutlich mehr Unterschiede zu beobachten sind als z.B. zwischen Deutsch und Englisch. So scheint die Metapher „Zorn ist eine heiße Flüssigkeit in einem Behälter" im Türkischen nicht zu existieren. Die Metapher „Liebe/die geliebte Person ist eine Blume" ist weiter verbreitet und stärker konventionalisiert als im Deutschen und Englischen. Und natürlich zeigen sich, wenn man die allgemeine Ebene metaphorischen Ausdrucks verlässt und spezifischere Ebenen der Metaphernbildung betrachtet, viele weitere Unterschiede im Detail, z.B. wird Zorn anders als im Deutschen auch mit starkem Essig metaphorisiert, der einen Behälter zerstören kann: *Keskin sirke küpüne zarar* („Starker Essig schädigt den Krug").

Wichtiger noch sind jedoch die semantischen Unterschiede zwischen den elementaren EA *sevgi*, *aşk*, *öfke* und *nefret* und ihren Übersetzungsäquivalenten in indoeuropäischen Sprachen wie Englisch (*love, anger, hate*) oder Deutsch (*Liebe, Zorn/Wut/Ärger, Hass*): Zwei statt einem Basisausdruck für Liebe (*aşk, sevgi*), zwei Lexeme für verschiedene Intensitätsstufen von Zorn im Türkischen (*öfke, kızgınlık*), drei Basislexeme im Deutschen (*Ärger, Zorn, Wut*), ein Basislexem im Englischen (*anger*), schließlich anders als in den genannten indoeuropäischen Sprachen eine Konnotation von Ekel beim türkischen Wort für Hass (*nefret*). Diese semantischen Unterschiede sind auch kognitiv von Wichtigkeit, da sie deutlich beobachtbare Auswirkungen auf die Metaphern haben, die mit den jeweiligen EA gebildet werden.

Insgesamt stützen die Daten die gemäßigt relativistische Hypothese: Der genetische, typologische und kulturelle Abstand des Türkischen zum Deutschen ist deutlich größer als z.B. die sprachlich-kulturelle Distanz zwischen Deutsch und Englisch. So gehört das Türkische genetisch zu den Turksprachen, ist anders als das Deutsche typologisch eine stark synthetische agglutinierende Sprache mit Vokalharmonie, hat ein reiches Kasus- und Aspektsystem, aber kein Genus und keinen Artikel, ist eine SOV-Sprache mit Postpositionen, hat kaum finite, dafür einen enormen Reichtum an infiniten Nebensätzen etc. (vgl. Cimilli/Liebe-Harkort 1980). Andererseits hat das Türkische zum Unterschied von den in den folgenden Abschnitten betrachteten nicht-indoeuropäischen Sprachen eine Jahrhunderte alte areallinguistische und kulturelle Kontaktposition zu den (nicht-)indoeuropäischen Sprachen Europas. Dies könnte – in Ergänzung zu den universalistischen Vorhersagen der Experientiellen Theorie – die doch beträchtlichen Übereinstimmungen und Konvergenzen erklären.

2.4 Metaphern für Liebe und Hass im Chinesischen

Für die folgende Erörterung chinesischer EA und einschlägiger Metaphern stütze ich mich auf Yu (1998), eine gründliche Studie, die auf einem großen Korpus von authentischen Äußerungen im Mandarin-Chinesischen beruht. Yu beschreibt metaphorische Ausdrücke in folgenden Domänen: Emotionen (Glück, Zorn), Zeit und Ereignisstruktur. Zum Ausdruck von Zorn im Chinesischen stellt Yu fest, dass die Metapher „Zorn ist Hitze" hochfrequent vorkommt. Auf einer spezifischeren Ebene erscheinen zwei Versionen dieser Metapher: „Zorn ist Feuer" und „Zorn ist ein heißes Gas in einem Behälter" (Yu 1998, 52ff.). Hier sind einige Beispiele, zu denen ich jeweils Yus englische Wort-für-Wort- und freieren Übersetzungen angebe (Für Auskünfte zu diesen Beispielen danke ich Astrid Kienpointner):

```
26. Tā       gān-huǒ           hěn        wàng.
    He       liver-fire        very       roaring
    „He's got a roaring fire in his liver (i.e. He's hot-tempered)"
27. Tā       qiǎng-àn-xià      xīn-huǒ    méiyoǔ      fāzuò.
    She      force-push-down   heart-fire not         break-out
    „She forced her heart fire down, and didn't let it break out"
28. Ta       pí-qi             hěn        dà.
    She      spleen-gas        very       big
    „She's got big gas in the spleen (i.e. She's hot-tempered)"
```

Yu fügt in diesem Zusammenhang die wichtige Bemerkung an, dass „huǒ „fire" and qì „gas" die elementarsten Basislexeme zum Ausdruck von Zorn im Chinesischen sind, was deren vollständige Lexikalisierung für den metaphorischen Ausdruck von Zorn zeigt (Yu 1998, 60). Yu führt auch eine Reihe von metonymischen Ausdrücken an, bei denen sich ebenfalls klare Parallelen zum Englischen zeigen, z.b. erhöhte Körpertemperatur und Rötung des Gesichts (Yu 1998, 56ff.):

29. Wǒ   qì   de   liǎn-shang   huǒ-lālā   de.
    I   gas   COM   face-on   fire-hot   PRT
    „I got so angry that my face was peppery hot"

Yu zieht folgende Schlüsse aus seinen empirischen Analysen: Die Daten zum Chinesischen unterstützen Lakoffs und Kövecses' Vorhersage, dass Metaphern für Zorn in den Sprachen der Erde nicht zufällig verteilt sind, und dass Zorn im Chinesischen wie im Englischen metaphorisch mit Ausdrücken für Hitze und innerem Druck verbalisiert wird (Yu 1998, 81).
Yu (1998, 70ff.) weist jedoch auch auf zwei wichtige Unterschiede zum Englischen hin: Erstens unterscheidet sich die englische Behälter-Metapher „Zorn ist ein heiße Flüssigkeit in einem Behälter" deutlich von der chinesischen Metapher „Zorn ist ein heißes Gas in einem Behälter". Zweitens werden in chinesischen Metaphern mehr innere Organe zum metaphorischen Ausdruck von Zorn eingesetzt als im Englischen. Yu erklärt diese Unterschiede durch die Widerspiegelung von Traditionen der chinesischen Medizin und Philosophie in der Alltagssprache, z.B. der yīn-yáng-Theorie und der Theorie der fünf Elemente (Holz, Feuer, Erde, Metall, Wasser).
Die yīn-yáng-Theorie geht davon aus, dass alles Existierende als Instanz zweier elementarer Prinzipien erklärt werden kann, nämlich yīn („feminin, negativ") und yáng („maskulin, positiv"). Die yīn-yáng-Theorie nimmt ferner an, dass qì, die vitale Energie, die als antreibende Kraft für das physiologische Funktionieren der inneren Organe und das Zirkulieren des Blutes verantwortlich ist, durch Emotionen wie Zorn blockiert werden kann, was auf die Dauer zu Krankheit führt. Da außerdem eine der Bedeutungen von qì „Gas" ist und nach der yīn-yáng-Theorie Hitze, Feuer und Gas einerseits und Kälte, Wasser und andere Flüssigkeiten andererseits einander gegenüberstehen, wird klar, warum Zorn mit einem Gas in einem Behälter statt mit einer Flüssigkeit in einem Behälter metaphorisiert wird. Die enge Assoziation der fünf Elemente mit inneren Organen erklärt schließlich die größere Zahl von Organen als Zorn-Metaphern im Chinesischen (Yu 1998, 75). Yu stellt auch fest (1998, 79), dass der Einfluss der traditionellen chinesischen Medizin und Philosophie auch heute noch sehr stark ist. Die Wichtigkeit der traditionellen Termini kann also nicht damit bestritten werden, dass sie einer veralteten Theorie zugehören, die mit dem Gebrauch des mo-

dernen Chinesisch bzw. der modernen chinesischen Alltagskultur nur mehr oberflächlich verbunden sei.
Meines Erachtens erlauben nun gerade die Gründlichkeit und die Detailliertheit von Yus Darstellung der chinesischen Daten etwas andere Schlussfolgerungen hinsichtlich der Frage der Universalität von Metaphern. Abgesehen von den Unterschieden im Detail zeigt sich nämlich deutlich, dass das zentrale Phänomen *qì* kein Gegenstück in westlichen Sprachen bzw. in der westlichen Medizin oder im westlichen kulturellen Alltagswissen hat. Der Unterschied zwischen einer Sicht des Körpers mit oder ohne einer zugrundliegenden vitalen Energie, die die Blutzirkulation regelt und durch Emotionen wie Zorn blockiert werden kann, scheint mir aber kognitiv fundamental zu sein.
Dies wird auch durch einen neueren Artikel zur Übersetzbarkeit von Termini der traditionellen chinesischen Medizin gestützt. Li/Xu (1999) nehmen zwar an, dass der Masse der Termini der westlichen und traditionellen chinesischen Medizin eine im Wesentlichen ähnliche Sicht der physiologischen Phänomene und pathologischen Veränderungen zugrunde liegt. Daraus ergibt sich ihre prinzipielle Übersetzbarkeit. Li/Xu stellen aber auch fest, dass einige Termini der traditionellen chinesischen Medizin nicht übersetzbar sind (Li/Xu 1999, 13). Zu diesen Termini zählen sie *qì*, *yīn* und *yáng*, die nach ihrer Ansicht eher transliteriert als übersetzt werden sollten (1999, 14).
Zwar könnte man an dieser Stelle folgenden Einwand erheben: Die „physiologische Realität" von Prinzipien wie *qì*, *yīn* und *yáng* sei nach westlichen wissenschaftlichen Standards nicht fassbar. Somit sei ein entsprechend von westlichen Sprachen und Kulturen abweichender Gebrauch von chinesischen EA und einschlägiger Metaphorik illusionär und, gemessen an der „objektiven Realität", nur oberflächlich vom Englischen und andern westlichen Sprachen verschieden. Eine solche Position würde aber die tiefgehenden sprach- und kulturspezifischen Unterschiede im Gebrauch von EA im Sinne der oben (Kap. 1.1) kritisierten „Etikettentheorie" und um den Preis stark ethnozentrischen Argumentierens ignorieren.
Dazu kommt, dass auch in psychologischen Arbeiten, die den universalistischen Positionen der Prototypensemantik verpflichtet sind, weitreichende Unterschiede zwischen chinesischen EA und solchen westlicher Sprachen festgestellt worden sind. In ihrer vergleichenden statistischen Studie zur prototypischen Hierarchie von EA im Englischen, Italienischen und Chinesischen stellen Shaver et al. (1992) zwar fest, dass sie starke Evidenz für einen universalistischen Standpunkt gefunden haben. Sie konzedieren aber auch, dass die

> „Chinese hierarchy is somewhat different from the American and Italian hierarchies even at the cognitively basic level... In English and Italian, there are more emotion-prototypical positive love words, and they form a basic-level category that is distinct from happiness. Even more surprising to a Westerner, there is a separate „sad love" cluster on the negative side of the Chinese hierarchy." (Shaver et al. 1992, 195)

Ich schließe daher aus den oben diskutierten linguistischen, translationswissenschaftlichen und psychologischen Analysen, dass sie insgesamt die gemäßigtrelativistische Hypothese stützen. Danach können die im Vergleich zu Deutsch und Englisch, aber auch Deutsch und Türkisch deutlich größeren Unterschiede zwischen Deutsch und Chinesisch mit der relativ größeren genetischen, typologischen und kulturellen Distanz des Chinesischen zu den westlichen Sprachen und Kulturen erklärt werden. Zwar hat sich das Englische auf der Ebene der Morphologie sprachgeschichtlich zu einer isolierenden Sprache entwickelt und steht diesbezüglich dem Chinesischen näher als z.b. den genetisch eng verwandten westgermanischen Sprachen Deutsch oder Niederländisch. Dies fällt aber nicht ins Gewicht, da das Englische sich wie das Deutsche abgesehen vom lexikalischen Bereich (vgl. z.B. kontrastiv zum chinesischen Farbwortschatz Fan 1996) auch nach zahlreichen anderen typologischen Parametern stark vom Chinesischen unterscheidet: So ist das Chinesische z.U. vom Englischen und Deutschen eine Tonsprache, hat eine weit einfachere Silbenstruktur, gehört zu den artikellosen Sprachen, hat anders als das Englische und Deutsche sogenannte Klassifikatoren, kommt weitgehend ohne Numerus-, Tempus- und Modusmorpheme aus, hat dem Bezugsnomen vorangestellte Relativsätze, belässt Fragepronomina in W-Fragen regulär an der Objektposition, unterscheidet sich stark in der höflichkeitsrelevanten sozialen Deixis usw. (vgl. Li/Thompson 1981).

2.5 Metaphern für Liebe und Hass im Hopi, Tohono O'odham und Navaho
Die nordamerikanischen Indianersprachen Hopi und Tohono O'odham gehören genetisch zur Familie der uto-aztekischen Sprachen, Navaho zur Familie der überwiegend in Kanada und Alaska gesprochenen Na Dene Sprachen. Typologisch unterscheiden sie sich in hohem Ausmaß von indoeuropäischen Sprachen. Sie unterschieden sich auch untereinander beträchtlich, obwohl allen drei Sprachen auf morphologischer Ebene gemeinsam ist, dass sie polysynthetische Züge aufweisen (Tohono O'odham allerdings in geringerem Ausmaß als Hopi und Navaho). Kulturell gehören alle drei Völker zur sesshaften Pueblo-Kultur des amerikanischen Südwestens, die sich auch die Navahos nach ihrer Einwanderung aus dem Norden nach Arizona und New Mexico vor ca. 500 Jahren angeeignet haben. Trotzdem bestehen auch auf kultureller Ebene wichtige Unterschiede, z.B. spielt die Autonomie des Individuums in der Navaho-Kultur eine ganz besondere Rolle, was in einem interessanten Spannungsverhältnis zu ebenfalls vorhandenen kollektivistischen Zügen der Navaho-Kultur steht.
Zumindest für den traditionellen Sprachgebrauch und die traditionelle indigene Kultur kann gesagt werden, dass die sprachliche und kulturelle Distanz zu indoeuropäischen Sprachen wie dem Deutschen und Englischen sehr groß ist, wohl mindestens so groß, wenn nicht größer als die Distanz zwischen westlichen Sprachen wie Deutsch, Englisch etc. und dem Chinesischen. Es erstaunt daher nicht sehr, dass im Bereich der EA für Liebe und Hass und ihrer Metaphorik

eine erste empirische Sondierung auffällige Kontraste zu indoeuropäischen Sprachen zeigt.
Im Rahmen eines Forschungsaufenthalts an der University of Arizona in Tucson (November 2001 – Jänner 2002) konnte ich drei Native Speakers, die zugleich renommierte linguistische Fachleute sind, zu den EA für Liebe, Zorn und Hass im Hopi, Tohono O'odham und Navaho befragen (für ihre große Hilfsbereitschaft möchte ich an dieser Stelle Emory Sekaquaptewa, Ofelia Zepeda und Maryann Willie danken). Natürlich erlaubt die Befragung jeweils nur einer Person keine weitreichende Generalisierung der Ergebnisse. Einige der erstaunlich deutlichen Kontraste könnten bei einer breiteren empirischen Untersuchung nicht bestätigt werden. Da es sich bei den genannten Personen um hervorragend ausgewiesene ExpertInnen für ihre jeweilige Sprache und Kultur handelt, dürften die Resultate der Befragung jedoch erheblich stichhältiger sein als wenn einzelne LaiInnen befragt worden wären. Zusätzlich habe ich Grammatiken und Wörterbücher zu den drei Sprachen konsultiert (vgl. Young/Morgan 1987 zum Navaho; Hill et al. 1998 zum Hopi und Mathiot 1973;; Saxton et al. 1983; Zepeda 1983 zum Tohono O'odham).
Für alle drei Sprachen übereinstimmend wurde dabei von meinen Auskunftspersonen betont, dass im Wesentlichen Verben und nicht, wie in den bisher untersuchten Sprachen Nomina, die gewöhnlichen, unmarkierten Ausdrücke zur Bezeichnung von Emotionen sind. Ferner zeigte sich, dass sowohl der positive Pol als auch der negative Pol des Mikrofeldes „Liebe-Zorn-Hass" deutlich von den indoeuropäischen EA abweichen. Das Konzept der intensiven, leidenschaftlichen, romantischen Liebe wird in den untersuchten Sprachen entweder überhaupt nicht lexikalisiert (so im Tohono O'odham) oder ist doch auf den privaten Sprachgebrauch lange verheirateter Paare beschränkt (so im Navaho). Am ehesten scheint im Hopi ein vergleichbares Konzept versprachlicht zu sein. In allen drei Sprachen steht ferner der dt. *hassen*, engl. *to hate*, frz. *haïr* etc. entsprechende Ausdruck für eine weniger intensive Emotion als im Deutschen, Englischen, Französischen etc. Die einschlägigen Lexeme haben also eine einzelsprachliche Bedeutung, die eher der von dt. *nicht mögen* als der von dt. *hassen* entsprechen dürfte. Was das Tohono O'odham betrifft, betont Zepeda, dass (starke) Emotionen überhaupt eher durch einschlägige Handlungen als sprachlich realisiert bzw. gezeigt werden. Diese Tendenz, extreme Emotionen nicht zu versprachlichen bzw. nicht lexikalisch durch EA auszudrücken, könnte als Erklärung dafür dienen, dass viele Metaphern für starke Emotionen, wie sie den bisher diskutierten Sprachen in großer Vielfalt auftreten, in den drei Indianersprachen fehlen.
In diesem Zusammenhang ist nun bemerkenswert, dass nur im Hopi ansatzweise die in vielen Sprachen belegten Metaphern für Emotionen auftreten, während im Navaho und Tohono O'odham viele bisher als universal angesetzte Metaphern (fast) nicht konventionalisiert sind.

Die folgende Tabelle fasst einige in vielen bisher untersuchten Sprachen belegte Metaphern zusammen, die in den drei Indianersprachen nicht oder kaum vorkommen (DT = Deutsch; E = Englisch; TÜ = Türkisch; HO = Hopi; TO = Tohono O'odham; NA = Navaho):

	Liebe ist eine (heiße) Flüssigkeit in einem Behälter	Liebe ist Feuer	Liebe ist Wahnsinn/ eine Krankheit	Zorn ist eine heiße Flüssigkeit in einem Behälter	Zorn ist Feuer	Zorn ist Wahnsinn	Zorn ist ein Tier
DT	+	+	+	+	+	+	+
E	+	+	+	+	+	+	+
TÜ	+	+	+	−	+	+	+
HO	−	±	−	−	−	+	+
TO	−	−	−	−	−	−	−
NA	−	±	−	−	−	−	−

Die aus anderen Sprachen vertraute Liebe-Metaphorik tritt offenkundig nur ganz vereinzelt konventionalisiert auf, nämlich in der Form „Liebe ist Hitze" im Hopi und Navaho für (weibliche) Tiere in der Brunftzeit und Form der Metonymie „rot vor Zorn sein" (*bił halchíí'*) im Navaho. Im Bereich der Zorn-Metaphorik weist nur das Hopi die Metaphern „Zorn ist Wahnsinn" und „Zorn ist ein Tier" auf, konkret in der Form *qövivita* (Verb), d.h. „in schlechter Stimmung sein, geistig verwirrt sein", wörtlich „wie Staub oder Sand durch Wind aufgewirbelt werden" (vgl. Hill et al. 1998, 480: „be whirling, swirling about, as of dusk or sand blowing helter-skelter, swirling, eddying behind an obstruction to the wind") sowie *tokotsi* (Nomen), d.h. „bösartige, verschrobene, mürrische, schlecht gelaunte Person", wörtlich „Wildkatze", „Luchs", also „jemand, der sich wie eine Wildkatze verhält".

Auch die in vielen bisher untersuchten Sprachen anzutreffende Organ-Metaphorik ist im Navaho und Tohono O'odham nicht anzutreffen. Nur im Hopi ist das Herz (*unangwa*) der Sitz der Emotionen und wird daher metaphorisch mit Liebe und Zorn assoziiert. So wird die Emotion „intensive Zuneigung" metaphorisch mit dem Herzen verbunden (vgl. auch das Verb *aw unangwa'yta* „jemanden sehr gern haben") und unspezifischer, nicht gegen eine bestimmte Person gerichteter Zorn wird metaphorisch mit einer Erkrankung des Herzen assoziiert:

30. *Taaqa itsivuy akw unàngwpe tuutuya* (vgl. Hill et al. 1998, 130: „That man is sick in the heart because of his anger"; *tuutuya* = „be sick, ill")

Natürlich zeigt diese negative, dabei aber höchst vorläufige Evidenz nur, dass die in anderen Sprachen vielfach anzutreffenden Metaphern für Liebe und Hass in den drei Indianersprachen möglicherweise stark unterrepräsentiert sind, nicht jedoch, dass es im Hopi, Tohono O'odham und Navaho überhaupt keine Metaphern für Emotionen gibt. Vielmehr zeigen meine Befragungen, dass Emotionen wie Liebe durch andere Metaphern, z.b. durch „Liebe ist räumliche Nähe" ausgedrückt werden können.

In diesem Zusammenhang sind Ausdrucksweisen wie im Hopi *angk qaatsi* (Verb) „Geist und Körper sind zur Gänze an X angelegt" zu nennen, was am ehesten dem Konzept „romantische, leidenschaftliche Liebe" in den westlichen Sprachen entspricht. Im Navaho (vgl. auch Jelinek/Willie 1996, 24) sind hier Sätze zu nennen wie

31. *'Ayóó 'íiṇish'ní.* (wörtlich *Ich richte meinen Geist sehr auf ihn/sie*, d.h. *Ich liebe ihn/sie*).
32. *Yił siké.* (wörtlich *Sie sitzen zusammen*, d.h. *Sie sind verheiratet*)

Der zentrale kulturelle Wert der Autonomie in der Navaho-Kultur kommt in Wendungen wie *T'áadoo bitl'aakal yinítá'í* zum Ausdruck, wörtlich „Sei nicht einer, der an ihrem Rock hängt", d.h. freier „Mach dich nicht von der geliebten Person abhängig". Unglückliche Liebe wird im Navaho durch Wendungen wie *Bich'į' shini' si'ą́*, wörtlich „In Bezug auf X sitzt/ruht mein Geist", d.h. freier übersetzt „Ich komme nicht von X los" metaphorisiert.

3. Konklusion

Die in Kap. 2.2–2.5 neu präsentierten bzw. neu interpretierten empirischen Daten zu EA und Metaphern für Emotionen im Deutschen, Englischen, Türkischen, Chinesischen, Hopi, Navaho und Tohono O'odham stützen im Großen und Ganzen die in der Einleitung vertretene gemäßigt relativistische Hypothese. Danach wird bei zunehmend größerer sprachlicher und kultureller Distanz die Schicht der (annähernd) universal auftretenden Metaphern immer dünner und die einzelsprachlichen Unterschiede werden immer zahlreicher und tiefgreifender. Das hier nur angedeutete Prinzip der sprachlichen und kulturellen Distanz müsste allerdings näher ausgearbeitet werden, indem z.B. eine detaillierte Diskussion einer umfangreichen Liste von genetischen, typologischen und kulturellen Parametern erfolgt, die eine präzisere Definition des bislang nur vage eingeführten Distanzbegriffs ermöglicht.

Die sich bei den EA bei zunehmender sprachlicher und kultureller Distanz immer tiefgreifender zeigenden einzelsprachlichen und kulturellen Unterschiede demonstrieren zusätzlich die in Kap. 1 postulierte Notwendigkeit der Verbindung von unterschiedlichen Beschreibungsansätzen, konkret den Vorschlag, strukturell-semantische, prototypensemantische und gebrauchstheoretische Ansätze zur Beschreibung von EA und deren Metaphorik zu kombinieren. Schließlich ist zu betonen, dass der hier vertretene Relativismus auch deswegen gemäßigt zu nennen ist, weil das Bestehen von (absoluten oder tendenziellstatistischen) Universalien im Bereich der EA und der Metaphern für Emotionen nicht grundsätzlich, d.h. im Sinne einer radikal relativistischen Position geleugnet wird (kritisch zu radikalen Versionen der Sapir-Whorf-Hypothese vgl. Kienpointner 1996b), sondern eine Synthese zwischen universalistischen und relativistischen Ansätzen für durchaus sinnvoll erachtet wird (vgl. ähnlich Kövecses/Palmer 1999, 253; Kövecses 2000, 185; Wierzbicka 1999, 306).

Literatur

Berlin, B./Kay, P. (1969): *Basic Color Terms - Their Universality and Evolution*. Berkeley.
Black, M. (1954): „Metaphor." In: *Proceedings of the Aristotelian Society* 55, 273-294.
Bloomfield, L. (1935): *Language*. London.
Cimilli, N./Liebe-Harkort, K. (1980): *Sprachvergleich Türkisch-Deutsch*. Düsseldorf.
Coseriu, E. (1956): *La creación metafórica en el lenguaje*. Montevideo.
- (1958): *Sincronía, diacronía e historia*. Montevideo.
- (1973): *Probleme der strukturellen Semantik*. Tübingen.
- (1988): *Einführung in die Allgemeine Sprachwissenschaft*. Tübingen.
- (1994): *Textlinguistik*. Tübingen.
Eco, U. (1975): *Trattato di semiotica generale*. Milano.
Ekman, P./Friesen, W. V. (1975): *Unmasking the Face: A Guide to Recognizing Faces from Facial Clues*. New Jersey.
Fan, Y. (1996): *Farbnomenklatur im Deutschen und Chinesischen. Eine kontrastive Studie unter psycholinguistischen, semantischen und kulturellen Aspekten*. Frankfurt/M.
Fiehler, R. (1990): *Kommunikation und Emotion*. Berlin.
Frijda, N. H./Markam, S./Sato, K./Wiers, R. (1995): „Emotions and Emotion Words." In: J. A. Russell et al. (eds.) (1995), 121-143.
Gibbs, R. (1994): *The Poetics of Mind*. Cambridge.
Greimas, A. (1966): *Sémantique structurale*. Paris.
Haiman, J. (1980): „Dictionaries and Encyclopedias." In: *Lingua* 50, 329-357.
Halliday, M. A. K. (1994): *An Introduction to Functional Grammar*. London.
Harris, P. L. (1995): „Developmental Constraints of Emotion Categories." In: J. A. Russell et al. (eds.) (1995), 353-372.
Heringer, H. J. (1978): *Practical Semantics*. Paris.
- (1999): *Das höchste der Gefühle. Empirische Studien zur distributiven Semantik*. Tübingen.
Heuser, F./Şevket, I. (1958): *Türkisch-Deutsches Wörterbuch*. Wiesbaden.
Hill, K. C./Sekaquaptewa, E./Black, M. E./ Malotki, E. (eds.) (1998): *Hopi Dictionary/Hopìikwa Lavàtutuveni. A Hopi-English Dictionary of the Third Mesa Dialect*. Tucson.
Jelinek, E./Willie, M. (1996): „‚Psych' Verbs in Navajo." In: E. Jelinek/S. Midgette/K. Rice/L. Saxon (eds.): *Athabascan Language Studies*. Albuquerque, 15-34.
Katz, J. J. (1972): *Semantic Theory*. New York.
- (1981): *Language and Other Abstract Objects*. Oxford.

Kienpointner, M. (1996a): „Structural Semantics and Latin Linguistics." In: H. Rosén (ed.): *Aspects of Latin*. Innsbruck, 603-617.
- (1996b): „Whorf and Wittgenstein: Language, World View and Argumentation." In: *Argumentation* 10, 475-494.
- (1998): „De ira cum studio. Sur la colère en latin, allemand et d'autres langues." In: B. García Hernandez (ed.): *Estudios de lingüística latina*. Madrid, 915-927.
- (1999): „Zum Wortfeld ‚Liebe-Haß' im Altgriechischen." In: P. Anreiter/E. Jerem (Hg.): *Studia Celtica et Indogermanica*. Budapest, 163-177.
Kleiber, G. (1993): *Prototypensemantik*. Tübingen.
Kövecses, Z. (1988): *The Language of Love: The Semantics of Passion in Conversational English*. Lewisburg.
- (1995a): *Introduction: Language and Emotion Concepts*. In: J. A. Russell et al. (eds.) (1995), 3-15.
Kövecses, Z. (1995b): „Metaphor and the Folk Understanding of Anger." In: J. A. Russell et al (eds.) (1995), 49-71.
- (2000): *Metaphor and Emotion*. Cambridge.
Kövecses, Z./Palmer, G. B. (1999): „Language and Emotion Concepts: What Experientialists and Social Constructionists Have in Common." In: G. B. Palmer/D. J. Occhi (eds.) (1999), 237-262.
Lakoff, G. (1987): *Women, Fire and Dangerous Things*. Chicago.
- (1993): „The Contemporary Theory of Metaphor." In: A. Ortony (ed.): *Metapher and Thought*. Cambridge, 202-251.
- (1996): „The Metaphor System of Morality." In: A. E. Goldberg (ed.): *Conceptual Structure, Discourse and Language*. Stanford, 249-266.
Lakoff, G./Johnson, M. (1980): *Metaphors We Live by*. Chicago.
Leech, G. (1981): *Semantics. The Study of Meaning*. Harmondsworth.
Li, C. N./Thompson, S. A. (1981): *Mandarin Chinese*. Berkeley.
Li, Z./Xu, J. (1999): „TCM Translation: An Analysis of the Principles." In: *Translatio* 18.1, 5-17.
Lutz, C. A. (1988): *Unnatural Emotions: Everyday Sentiments on a Micronesian Atoll & Their Challenge to Western Theory*. Chicago.
Lyons, J. (1977): *Semantics*. 2 Vols. Cambridge.
Mathiot, M. (1973): *A Dictionary of Papago Usage*. 2 Vols. Bloomington.
Niemeier, S./Dirven, R. (eds.) (1997): *The Language of Emotions*. Amsterdam.
Omondi, L. N. (1997): „Dholuo Emotional Language: An Overview." In: S. Niemeier/R. Dirven (eds.) (1997), 87-109.
Palmer, G. B./Occhi, D. J. (eds.) (1999): *Languages of Sentiment*. Amsterdam.
Palmer, G. B./Bennett, H./Stacey, L. (1999): „Bursting with Grief, Erupting with Shame: A Conceptual and Grammatical Analysis of Emotion-Tropes in Tagalog." In: G. B. Palmer/D. J. Occhi (eds.) (1999), 171-200.
Parrott, W. G. (1995): *The Heart and the Head: Everyday Conceptions of being Emotional*. In: J. A. Russell et al. (eds.) (1995), 73-84.
Pottier, B. (1992): *Théorie et analyse en linguistique*. Paris.
Quine, W. V. O. (1971): *From a Locial Point of View*. Cambridge/Mass.
Ricoeur, P. (1975): *La métaphore vive*. Paris.
Rosch, E. (1978): „Principles of Categorization." In: E. Rosch/B. B. Lloyd (eds.): *Cognitions and Categorization*. Hillsdale, 27-48.

Russell, B. (1949): „On Denoting." In: H. Feigl/W. Sellars (eds.): *Readings in Philosophical Analysis*. New York, 103-115.
Russell, J. A./Fernández-Dols, J. M./Manstead, A. S. R./Wellenkamp, J. C. (eds.) (1995): *Everyday Conceptions of Emotion*. Dordrecht.
Saxton, D./Saxton, L./ Enos, S. (1983): *Tohono O'odham/Pima to English – English to Tohono O'odham/Pima Dictionary*. Tucson.
Schachter, S./Singer, J. (1962): „Cognitive, Social and Physiological Determinants of Emotional States." In: *Psychological Review* 69, 379-399.
Shaver, Ph. R./Wu, Sh./Schwartz, J. C. (1992): „Cross-Cultural Similarities and Differences in Emotion and Its Representation." In: M. S. Clark (ed.): *Emotion*. Newbury Park, 175-212.
Shibamoto Smith, J. S. (1999): „From Hiren to Happî-endo: Romantic Expressions in the Japanese Love Story." In: G. B. Palmer/D. J. Occhi (eds.): *Languages of Sentiment*. Amsterdam, 131-150.
Smith, K. D./Tkel-Sbal, D. (1995): „Prototype Analyses of Emotion Terms in Palau, Micronesia." In: J. A. Russell et al. (eds.) (1995), 85-102.
Steuerwald. K. (1974): *Deutsch-Türkisches Wörterbuch*. Wiesbaden.
Türk Smith, S./Smith, K. D. (1995): „Turkish Emotion Concepts. A Prototype Approach." In: J. A. Russell et al. (eds.) (1995), 103-119.
Wierzbicka, A. (1985): *Lexicography and Conceptual Analysis*. Ann Arbor.
- (1991): *Cross-Cultural Pragmatics. The Semantics of Human Interaction*. Berlin.
- (1995): „Everyday Conceptions of Emotion: A Semantic Perspective." In: J. A. Russell et al. (eds.) (1995), 17-47.
- (1999): *Emotions across Languages and Cultures. Diversity and Universals*. Cambridge.
Wittgenstein, L. (1975): *Philosophische Untersuchungen*. Frankfurt/M.
Young, R. W./Morgan, W. (1987): *The Navaho Language: A Grammar and Colloquial Dictionary*. Albuquerque.
Yu, N. (1998): *The Contemporary Theory of Metaphor: A Perspective from Chinese*. Amsterdam.
Yurtbaşı, M. (1993): *Türkisches Sprichwörterlexikon*. Ankara.
Zepeda, O. (1983): *A Papago Grammar*. Tucson.

TRANSLATION ALS KREATIVER PROZESS – EIN KOGNITIONSLINGUISTISCHER ERKLÄRUNGSVERSUCH[1]

Paul Kußmaul, Germersheim

1. Vorbemerkung

Das Rahmenthema der Ringvorlesung enthält das Stichwort „Globalisierung". Um durch meinen Beitrag den Bezug zum Rahmenthema herstellen zu können, möchte ich „global" im Sinne von „universal" verstehen. Wenn wir kreative Prozesse beim Übersetzen unter die Lupe nehmen, versuchen wir, Denkprozesse zu erkennen und zu beschreiben, und diese Denkprozesse sind vermutlich nicht an Einzelsprachen gebunden, sondern eher übereinzelsprachlich, also universal. Das zeigt sich darin, dass die von der Kognitionslinguistik entwickelten Modelle zur Erklärung sprachlichen Denkens z.b. nicht nur auf das Englische (die bekanntesten Kognitionswissenschaftler sind Amerikaner), sondern auch, wie ich feststellen konnte, auf das Deutsche und sicher auch noch auf viele andere Sprachen anwendbar sind. Der Kognitionswissenschaftler George Lakoff untersucht z.B. in seinem bekannten Buch *Women, Fire and Dangerous Things. What Categories Reveal about the Mind* nicht nur Beispiele aus dem Amerikanischen Englisch, sondern auch aus dem Dyirbal, einer Eingeborenensprache Australiens.

Ich werde im Folgenden (1) zu der Frage Stellung nehmen, was eine kreative Übersetzung ist, (2) einige traditionelle Vorstellungen vom kreativen Übersetzen präsentieren und (3) einige kognitionslinguistische Modelle vorstellen, mit denen man, so meine ich, dem kreativen Übersetzen zumindest auf die Spur kommen kann.

2. Die Übersetzung als kreative Leistung

„Creative writing" ist ein an amerikanischen Universitäten ziemlich bekanntes Fach, und auch an deutschen Universitäten finden wir es gelegentlich als „Kreatives Schreiben". Übersetzen ist aber normalerweise kein Bestandteil dieser Kurse. Wer kreativ schreibt, ist nach allgemeiner Vorstellung jemand, der Texte produziert, die es vorher noch nicht gab, z.B. Gedichte, Romane, Kurzgeschichten, aber auch Sachbücher und Zeitungsartikel. Übersetzer haben jedoch nicht die Freiheit, eigene Texte zu produzieren, sondern sind an Ausgangstexte gebunden. In der traditionellen Übersetzungswissenschaft wurde diese Abhängigkeit von einem Original mit Begriffen wie Äquivalenz, Invarianz, Angemessenheit und Adäquatheit immer wieder betont.

Solche Meinungen haben natürlich eine Auswirkung auf den Status des Berufs in der Gesellschaft, der meist als viel niedriger gesehen wird als der von Schriftstellern, Journalisten und Redakteuren. Übersetzerinnen und Übersetzer leiden darunter, und manche neuen Tätigkeitsbezeichnungen, wie „Lokalisierung" und „Technical Writing" dienen unter anderem dazu, diesen Status anzuheben. In der Tat ist Lokalisieren und Technical Writing eine spezielle Tätigkeit, die mehr ist als bloß Übersetzen. Wenn wir aber nun zeigen könnten, dass Übersetzen ganz generell Kreativität erfordert, und zwar in einem Maße, wie sie für das Schreiben eines selbständigen Texts nötig ist, könnten wir unter anderem dazu beitragen den Status des Berufs zu erhöhen.

Zum Übersetzen gehört ein Ausgangstext – das ist richtig. In neueren Übersetzungstheorien, z.B. der Skopostheorie (s. Reiß/Vermeer 1984), ist dieser Ausgangstextbezug jedoch zweitrangig; in erster Linie entscheidend ist der Zweck der Übersetzung. Der Ausgangstextbezug kann eher lose sein, wie z.B. in Bearbeitungen, oder sehr eng wie in Interlinearversionen. Man kann sagen, je loser der Bezug, desto mehr Chancen für Kreativität. Wenn z.B. ein Satz wie *The cat rests on the mat* (beliebt in Grammatiken) als Beispiel für englische Syntax ins Deutsche übersetzt werden soll, dann ist die Übersetzung *Die Katze ruht auf der Matte* gut genug. Kreativität ist dann nicht erforderlich. Soll aber der Reim (*cat – mat*) zur Belustigung des Lesers erhalten bleiben (auch Leser von Grammatikbüchern sind vielleicht für ein bisschen Auflockerung dankbar), dann ist Kreativität erforderlich. Der Übersetzer muss sich dann vom Ausgangstext entfernen, und der Satz wird dann vielleicht lauten *Die Katze ist auf der Matratze*.

In der Kreativitätsforschung wird ein kreatives Produkt durch zwei Merkmale definiert: Neuigkeit und Angemessenheit (s. Preiser 1976, 5). Ein Designer kann z.B. ein völlig neuartiges Reisemobil entwerfen – mit zwei Stockwerken, einem Dachgarten und einem kleinen Schwimmbad –, aber der Hersteller wird ihm vermutlich sagen, dass die Aerodynamik nicht dem Standard entspricht und dass das Produkt in der Herstellung zu teuer wäre und keinen Absatzmarkt finden würde.

In Analogie dazu lässt sich über eine kreative Übersetzung sagen: (1) Sie stellt eine Veränderung gegenüber dem Ausgangstext dar und enthält dadurch etwas Neues; z.B. *Matratze* für *mat*, und (2) sie ist dem Zweck (hier Amüsement des Lesers) angemessen. *Matratze* wäre z.B. als Interlinearversion nicht angemessen.

Veränderung (und damit Neuigkeit) ist ein quantitativer Begriff; es gibt geringfügige und starke Veränderungen. Unter dem Aspekt Kreativität zitiert z.B. Ballard die Beispiele *derrière Winston* als Übersetzung für *behind Winston's back* (1997, 93) oder *une activité culturelle* für *an educated sort of thing* (1997, 99). In beiden Fällen folgt der Übersetzer bereits vorhandenen zielsprachlichen Mustern und diese Beispiele sind daher nicht besonders aufregend. Ein höheres Maß

an Kreativität ist erforderlich, wenn keine bequemen zielsprachlichen Muster vorhanden sind.
Ein gutes Beispiel dafür findet sich in Reiß/Vermeer (1984, 165ff.), bei dem sich die Abstufung des Neuigkeitsbegriffs gut beobachten lässt. In einem Roman ist davon die Rede, dass man im College früh aufstehen muss, um einen Platz in den Waschräumen zu ergattern. In diesem Zusammenhang heißt es:
It's the early bird that catches the tub.
(Webster, *Daddy-Long-Legs* 1967, 68)
Eine wörtliche Übersetzung dieses Satzes ist weder kreativ noch verständlich, dennoch erschien sie sogar im Druck:
Nur der frühe Vogel erwischt die Badewanne.
(Übersetzung von Boveri 1979, 80)
Im Englischen ist das Sprichwort *the early bird catches the worm* idiomatisiert und auf originelle Weise abgewandelt. Die deutsche Übersetzung, die nicht einmal das ausgangssprachliche Muster verändert, ist unidiomatisch und daher auch kaum verständlich. Adäquater ist die folgende Version:
Wer zuerst kommt, badet zuerst.
(Übersetzung von Boesch-Frutiger 1970, 99)
Das Auffinden des zugrunde liegenden deutschen Sprichworts „Wer zuerst kommt, mahlt zuerst" als vermutlich erster Schritt zur Lösungsfindung ist in gewissem Maße bereits eine kreative Leistung. Man muss ja erst einmal darauf kommen und das ausgangssprachliche Muster verändern. „Morgenstund hat Gold im Mund" fällt einem vielleicht zunächst ein, aber dann merkt man, dass sich dieses Sprichwort nicht in dem hier erforderlichen Sinne abwandeln lässt. Andererseits ist auch das Entdecken von „Wer zuerst kommt, mahlt zuerst" noch nicht in hohem Maße kreativ, denn es handelt sich ja um eine zielsprachlich bereits lexikalisierte Ausdrucksweise. Es entsteht zwar gegenüber dem Ausgangstext etwas Neues, aber das Sprichwort ist, wenn man Bedeutung von sprachlicher Form zu abstrahieren vermag, vermutlich nicht allzu schwer zu finden. Man muss nur etwas finden, aber noch nichts Neues schaffen. Neu jedoch ist die Abwandlung des Sprichworts zu „ ...badet zuerst", die außerdem eine Assonanz mit „mahlt" enthält. Dieses Muster als Kombination gab es in der Zielsprache noch nicht.
Um die Abstufungen noch einmal zusammenzufassen: Keinerlei Kreativität ist erforderlich, wenn das Muster der Ausgangssprache mit dem gleichen Muster in der Zielsprache übersetzbar ist. Ein gewisses Maß an Kreativität ist erforderlich, wenn in der Zielsprache ein Muster vorhanden ist, das sich vom Muster der Ausgangssprache unterscheidet. Man muss sich an dieses Muster ja erst einmal erinnern bzw. man muss es entdecken. Noch mehr Kreativität ist erforderlich, wenn in der Zielsprache noch kein Muster vorhanden ist, um die Vorstellungen des Ausgangstexts auszudrücken. Dann muss ein neues Muster geschaffen werden.

3. Traditionelle Mystifizierungen

Dem kreativen Prozess haftet etwas Numinoses an: Ihren Lieblingen schenken's die Götter – und meistens im Schlaf. Die religiöse Mystifizierung der Kreativität, vermutlich Teil unserer abendländischen Kultur, findet sich bereits bei Homer, wenn er über den Dichter sagt (vgl. Schottländer 1972, 153):

> Genießen doch bei allen Erdenmenschen die Sänger Ehre wie auch Ehrfurcht, weil die Muse sie Sangespfade gelehrt hat und den Stamm der Sänger lieb hat. (Homer: *Die Odyssee*. Deutsch von Wolfgang Schadewaldt. Hamburg. Rowohlt 1958, 106)

Homers Vorstellungen wirken fort. Wir finden sie in modifizierter Form bei dem großen Homerübersetzer Wolfgang Schadewaldt. Zwar spricht er nicht explizit von den Göttern, aber vom „Schicksal", vom „Geschenk" und „fruchtbaren Moment". Dies sind die traditionellen und bekannten Vorstellungen, die sich mit Kreativität verbinden. Und durch eine Autorität wie Schadewaldt bekommen sie Gewicht. Schadewaldt schreibt:

> So ist alles werthafte Übersetzen in einem Sinne ein glückliches Geschenk des fruchtbaren Moments. In einem andern Sinne ist der Schöpfer der Übersetzung der griechische Geist selbst und seine Wirkung in uns. Das Schicksal herbeizurufen, das die Übersetzung zeitigt, ist dem einzelnen nicht gegeben. Aber allen, die mit dem Griechentume verkehren, ist die Möglichkeit der Selbstbesinnung gegeben, durch die man sich der Wirkung jenes Geistes öffnet. (Störig 1968, 266f.)

Was bei Schadewaldt freilich – als komplementäre Vorstellung – zur religiösen Mystifizierung hinzukommt, ist der Begriff „Selbstbesinnung". Damit verweist er auf das, was im Menschen abläuft, und damit gibt er die Richtung an, in der wir weitergehen können.

Die Götter schenken's ihren Lieblingen, und sie schenken's ihnen im Schlaf. Eine Schlafmetapher für kreatives Schaffen erscheint bei Goethe. In seiner Selbstbiographie sagt er über das Entstehen des *Werther*, dass er dieses Buch „nachtwandlerisch" geschrieben habe (Schottländer 1972, 159). Die Kreativitätsforscherin Gisela Ulmann weist darauf hin, dass neue Ideen auch schon im Traum hervorgebracht wurden (1968, 24ff.). Der Kreativitätsforscher Karl-Heinz Brodbeck (1995, 11) erwähnt das Beispiel des Chemikers August Kekulé, der einen Traum vom „Uroboros" hatte, von einer Schlange, die sich selbst in den Schwanz beißt. Dies war für Kekulé das entscheidende Leitbild bei der Entdeckung des Benzolrings.

Der kreative Prozess wird durch solche Mystifizierungen notwendigerweise ins Unterbewusstsein verlagert. Auch Begriffe wie „Inspiration" und „Intuition", die im Zusammenhang mit kreativen Ideen gebraucht werden, drücken dies aus.

Derartige Mystifizierungen – von Künstlern oft bewusst als Teil ihres Images gepflegt – sind zwar anekdotisch interessant, aber nicht dazu angetan, zur Erhellung des kreativen Prozesses beizutragen (vgl. Preiser 1976, 14). Die Kreativitätsforschung versucht jedoch, Licht ins mystische Dunkel zu bringen. Ein Ansatz besteht darin, die Faktoren, die am kreativen Schaffen beteiligt sind, zu isolieren und als Prozess zu beschreiben. Dabei werden vier Phasen unterschieden (vgl. zum folgenden die Zusammenfassungen des Vierphasenmodells bei Preiser 1976, 42ff. und Ulmann 1968, 22ff.):
1. Präparation
2. Inkubation
3. Illumination
4. Evaluation
In der Tat lassen sich die Präparationsphase und die Evaluationsphase rational beschreiben. Interessanterweise werden in diesem Modell aber gerade die Phasen, in denen kreative Ideen entstehen, nämlich die zweite und dritte Phase, mit Metaphern bezeichnet. Dies kann man als ein Zeichen dafür ansehen, dass sich die eigentlich kreativen Vorgänge einer rationalen Analyse widersetzen. Vor allem der Begriff „Illumination" hebt die Mystifizierung der Kreativität eigentlich nicht auf, sondern verstärkt sie eher noch. Durch die Verwendung dieser Metapher bleibt gerade die Phase, auf die es eigentlich ankommt, obwohl von Licht die Rede ist, weiterhin „im Dunkeln". „Illumination" und noch deutlicher das deutsche Pendant „Erleuchtung" verweisen auf den bereits genannten Bereich des Göttlichen. Von Erleuchtungen wird meist erwartet, dass sie „von oben" kommen. Man kann sie nicht erklären, ihre Ankunft kann man nicht beeinflussen – und oft wartet man vergebens.
Auch Übersetzungswissenschaftler greifen beim Thema Kreativität zu Mystifizierungen. Roland Freihoff beschreibt zwar genau, wie der Übersetzer durch Auftragsanalyse, Recherche, Textanalyse usw. die Übersetzungsfunktion bestimmt und damit seinen Formulierungsspielraum absteckt (Freihoff 1991, 43). Dies sind Tätigkeiten, die man der Präparationsphase zuordnen kann. Doch darüber, wie man die Funktion dann in der Inkubationsphase in eine Übersetzung umsetzt, sagt er leider nur ziemlich lapidar: „Wie man von der Funktion zur Form kommt, ist und bleibt ein kreatives Wunder" (Freihoff 1991, 42). Peter Newmark gebraucht gängige Metaphern. Kreativität ist für ihn eine „Vertiefung" (*deepening*) der wörtlichen Übersetzung, ein Versuch, zum Denken des Autors „hinter" seinen Worten vorzustoßen (*to go below the words to the author's thinking*, Newmark 1991, 7). Radegundis Stolzes Äußerungen in der hermeneutischen Tradition weisen zwar in die richtige Richtung, denn sie erwähnt das von den Psycholinguisten als wichtig erkannte Wissen in unserem Gedächtnis (s.u.), wenn sie sagt (ich ergänze das Zitat aus der Einleitung), dass „Intuition als sprachliche Sensibilität im Zusammenhang mit außersprachlichem Wissen formulierend kreativ wird", doch indem sie dann den Hermeneutiker

Forget zitiert, endet sie eher in raunenden Andeutungen als in expliziten Beschreibungen: Intuition, so heißt es, sei „potenzierende sprachliche Gestaltung des Verstandenen" (Stolze 1986, 136).
Eine wissenschaftliche Erforschung der übersetzerischen Kreativität kann sich damit natürlich nicht zufrieden geben. Derartige Äußerungen sind viel zu unbestimmt und eigentlich vorwissenschaftlich. Was aber noch schwerer wiegt: Die Vagheit verleitet zur Mystifizierung, und Kreativität erscheint als ein Ausnahmephänomen. Kreativität, dieser Eindruck wird vermittelt, ist nicht das Alltägliche, sondern ein Glücksfall. Wunder geschehen nicht jeden Tag, und schon gar nicht auf Abruf.
Die These, die ich hier zu untermauern versuche, lautet jedoch ganz anders. Kreatives Denken beim Übersetzen – und nicht nur beim Übersetzen – ist etwas ganz Normales. Wir brauchen nicht auf Eingebungen von oben zu warten; wir müssen nur bestimmte Denkprozesse in Gang setzen, und diese Denkprozesse laufen in jedem menschlichen Gehirn ab – nicht nur bei Künstlern, Dichtern und Erfindern. Wenn wir wissen, wie sie vor sich gehen, haben wir die Chance, sie bewusst herbeizuführen.
Ein Beispiel, wie man trotz scheinbarer Mystifizierung etwas Solides sagen kann, ist Arthur Koestlers viel beachtetes Buch *Der göttliche Funke* (1966). Die Metapher des Titels ist der attraktive Aufhänger für höchst detaillierte Analysen von Fallbeispielen aus allen Bereichen der Wissenschaft, der Kunst und des Alltags.
Als Koestler sein Buch schrieb, steckte die Kreativitätsforschung noch in den Anfängen, und es gab praktisch noch keine kognitive Linguistik. Die Kreativitätsforschung hat inzwischen versucht, den spezifischen Denkprozessen, die in der Inkubations- und Illuminationsphase ablaufen, auf die Spur zu kommen. Auch die Kognitionslinguistik hat Modelle des sprachlichen Denkens entwickelt, die meines Erachtens eine Affinität zu den Modellen der Kreativitätsforschung aufweisen und dabei helfen können, kreative Denkvorgänge zu entmystifizieren. Diese Denkvorgänge sind der Kern der Sache, und sie werden deshalb im Folgenden behandelt.

4. Kognitionslinguistische Modelle zur Analyse mentaler Prozesse

Mit diesem Versuch zur Entmystifizierung erhebe ich natürlich nicht den Anspruch, alles erklären zu können. Es bleibt immer – wahrscheinlich ein ziemlich großer – unerklärlicher Rest. Außerdem möchte ich meine Erklärungsversuche als Hypothesen verstanden wissen. Und schließlich: Ich beschränke mich auf das Gebiet der Semantik.

4.1. Rahmen und Szenen, Kerne und unscharfe Ränder

Die von Charles Fillmore entwickelte *Scenes-and-frames*-Semantik (Fillmore 1976; 1977) eignet sich meines Erachtens sehr gut, um die Problemlösungsprozesse beim Übersetzen zu beschreiben. (Vgl. zu diesem Abschnitt Kußmaul 2000a, 106-119; 2000b, 61-64.)
Nach Fillmore sind die Wörter, die wir in Texten lesen, die „Rahmen", durch die mentale Bilder oder „Szenen" in unserem Gedächtnis aktiviert werden. Man könnte einwenden, dies sei eigentlich nichts anderes als die wohlbekannte, bereits auf Ferdinand de Saussure zurückgehende Unterscheidung zwischen Sprachzeichen und Bedeutung. Ich denke, es ist wichtig zu sehen, dass Fillmore durch die Metapher „Szene" auf unser Gedächtnis Bezug nimmt. Bedeutung entsteht nicht nur durch ein Sprachsystem, sondern durch die Erlebnisse und Erfahrungen der Sprachbenutzer. Außerdem macht das Wort „Szene" deutlich, dass Bedeutung etwas mit Bildern zu tun hat. Arthur Koestler stellt fest, dass kreatives Denken sehr häufig visuelles Denken ist (1966, 177-186). Bei erfolgreichen Problemlösungsprozessen im Übersetzungsunterricht konnte ich beobachten, dass die Visualisierung einer Szene sehr häufig eine wichtige Rolle spielte. Dazu ein Beispiel. Folgenden Text übersetzte ich mit Studentinnen und Studenten des 4. Studienjahres ins Deutsche:

Robomoths
Insects are not nearly as biddable as dogs or horses. Although they can perform amazing feats of strength and dexterity on their own scale, that scale is so much smaller than humanity's that it is not surprising they have been overlooked. With rare exceptions, such as bees and silkworms, the insect world is a source of pests rather than of pets or pack animals.
In an age of miniaturisation, however, a few researchers are wondering if more insects might be harnessed to the service of man. One is John Hildebrand, a neurobiologist at the University of Arizona. As part of a project [...] he and his colleagues have been working on the giant sphinx moth to create a „biobot" – an animal that can be controlled electronically by a human. They have designed a radio transmitter small enough to attach to a sphinx moth without impairing its ability to fly.
(The Economist, March 4th, 2000)

Mit der Übersetzung von *miniaturisation* hatten die Studenten ein Problem. Mit „Miniaturisierung" oder „Verkleinerung" waren sie nicht zufrieden, denn diese Worte erschienen ihnen zu abstrakt, um dem Leser eine Vorstellung vom Gemeinten zu geben. Ich schlug vor, sie sollten sich Beispiele von Miniaturisierungen im täglichen Leben vorstellen, und sie nannten Dinge wie immer kleinere werdende Radios, Mobiltelephone, Hörgeräte, Kameras usw. Einer der Studenten schlug dann die Übersetzung „Computerzeitalter" vor, doch die anderen meinten, dass die Vorstellung „sehr klein" in diesem Wort nicht besonders deutlich würde, denn Bildschirme z.B. würden eigentlich größer und nicht kleiner. Dann hatte plötzlich eine Studentin die Idee: „Zeitalter der Mikrochips". Mit dieser Übersetzung waren alle zufrieden, besonders weil weiter unten im Text ein kleiner Radiosender erwähnt wurde und weil solche Sender mit Sicherheit Mikrochips enthalten. Ich möchte dies Vorgänge der Lösungsfindung mit einem Bild (Abb. 1 und 2) erklären.

Abb. 1

Abb. 2

Das Bild in Abb. 1 und 2 zeigt eine wohlbekannte Szene, die hier als „Christi Geburt" benannt ist. Dieser Bildtitel ist sozusagen der „Rahmen" des Bildes, und wir finden solche Titel in der Tat häufig auf den Rahmen von Bildern in Kunstmuseen. Der Bildtitel lässt sich mit dem Wort „Miniaturisierung" vergleichen, das eine Szene von kleinen elektronischen Geräten „einrahmt".

Wenn wir bei obigem Bild gefragt werden, was es darstelle, können wir ganz einfach antworten: „Christi Geburt". Nehmen wir aber an, ein kleines Kind stellt uns diese Frage, dann wäre es vielleicht besser, nicht den Titel zu nennen, weil ein Kind damit – vielleicht hat es Schwierigkeiten mit dem lateinischen Genitiv – möglicherweise nicht sofort die entsprechende Vorstellung assoziiert. Es wäre dann angemessener, die Details des Bilds aufzuzählen und zu sagen: „Du siehst hier Maria mit dem Jesuskind im Schoß. Dahinter steht Josef, und neben dem Kind kniet ein Hirte. Am Himmel leuchtet der Stern von Bethlehem." Genauso haben die Studenten bei der Bedeutungserörterung von *miniaturisation* Details einer Szene aufgezählt, als sie Radios, Mobiltelephone, Hörgeräte usw. nannten. Mikrochips nannten sie zwar nicht explizit, aber, wie wir alle wissen, sind sie in den genannten Geräten enthalten. Ich konnte diese Technik bei Problemlösungsprozessen im Übersetzungsunterricht häufig beobachten, und ich schlage vor, sie mit dem Namen **„Auswahl von Szenenelementen innerhalb eines Rahmens"** zu bezeichnen (vgl. Kußmaul 2000a, 158-165).

Ich möchte noch auf einen weiteren Zusammenhang zwischen der Semantiktheorie und dem Übersetzen hinweisen. Die *Scenes-and-frames*-Semantik beruht auf der Prototypensemantik, die durch die Begriffe „Kern" und „unscharfe Ränder" gekennzeichnet ist. Die Prototypensemantik ist eng mit den Arbeiten Eleanor Roschs (1973), George Lakoffs (1987) und Hilary Putnams (1975; 1978) verbunden. Roschs Beispiele sind inzwischen „klassisch" geworden. Befragt man englische Sprecher zur Kategorie „bird" („Vogel") – und bei deutschen Sprechern wäre das wohl ähnlich – , so stimmen sie darin überein, dass z.B. Rotkehlchen oder Sperlinge für diese Kategorie typischer sind als Pinguine, Strauße oder auch Hühner (vgl. Rosch zit. nach Lakoff 1987, 41). Ein Strauß oder Pinguin ist für uns kein Prototyp eines Vogels; er ist eher am Rand, an den unscharfen Rändern dieser Kategorie angesiedelt.

Den prototypischen Vertretern für die Kategorie „Vogel" kann man *charakteristische* Eigenschaften (*characteristic attributes*) zuordnen (Eysenck/Keane 1990, 263). Diese Eigenschaften beruhen auf unseren Erfahrungen (also nicht auf einer logischen oder biologischen Klassifikation), die wir mit den Vertretern der Kategorie gemacht haben. Eine dieser Eigenschaften ist „flugfähig". Sperlinge und Rotkehlchen besäßen dann die charakteristische Eigenschaft „flugfähig", Strauße und Pinguine nicht. Hühner sind „unscharfe" Grenzfälle. Sie fliegen, aber meist nicht weit. Sie scharren im Hühnerhof, wenn es glückliche Hühner sind, und fressen Körner. Sowohl Rotkehlchen als auch Strauße und Pinguine und Hühner weisen außerdem die Eigenschaft auf, Eier zu legen und Federn zu haben. Da diese Eigenschaften auch von den nicht prototypischen Mitgliedern der Kategorie geteilt werden, sind sie weniger charakteristisch. Anders gesagt: Die prototypischen oder charakteristischen Eigenschaften sind im Kern unserer Vorstellungen von einer Kategorie angesiedelt, die nicht prototypischen oder nicht charakteristischen eher außerhalb des Kerns oder gar am Rande. „Flugfähig" wäre also eine Kerneigenschaft, „Eier legen" eher nicht. Ich erwähne die Kerneigenschaften, weil die Vorstellung von „Kernelementen" im Zusammenhang mit Szenen für das kreative Übersetzen eine Rolle spielt. Als meine Studenten Beispiele wie Radios, Mobiltelephone, Hörgeräte und Kameras aufzählten, dann waren dies sozusagen prototypische Elemente der Szene *miniaturisation*. Bei der (verworfenen) Übersetzung *Computerzeitalter* wären diese Elemente nicht in den Kern der Vorstellung gerückt worden. PCs wurden eigentlich nicht kleiner (Bildschirme werden, wie gesagt, eher größer), sondern leistungsfähiger. Natürlich werden die Teile innerhalb eines Computers kleiner, aber wir sehen sie nicht. Deshalb eignen sich Computer als visuelle Vorstellung (ich erinnere an Koestlers Bemerkung zum visuellen kreativen Denken) nicht als Übersetzungsmöglichkeit für die *Miniaturisation*-Szene. Der Begriff „Kernelement" oder „prototypisches" Element scheint mir hilfreich für die Beurteilung der semantischen Angemessenheit einer Übersetzung zu sein – natürlich nur, wenn diese mit dem Zweck der Übersetzung vereinbar ist, und nicht wie im Fall von *mat* – „Matratze" als sekundär betrachtet werden muss. Wir können unter diesen Voraussetzungen die These aufstellen: Die Auswahl von Kernelementen einer Szene führt zu einer semantisch angemessenen Übersetzung.

4.2. Fokussierung

In seinem grundlegenden Werk über kognitive Grammatik beschäftigt sich Ronald W. Langacker ausführlich mit den Begriffen **Perspektive** und **Fokus** (*perspective, focal adjustments*, Langacker 1987, 120f.). Er sieht einen engen Bezug zwischen Perspektive und dem, was er als **Figur-Grund-Gliederung** bezeichnet. (Ich übernehme die Übersetzung von Rickheit/Strohner 1993, 36 für Langackers *figure/ground alignment*.) Langacker schreibt:

> Impressionistically, the **figure** within a scene is a substructure perceived as „standing out" from the remainder (the **ground**) and accorded special prominence as the pivotal entity around which the scene is organised and for which it provides a setting. Figure/ground organisation is not in general automatically determined for a given scene; it is normally possible to structure the same scene with alternate choices of figure. However, various factors do contribute to the naturalness and likelihood of a particular choice. (Langacker 1987, 120)

Der gleiche Gedanke findet sich bereits zwei Jahrzehnte vorher bei Arthur Koestler. Er spricht von „Gestalt" und „Hintergrund" und zeigt, wie Umkehrungen dieser Beziehung auf vielen Gebieten zu kreativen Ideen führten (1966, 204-211). Wir haben hier vermutlich einen zentralen Ansatzpunkt für die Erklärung kreativen Denkens vor uns. Auch der bekannte Kreativitätsforscher und Kreativitätstrainer Edward de Bono hat dafür einen Begriff. Er nennt ihn Aufmerksamkeitsbereich (attention area) (1971, 185), und Brodbeck spricht von Achtsamkeit (1995, 58ff). Gemeint ist, dass wir unter neuer Perspektive unseren

Blick auf neue Details von bekannten Dingen richten können. Wenn es um Problemlösen geht, richten wir unseren Blick auf einen neuen Bereich einer Aufgabe. Wir brauchen dann unter Umständen nicht unseren Standpunkt zu ändern, sondern nur unsere **Blickrichtung**, um etwas bisher nicht Gesehenes zu erkennen. Manchmal genügt es, den Kopf nur ein klein wenig zu drehen, um etwas Neues zu entdecken.

Langacker zeigt die Relevanz des kognitiven Musters der Figur-Grund-Gliederung an einem Beispiel, das ich (im Gegensatz zu Langacker) graphisch darstelle.

Abb. 3

Der weiße Punkt in dem schwarzen Feld, so Langacker, wird von Betrachtern fast immer als Figur gewählt (und damit fokussiert), und das schwarze Feld wird als Hintergrund gewählt. Es macht den meisten Betrachtern Schwierigkeiten, diese Abbildung als schwarze Figur mit Loch vor weißem Hintergrund zu interpretieren. Der Grund dafür ist, dass wir die Dinge so sehen, wie sie für uns am bequemsten sind. Langacker spricht hier von *vantage point* (1987, 123). Die Figur-Grund-Gliederung ist nach einem allgemein üblichen Muster (*canonical viewpoint*) festgelegt. Langackers Erklärung dafür lautet, dass die Größe des Hintergrunds eine Rolle spielt. Was größer ist, ist der Hintergrund, und was kleiner ist, ist die Figur. Die Figur rückt durch ihre geringere Größe in den Vordergrund. Der Test für diese Erklärung besteht darin, den Punkt größer werden zu lassen. Dann verändert sich für die meisten Betrachter in der Tat die Figur-Grund-Gliederung, d.h. sie sehen sie als schwarze Figur mit Loch oder, wenn der Punkt besonders groß und zu einer Scheibe geworden ist, als schwarzen, runden Rahmen, durch den man hindurchschauen kann. Jeder kann dies bei Abbildung 4 selbst testen.

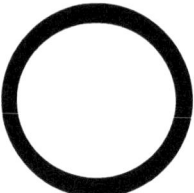

Abb. 4

Die schwierigere, unkonventionellere und kreative Art der Wahrnehmung wäre hier: weißer Punkt oder besser weiße Scheibe auf dunkler Fläche. In der Figur-Grund-Gliederung ist ein weiteres visuell-metaphorisches Beschreibungsmuster enthalten. Im obigen Zitat tauchen bereits die Wörter *prominence* und *standing out* auf. An anderer Stelle nennt Langacker explizit das von mir in der Beschreibung bereits verwendete Begriffspaar **Vordergrund** und **Hintergrund** (*foreground and background*, Langacker 1987, 124). Unter Verwendung dieser Begriffe können wir sagen: In Abbildung 3 ist der weiße Punkt und in Abbildung 4 das schwarze Feld im Vordergrund.
Auch Langackers Modell kann zur Analyse von Übersetzungsprozessen dienen. Die meisten Kinogänger werden den Film *The Graduate* mit Dustin Hoffman und Anne Bancroft aus dem Jahr 1967 – inzwischen ein immer wieder gespielter Klassiker – irgendwann einmal gesehen haben. Der deutsche Titel lautet *Die Reifeprüfung*. Bei der Übersetzung hat sich semantisch etwas verändert. Wir lassen einmal außer Acht, dass im englischen Titel die Person und im deutschen die Art der Prüfung spezifiziert wird. Das Wort *Graduate* hat im amerikanischen Englisch einen Bedeutungskomplex, der sich auf eine bestimmte Prüfung im Schulsystem bezieht: „Someone who has completed a course at a college, school etc.: *a high-school graduate*" (DCE). Die Definition des DCE macht deutlich, dass der Schultyp nicht genau festgelegt ist. Außerdem könnten – dies ist in der Wörterbuchdefinition nicht erwähnt – je nach Kontext und Hörer-/Leserinteresse noch weitere Bedeutungsdetails interessant sein, z.B. die Antwort auf die Fragen: Wie lange dauert die Schulzeit? In welchen Fächern wird der Abschluss gemacht? Welchen Status hat der Abschluss? Gibt es andere Abschlüsse? Wozu berechtigt der Abschluss? Welche Rolle spielt der Abschluss in der Gesellschaft? Die Antworten auf all diese Fragen sind potentiell in der Bedeutung von *graduate* oder *graduation* enthalten.
Bei der Übersetzung ins Deutsche können aufgrund der in diesem Bedeutungsfeld im Deutschen vorhandenen Lexeme nicht alle diese potentiellen Bedeutungsaspekte (oder Elemente einer Szene) erhalten bleiben. Es ist, wie wir gleich sehen werden, auch gar nicht nötig. *Schulabschlussprüfung* als Entsprechung wäre zu vage. Wir würden nicht erfahren, um welchen Schultyp es sich handelt. *Abitur* würde u.a. eine andere – typisch deutsche – Schulform, mehr Schuljahre

und ein anderes Curriculum beinhalten. *Oberstufenabschluss* bezöge sich ebenfalls explizit auf einen bestimmten Abschnitt des deutschen Schulsystems. Bei der Übersetzung des Filmtitels durch *Reifeprüfung* könnte man nun gleichfalls die Eingebundenheit ins deutsche Schulsystem monieren, mit dem Argument, der Film spiele in den U.S.A. und vor allem in der amerikanischen Kultur. Kognitiv gesehen passiert hier aber etwas, das dieser Kritik den Boden entzieht. Ein bestimmtes Element der Szene, nämlich „Reife im Sinne der Persönlichkeitsentwicklung", wird in den Vordergrund gerückt, und die anderen Elemente rücken gleichzeitig in den Hintergrund. Das In-den-Hintergrund-Rücken dieser Merkmale ist aber nur möglich, wenn man den größeren Kontext, d.h. die Handlung des Films, mit einbezieht. Wer sich an den Film erinnert, wird bestätigen, dass es hier in der Tat um einen Reifungsprozess des Helden geht.

Die kreative Leistung bei der Übersetzung bestand darin, dass ein anderes Szenenelement als im Ausgangstext in den Vordergrund gerückt wurde. In *graduate* steht der Schulabschluss im Vordergrund, andere Aspekte der Persönlichkeitsentwicklung treten in den Hintergrund. Der Schulabschluss ist sozusagen der weiße Punkt vor der dunklen Fläche. In *Reifeprüfung* tritt (im Kontext der Filmhandlung) die Persönlichkeitsentwicklung in den Vordergrund, und der Schulabschluss tritt, zumindest teilweise, in den Hintergrund. Der weiße Punkt „Schulabschluss" wird im Verlauf des Films sozusagen immer mehr zur weißen Fläche, die dann den Hintergrund bildet für die Figur der Persönlichkeitsentwicklung. Hier wird also in der Tat Langackers *canonical viewpoint*, die gewohnte Sehweise, verändert. Die neue Sicht bringt die kreative Übersetzung hervor.

Die Übersetzung hat nun aber noch einen besonderen Reiz. Die Bedeutung „Reifeprüfung" im Sinne von „Schulabschluss" geht ja nicht verloren. Der Titel hat eine reizvolle Ambiguität. *Reife* bezieht sich einerseits auf schulisches Wissen – auf den Highschool-Abschluss, andererseits aber auch auf die Lebens- und vor allem Liebeserfahrungen des Helden. Die Reifeprüfung, die der Held gerade in der Schule bestanden hat, besteht er sozusagen im Leben noch einmal auf andere Weise. Man könnte den Film geradezu dem Typ der *initiation story,* dem Thema Eintritt in die Erwachsenenwelt und Selbstfindung, zuordnen. Um die Metapher der Figur-Grund-Gliederung wieder aufzugreifen: Wir wechseln zwischen Figur und Hintergrund hin und her. Einmal ist der weiße Punkt die Figur und ein andermal ist er der Hintergrund – je nach Kontext der jeweiligen Filmszene.

Ist die Übersetzung – als Produkt – kreativ? Die Ambiguität des Titels ist das Neue, das bei der Übersetzung hinzukommt, und sie ist angemessen im Hinblick auf die Handlung des Films. Die Antwort lautet also: ja.

4.3. Das dynamische Gedächtnis

Roger Schank (1999) untersucht Gedächtnisstrukturen im Hinblick auf die Künstliche-Intelligenz-Forschung. Was haben Gedächtnisstrukturen mit mentalen Vorgängen beim Übersetzen zu tun? Ich denke, man muss sich zunächst einmal klarmachen, dass die Lösungssuche beim Übersetzen nichts anderes ist als das Abrufen von Erinnerungen. Wir haben bisher gesehen, dass Erinnerungen szenisch gespeichert werden, und beim Übersetzen rufen wir einzelne Elemente einer Szene ab.

Ein wichtiges Denkmuster Schanks sind die *Thematic Organisation Packets* (TOPs). Es geht dabei um die gedankliche Verknüpfung von Ereignissen. Schank ist an der Frage interessiert, wie das menschliche Gedächtnis lernt, d.h. Wissen so speichert, dass es wieder abrufbar ist. Dies ist die dynamische Eigenschaft unseres Gedächtnisses. Auch als Übersetzer und Übersetzerinnen sind wir an eben dieser Abrufbarkeit interessiert. Durch TOPs werden Ereignisse und Erlebnisse miteinander verbunden, die aus ganz unterschiedlichen Bereichen stammen können (Schank 1999, 137). Schank nennt eine Reihe von Fähigkeiten unseres Gedächtnisses, die auf TOPs beruhen:

1. Wir erinnern uns an eine Geschichte, die einen bestimmten Punkt illustriert.
2. Uns fallen bei bestimmten Gelegenheiten Sprichwörter oder Lebensweisheiten ein wie „Was Hänschen nicht lernt, lernt Hans nimmermehr" oder „Mache keine Geschäfte mit Freunden".
3. Wir erkennen eine alte Geschichte in neuer Aufmachung.
4. Wir können bei einer neuen Situation vorhersagen, wie sie ausgehen wird.
   .....
   (Schank 1999, 137f. Übersetzung vom Verf.)

Wir können all dies tun, weil in unserem Gedächtnis TOPs gespeichert sind. Shakespeares *Romeo und Julia* und die *West-Side Story* haben z.B. die TOPs GOAL (Ziel) und CONDITIONS (Bedingungen) gemeinsam. In beiden Fällen geht es um das gemeinsame Verfolgen eines Ziels (GOAL) – hier die Vereinigung der Liebenden – und um den Widerstand der Umwelt (CONDITIONS) – hier der Widerstand der Familien bzw. der Gangs (vgl. Schank 1999, 140). Durch solche, höchst abstrakten TOPs sind natürlich vielerlei Geschichten und Erlebnisse miteinander verbunden. Viele Liebesgeschichten haben diese TOPs, und wenn man die TOPs ZIEL und BEDINGUNGEN weniger konkret spezifiziert, gehören dazu auch Ereignisse, bei denen z.B. in einer Institution eine Gruppe von Personen als Ziel eine Neuerung plant und dabei von einer anderen Gruppe behindert wird.

Die Anwendung auf das Übersetzen sehe ich darin, dass uns mit den TOPs noch ein weiteres Muster zur Verfügung gestellt wird, um den Zusammenhang zwischen einer ausgangssprachlichen und einer zielsprachlichen Textstelle zu erklären und zu beurteilen bzw. um den mentalen Weg der Lösungsfindung beschrei-

Translation als kreativer Prozess 107

ben zu können. Ich könnte mir denken, dass mit TOPs insbesondere Denkmuster zur Übersetzung von Zitaten, Anspielungen, Sprichwörtern, Volksweisheiten, Wortspielen und illustrierenden Beispielen zur Verfügung gestellt werden. Auf Sprichwörter hat Schank selbst verwiesen (s.o.), und auch Zitate, Wortspiele usw. sind zunächst einmal dadurch gekennzeichnet, dass in vielen Fällen eine „wörtliche" Übersetzung nicht möglich ist und dass sie schon immer mit dem Verfahren der Bearbeitung in Verbindung gebracht wurden (vgl. Delabastita 1998, 287).
Dazu ein Beispiel. In einer Übersetzungsübung (1.-2. Semester) ließ ich einen Text über die gesundheitsfördernde Wirkung des Weins übersetzen. Der Text begann mit den Worten:

> „Oh, for a beaker of the warm South, / Full of the true, the blushful Hippocrene, / With beaded bubbles winking at the brim," sighed Keats. Chances are, he wasn't thinking about his arteries. But nearly two centuries later, the U.S. Department of Health and Human Services also took a long look at the poet's favourite intoxicant and came up with the first proalcohol message in the history of federal health policy. (*Newsweek*, February 5, 1996)

Der (pädagogische) Übersetzungsauftrag lautete: „Übersetzen Sie den Text für eine deutsche Zeitschrift und bewahren Sie den journalistischen Stil. Betten Sie den Text in die deutsche Kultur ein!" In der Diskussion mit den Studierenden wurde schnell klar, dass man das Keats-Zitat, auch aus einer vielleicht vorliegenden Keats-Übersetzung, nicht übernehmen kann, weil Keats dem deutschen Leser vermutlich nicht sehr bekannt ist und der Reiz des Zitats unter anderem ja darin besteht, über den Erkennungseffekt eine Gemeinsamkeit bezüglich der Bildung und damit auch des sozialen Status zwischen dem Textverfasser und dem Leser zu suggerieren. Eine Studentin sagte, es gebe da doch irgendwo so einen Spruch in der Bibel über den Wein. Mit Hilfe von Büchmanns *Geflügelten Worten* fanden wir aus Psalm 104, 15 „Der Wein erfreut des Menschen Herz." Die gemeinsam erarbeitete Übersetzung lautete dann:

> „Der Wein erfreut des Menschen Herz", so heißt es schon in der Bibel. Vermutlich hat der Psalmist nicht an seine Arterien gedacht, aber heute, nach 2500 Jahren beschäftigen sich Mediziner mit dem seit jeher beliebten Getränk. In der Geschichte der Gesundheitspolitik der U.S.A. wurde zum ersten Mal etwas Positives über den Wein gesagt.

Das eine Szene suggerierende Keats-Zitat löste die Erinnerung an eine Bibelstelle aus, die zu einer Volksweisheit geworden ist. Dies entspricht den oben von Schank unter Punkt 2 angegebenen Fähigkeiten unseres Gehirns. Der verknüpfende TOP ist das vergleichbare Ziel der Ausgangstextstelle und ihrer Übersetzung, das darin besteht, den Wein als freudespendendes Getränk darzustellen. Es ist wichtig, den TOP ZIEL zu berücksichtigen. Ein Zitat wie „Im Wein liegt Wahrheit / In vino veritas" hätte, obgleich thematisch über „Wein" verknüpft, nicht den gleichen TOP ZIEL. Auch andere Übersetzungen, die diesem TOP zuzuordnen sind, stehen in einem gedanklichen Zusammenhang mit dem Ausgangstext. Eine Studentin setzte z.b. den Anfang des Wanderlieds von Justinus Kerner „Wohlauf noch getrunken den funkelnden Wein!" in ihre Übersetzung ein. Das Bibelzitat wäre allerdings vorzuziehen, denn es enthält zusätzlich zum Ausgangszitat noch eine sehr reizvolle Ambiguität. *Herz* kann in diesem Kontext nicht nur im übertragenen Sinne als Sitz der Gefühle verstanden werden, sondern auch ganz konkret als Körperorgan, denn das Thema des Texts ist, wie im weiteren Verlauf deutlich wird, der Nachweis, dass ein Glas Wein am Tag vor Koronarerkrankungen schützt.

Ich will nun natürlich nicht behaupten, dass der Lösungsweg bei den Studentinnen so verlaufen sei, dass über den TOP ZIEL, spezifiziert als „Freudespender", im Gedächtnis bestimmte Zitate abgerufen worden seien. Es war vielleicht eine vage Erinnerung vorhanden, aber letzten Endes führte der Lösungsweg über die Recherche. Im Prinzip aber ist es nicht entscheidend, ob recherchiert wird oder ob man sich erinnert. Entscheidend sind meines Erachtens die möglichen Strukturen der Verknüpfung von Wissenselementen.

Skopostheoretiker und Funktionalisten werden nun vielleicht sagen: „Das haben wir schon lange gewusst und propagiert! Bei derartigen Textstellen fragen wir ganz einfach nach der Funktion oder dem Skopos und verwirklichen diesen dann im Zieltext."

Die Begriffe „Skopos" und „Ziel" klingen in der Tat sehr synonym. Man könnte die Dinge so sehen, dass Schanks Hypothesen die Suchwege zur Verfügung stellen, auf denen sich Skopostheoretiker und Funktionalisten bewegen können. Außerdem wäre bezüglich der TOPs wieder zu überlegen, ob sie nicht auch ein Hilfsmittel für die Evaluation sind. Wenn sich erkennen lässt, dass die Übersetzung durch einen TOP mit dem Ausgangstext verknüpft ist, besteht ja auch ein (mehr oder weniger enger) semantischer Zusammenhang. Die Übersetzung ist dann nie völlig „aus der Luft gegriffen". Es besteht dann, wie es Reiß/Vermeer im Rahmen der Skopostheorie formulieren, Fidelität im Sinne einer Kohärenz zwischen dem Ausgangs- und dem Zieltext (Reiß/Vermeer 1984, 114f.). Eine Übersetzung unserer Textstelle z.B. durch das bereits erwähnte „Im Wein liegt Wahrheit" wäre wohl eher nicht angemessen, denn der TOP ZIEL ist in diesem Zitat trotz des Themas „Wein" ein anderer. Man könnte diesen TOP etwa mit dem Begriff „Erkenntnis" spezifizieren.

5. Vier Grundtypen kreativen Übersetzens

Die wohl umfassendsten Begriffe der Kognitiven Semantik, die wir bisher genannt haben, sind die Begriffe „Rahmen" (*frame*) und „Szene" (*scene*). Durch sie ergibt sich ein Grundgerüst, in das wir die spezifischeren Modelle und Begriffe einbauen können. Rechnerisch gesehen gibt es vier Möglichkeiten, von den Vorstellungen Rahmen und Szene beim Übersetzen Gebrauch zu machen (s. Abb. 5).

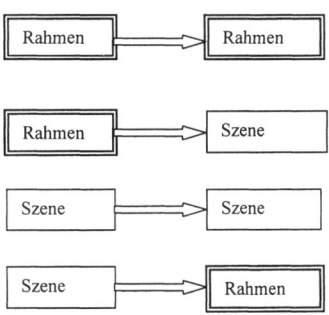

Abb. 5

Wir können also
1. einen Rahmen durch einen Rahmen,
2. einen Rahmen durch eine Szene,
3. eine Szene durch eine Szene und
4. eine Szene durch einen Rahmen
wiedergeben.
Durch diese vier Möglichkeiten ergibt sich ein allgemeines Schema für die Analyse von Beispielen. Bei all diesen Verfahren kann Kreativität zum Zuge kommen.
Was das erste Verfahren betrifft, so ist wenig Kreativität nötig, wenn in der Zielsprache ähnliche Rahmen wie in der Ausgangssprache vorhanden sind. Wenn wir z.B. den oben erwähnten Satz *The cat rests on the mat* mit „Die Katze ruht auf der Matte" ins Deutsche übersetzen, müssen wir nicht viel Neues suchen. Die „Rahmen" unterscheiden sich nicht sehr. In der Übersetzung wird wenig verändert. In „Die Katze ruht auf der Matratze" unterscheidet sich der Rahmen „Matratze" stärker von *mat*, und er suggeriert eine eher andere Szene. Wir können nun auch die anderen bereits besprochenen Beispiele mit dem Rahmen-Szene-Schema kategorisieren. *It's the early bird that catches the tub* übersetzt mit „Wer zuerst kommt, badet zuerst" lässt sich ebenfalls dem Typus Rahmen-durch-Rahmen (Rahmenwechsel) zuordnen, denn ein modifiziertes Sprichwort wird durch ein anderes ebenfalls modifiziertes ersetzt, das die gleiche Szene suggeriert.
Wir können – dies ist das zweite Verfahren – einen Rahmen durch eine Szene wiedergeben. Wir haben dies visuell durch „Die Anbetung der Könige" zu ver-

deutlichen versucht. Damit ist natürlich immer eine Veränderung verbunden, denn eine Szene ist sprachlich meist umfangreicher als ein Rahmen. Die Übersetzung von *miniaturisation* durch „Zeitalter der Mikrochips" ist dafür ein Beispiel. Hier wurde der Rahmen allerdings nicht durch eine Gesamtsszene, sondern durch ein (prototypisches) Szenendetail wiedergegeben. Für das Beispiel *Graduate* – „Reifeprüfung" ist die Klassifikation schwierig. Man könnte sagen, es handle sich um einen Rahmenwechsel, aber durch die unterschiedliche Fokussierung wird ja gerade ein anderes Szenenelement in den Mittelpunkt gerückt und außerdem durch „Reife" explizit genannt. Wir hätten dann also den Typ Rahmen-durch-Szene, genauer gesagt Rahmen-durch-Szenenelement vor uns. Wir müssten dann aber noch hinzufügen, dass durch die Ambiguität von „Reifeprüfung" ein laufender Szenenwechsel bewirkt wird.

Wir können – drittens – eine Szene durch eine Szene wiedergeben. Relativ wenig Kreativität ist im Spiel, wenn die Szene des Ausgangstexts durch die gleiche Szene im Zieltext wiedergegeben wird. Je weiter entfernt die Szene des Zieltexts ist, desto kreativer ist die Übersetzung. Die Evaluation des Zieltexts beugt dabei der Willkür vor. Kreatives Übersetzen schafft eine Veränderung, aber die Veränderung muss angemessen sein.

Gute Beispiele für Szenenveränderungen finden sich in den Übersetzungen der Namen von Asterix-Figuren (Die Beispiele verdanke ich Gabriella Fisichella.) Der Dorfdruide heißt im französischen Original *Panoramix*. Der Name ist nach frz. *panorama* und vielleicht auch nach frz. *mixture* gebildet und spielt auf den Weitblick und auf die seherische Kraft des Druiden an. Die englische Version *Get-a-fix* ist eine Anspielung auf die Verteilung des Zaubertranks und dessen drogenähnliche Wirkung und der deutsche Name *Miraculix* auf das Wunderwirken des Druiden mittels des Tranks.

Es fällt uns vielleicht schwer, den Zusammenhang zwischen Original und seinen Übersetzungen zu erkennen: Was hat der Weitblick mit dem Zaubertrank zu tun? Wir können den Zusammenhang aber herstellen, wenn wir die Kategorien in ein Gesamtszenario einbauen; dieses Szenario ist der Dorfdruide mit seinen verschiedenen Fähigkeiten und Handlungen. Die Fähigkeiten und Handlungen bilden dann die verknüpfenden Elemente. Damit ist dann auch ein Fokuswechsel verbunden: Die jeweiligen Namen für die Person in den einzelnen Sprachen lenken den Blick auf die verschiedenen Fähigkeiten der Person. Diese Fähigkeiten könnte man als Elemente des Gesamtszenarios sehen, und durch den Fokuswechsel würden sie jeweils in den Mittelpunkt gerückt. Wir könnten, wenn wir die Figur-Grund-Relation auf diese Beispiele anwenden, auch sagen: Die verschiedenen Fähigkeiten der Personen, d.h. ihr Charakter, sind der Hintergrund, vor dem die im jeweiligen Namen ausgedrückten Fähigkeiten in den Vordergrund rücken.

Darüber könnte man nun noch weiter diskutieren. Wir könnten versuchen, an einzelnen Episoden der Asterix-Geschichten aufzuzeigen, dass der Dorfdruide

diese Fähigkeiten tatsächlich besitzt. Dies würde hier zu weit führen. Wir alle kennen zumindest ein paar Asterix-Abenteuer und werden vermutlich bestätigen, dass er die Fähigkeiten hat und die Handlungen vollzieht, so dass sie fokussiert werden können.
Die Vorstellung, dass Kategorien in größere Zusammenhänge eingebettet sind, scheint mir für das Übersetzen sehr wichtig zu sein; wir könnten hier sagen, dass kleinere Szenen zusammen ein größeres Szenario bilden. Es ist wichtig, diese Einbettungen zu erkennen. Sie sind der hierarchischen Struktur von Wortfeldern nicht unähnlich, aber im Gegensatz zu diesen nicht sprachstrukturbedingt, sondern text- und erfahrungsbedingt.
Die Verknüpfung über ein Gesamtszenario wird vielleicht noch deutlicher bei den Namen für den Fischhändler der Asterix-Serien. Im französischen Original heiß er *Ordralfabétix*. Sein Name ist von frz. *ordre alphabétique* abgeleitet und bezieht sich wohl darauf, dass er seine Fische immer in Reihen ordnet. Sein englischer Name, *Unhygienix*, ist eine Anspielung auf den stinkenden Fisch, den er verkauft. Sein deutscher Name *Verleihnix* lässt sich interpretieren als Anspielung auf seine Geschäftstüchtigkeit. Die Zusammenhänge sind erst erkennbar, wenn man die Geschichten gelesen hat und die Figur kennt, und selbst dann sind sie immer noch nicht ganz eindeutig. Auch die Beurteilung der Namenübersetzungen hängt natürlich von diesen größeren Zusammenhängen und ihrer Interpretation ab. Ich meine aber, es genügt, zu erkennen, dass kreative Übersetzungen in diesen Beispielen zustande kommen, indem sich der Blick des Übersetzers in der Tat auf größere Zusammenhänge richtet. Dies entspricht auch dem Grundprinzip des lateralen Denkens. Laterales Denken ist kein Schubladendenken. Es kennt keine rigiden Abgrenzungen von Kategorien. Es ist flexibel, überschreitet Kategorien und schafft neue Zuordnungen (vgl. de Bono 1971 passim).
Wenn wir eine Kreativitäts-Strategie formulieren wollen, so können wir sagen: Stelle dir das Gesamtszenario vor, das durch die Textstelle des AS-Texts suggeriert und durch den größeren Kontext bestätigt wird, und richte deinen Blick auf die einzelnen Bestandteile dieses Szenarios, um dich für eine Übersetzung inspirieren zu lassen.
Wenn wir uns ein Gesamtszenario vorstellen, dann wäre es eigentlich passender, nicht mehr von Szenenwechsel zu reden, sondern von unterschiedlicher Schwerpunktsetzung, was ja auch durch die Metapher „Fokussierung„ nahegelegt wird. Die auf den ersten Blick sehr weit vom Ausgangstext entfernten Übersetzungen haben letztlich immer noch etwas mit diesem zu tun. Ich möchte dennoch an den Begriffen „Szenenwechsel" festhalten, und zwar aus pädagogischen Gründen. Dieser Begriff ist dazu geeignet, zur Kreativität zu ermutigen. „Wechsel" bedeutet, dass man etwas verlässt und sich Neuem zuwendet. Die Abb. 6 verdeutlicht durch einen Pfeil den Wechsel von einer Szene in eine andere in einem Gesamtszenario.

Ich spreche von Szenenwechsel, aber werden nicht eigentlich Rahmen gewechselt? Man könnte nämlich sagen, der Rahmen *Ordralfabétix* werde z.B. ausgewechselt durch den Rahmen *Verleihnix*. Das ist richtig, denn wir können sprachlich nicht in eine andere Szene wechseln, ohne andere Wörter zu benützen.

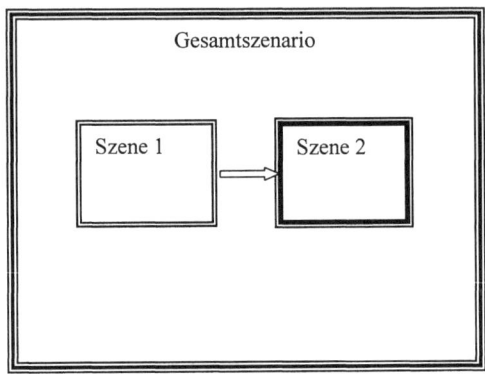

Abb.6

Rahmenwechsel entstehen, wenn wir Synonyme oder Wörter mit ganz ähnlicher Bedeutung wie die des Ausgangstexts oder statt Metaphern des Ausgangstexts nicht-metaphorische Begriffe und umgekehrt wählen, und durch sie würde dann die gleiche Szene eingerahmt. Beim „Szenenwechsel" jedoch bleiben die Szenen nicht gleich. Der Name *Ordralfabétix* suggeriert eine Szene, in welcher der Fischhändler seine Fische ordentlich auf seinem Marktstand ausgelegt hat. Der Name *Verleihnix* suggeriert eine Szene, in der er versucht, seine Kunden durch zu hohe Preise oder schlechte Ware übers Ohr zu hauen. Genauso unterschiedliche Szenen suggerieren die Namen für den Druiden. Bei *Get-a-fix* sehen wir ihn mit der Schöpfkelle den Trank austeilen, und bei *Miraculix* erinnern wir uns, wie die Gallier ihre Feinde durch die Gegend wirbeln. Durch den Begriff „Szenenwechsel" statt „Rahmenwechsel" soll die Unterschiedlichkeit der Szenen betont werden.

Wir können schließlich auch eine Szene durch einen Rahmen wiedergeben. Auch diese Einrahmungen implizieren notwendigerweise eine Veränderung. Auch hier ist wieder zu fragen, wie neu der Rahmen einerseits ist und andererseits, wie gut er passt.

Einrahmung als Prozess konnte ich auch im Unterricht beobachten. In einem Text der englischen Zeitschrift *The Economist* wurde ein halbes Jahr vor der deutschen Bundestagswahl im Jahr 1998 der CDU-Fraktionsvorsitzende Wolfgang Schäuble als möglicher Kanzlerkandidat vorgestellt. Ein Textthema war die Charakteristik seiner Person. In diesem Zusammenhang lautete der Text:

When it comes to keeping his often restive parliamentary troops in line, Mr Schäuble has a talent for wheedling and arm-twisting second to none. (*The Economist*, March 7, 1998)

Das Problem war zunächst die idiomatische Wendung „keeping his often restive parliamentary troops in line". Nach spontanen Assoziationen wie „aus der Reihe tanzen", „aufmüpfige, oft widerspenstige Fraktion" versuchten wir uns ein typisches Bundestagsszenario vorzustellen, und stellten dann fest, dass es hier wohl im Kern um die Frage des Fraktionszwangs ging. Daraufhin schlug eine Studentin vor: „die Reihen der Koalition geschlossen halten". Ich erwähne die Übersetzung, weil sie als Vorstellungshintergrund für die Lösung des nächsten Problems wichtig war, nämlich die Übersetzung der Wörter *wheedling and arm-twisting*. Wir recherchierten die Wortbedeutungen in einem einsprachigen Lexikon (DCE) und stellten fest, dass es bei beiden Wörtern darum geht, andere dazu zu bringen, etwas zu tun. Wir listeten darauf die in unserem Kontext relevanten Komponenten auf, durch die sich die beiden Wörter unterscheiden:
wheedling: saying pleasant things
arm-twisting: use of persuasion or threats.
Wir machten uns dann den Zusammenhang mit dem Thema Fraktionszwang klar, was ja auch schon als Übersetzung verbalisiert worden war, und dann kam von verschiedenen Teilnehmerinnen der Vorschlag *mit Zuckerbrot und Peitsche*. Der Weg der Lösungsfindung verlief hier über die Gesamtszene und ihre Elemente (traditionell: Bedeutungskomponenten der Wörter); die Lösung selbst fasst die Dinge – in einer Metapher – zusammen, d.h. rahmt sie ein.
Die Kreativitätstechnik der Einrahmung lässt sich graphisch etwa folgendermaßen darstellen:

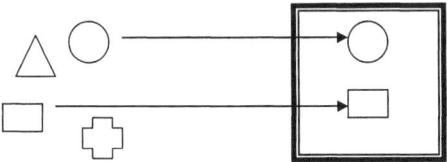

Abb. 7

Die Elemente unseres Beispiels „saying pleasant things" und „use of persuasion or threats" im Gesamtszenario „keeping his often restive parliamentary troops in line" sind in der Abbildung symbolisiert durch den Kreis und das Rechteck. Vermutlich enthält das Gesamtszenario noch mehr Elemente, die in unserem Text nicht genannt sind. Dies wird durch die anderen graphischen Formen angedeutet. Der Rahmen auf der rechten Seite steht für die Wendung *mit Zuckerbrot und Peitsche* und umfasst die beiden Szenenelemente.

Man kann nun das Maß der Kreativität bestimmen, indem man fragt: Wie stark wurde hier die Ausgangstextstelle verändert? Aus einem nicht-metaphorischen und einem metaphorischen Wort wurde eine Metapher, die ein anderes Bild enthält. Die zielsprachliche Metapher ist allerdings keine Neuerfindung, sie ist Teil des deutschen Sprachsystems. Eine Neuschöpfung wäre allerdings in diesem Text, der ja kein literarischer Text ist, wohl auch gar nicht angemessen gewesen. Wichtig war allerdings, dies hatten wir im Übersetzungsauftrag festgelegt, dass in Bezug auf die Charakteristik Schäubles sehr genau differenziert werden sollte, denn gerade das dürfte deutsche Politiker unter dem Aspekt, wie die Engländer die deutsche Situation vor der damaligen Wahl sahen, sehr interessiert haben. Bezüglich der Beurteilung der Neuigkeit des kreativen Produkts wird an diesem Beispiel etwas erkennbar, was wir im Abschnitt über die kreative Leistung noch nicht so deutlich sahen. Auch wenn Übersetzer bereits vorhandene zielsprachliche Muster wählen, gibt es immer noch weitere Abstufungen. Ich denke, die Metapher *vom Zuckerbrot und der Peitsche* ist eine stärkere Veränderung als z.B. *umgarnen* für *wheedle* und *unter Druck setzen* für *arm-twisting*. Zwar wären auch dies Metaphern, aber die Übersetzung wäre dem Original insofern formal ähnlicher, als sie jeweils für die beiden Einzelwörter Entsprechungen wählt. Die elegante Zusammenfassung in einer einzigen Metapher ist eine stärkere Veränderung und damit eine kreativere Leistung.

6. Schlussbemerkung

Es gibt noch weitere kognitive Modelle (z.B. Lakoffs *chaining* und Schanks MOPs), die ich hier aus Platzgründen unerwähnt lassen musste. Außerdem ließe sich das kreative Denken noch anhand weiterer Beispiele, vor allem auch solcher, bei denen der Übersetzungsprozess (durch Dialogprotokolle) dokumentiert ist, aufzeigen und weiter spezifizieren. All dies geschieht an anderer Stelle ausführlich (Kußmaul 2000 passim). Ich hoffe, es ist mir hier gelungen, mein wichtigstes Anliegen vorzutragen: Kreatives Übersetzen ist kein mystischer Prozess, sondern kann bis zu einem gewissen Grad durchschaubar und damit sicher auch lehr- und lernbar gemacht werden.

Anmerkung

[1] Der Beitrag basiert hauptsächlich auf Paul Kußmaul: *Kreatives Übersetzen.* Tübingen: Stauffenburg 2000 und Paul Kußmaul: „A cognitive Framework for Looking at Creative Mental Processes." In: M. Olohan (Hrsg.): *Intercultural Faultlines. Research Models in Translation Studies I. Textual and Cognitive Aspects.* Manchester: St Jerome, 57-71.

Literatur

Ballard, M. (1997): „Créativité et traduction." In: *Target* 9:1, 85-110.
Brodbeck, K.-H. (1995): *Entscheidung zur Kreativität.* Darmstadt: Wissenschaftliche Buchgesellschaft.
de Bono, E. (1971): *Laterales Denken. Ein Kursus zur Erschließung Ihrer Kreativitätsreserven.* Deutsch von M. Carroux und W. Eisermann. Reinbek bei Hamburg: Rowohlt. Originaltitel: *Lateral Thinking. A Textbook of Creativity.* London: Ward Lock Educational 1970.
- (1973): *PO. Beyond Yes and No.* Harmondsworth: Penguin Books.
DCE (1995): *Longman Dictionary of Contemporary English.* Harlow: Longman Group Ltd.
Delabastita, D. (1998): „Wortspiele." In: M. Snell-Hornby et al. (Hrsg.), 285-288.
Eysenck, M. W./Keane, M. T. (1990): *Cognitive Psychology. A Student's Handbook.* Hove (UK) und Hillsdale (USA): Lawrence Erlbaum.
Fillmore, C. J. (1976): „Frame Semantics and the Nature of Language." In: *Origins and Evolution of Language and Speech. Annals of the New York Academy of Sciences.* Vol. 280. Ed. J. Harnard et al. New York, 20-32.
- (1977): „Scenes-and-Frames Semantics." In: A. Zampolli (ed.): *Linguistic Structures Processing.* Amsterdam: N. Holland, 55-88.
- (1985): „Frames and the Semantics of Understanding". In: *Quaderni di Semantica*, Vol. VI, No. 2, 222-254.
Freihoff, R. (1991): „Funktionalität und Kreativität im Translationsprozeß". *Erikoiskielet ja käännösteoria (LSP and Theory of Translation). VAKKI-seminaari XI. Vöyri 9.-10.2.1991.* Vaasa: Vaasan yliopisto, 36-45.
Koestler, A. (1966): *Der göttliche Funke. Der schöpferische Akt in Kunst und Wissenschaft.* Bern/München/Wien: Scherz Verlag.
Kußmaul, P. (2000a): *Kreatives Übersetzen.* Tübingen. Stauffenburg 2000.
- (2000b): „A cognitive Framework for Looking at Cretaive Mental Processes." In: M. Olohan (Hrsg.): *Intercultural Faultlines. Research Models in Translation Studies I. Textual and Cognitive Aspects.* Manchester: St Jerome, 57-71.
Lakoff, G. (1987): *Women, Fire and Dangerous Things. What Categories Reveal about the Mind.* Chicago: University of Chicago Press.
Langacker, R. W. (1987): *Foundations of Cognitive Grammar.* Stanford: Stanford University Press.
Newmark, P. (1991): *About Translation.* Clevedon/Philadelphia/Adelaide: Multilingual Matters.
Preiser, S. (1976): *Kreativitätsforschung.* Darmstadt: Wissenschaftliche Buchgesellschaft.
Putnam, H. (1975): „The meaning of 'meaning'". In: H. Putnam: *Mind, Language and Reality. Philosophical Papers Vol. 2.* Cambridge: Cambridge University Press, 215-271.
- (1978): „Meaning, reference and stereotypes". In: F. Guenther/M. Guenther-Reutter (Hrsg.): *Meaning and Translation.* London, 61-81.
Reiß, K./Vermeer, H. J. (1984): *Grundlegung einer allgemeinen Translationstheorie.* Tübingen: Niemeyer.
Rickheit, G./Strohner, H. (1993): *Grundlagen der kognitiven Sprachverarbeitung. Modelle, Methoden, Ergebnisse.* Tübingen: Francke.
Rosch, E. (1973): „Natural categories." In: *Cognitive Psychology* 4, 328-350.
Schank, R. C. (1999): *Dynamic Memory Revisited.* Cambridge: Cambridge University Press.

Schottländer, R. (1972): „Paradoxien der Kreativität." In: *Zeitschrift für philosophische Forschung* XXVI/2, 153-170.
Snell-Hornby, M. (Hrsg.) (1986): *Übersetzungswissenschaft – eine Neuorientierung.* Tübingen: Francke.
Stolze, R. (1986): „Zur Bedeutung von Hermeneutik und Textlinguistik beim Übersetzen". In: M. Snell-Hornby (Hrsg.) (1986), 133-159.
Störig, J. (Hrsg.) (1968): *Das Problem des Übersetzens.* Darmstadt: Wissenschaftliche Buchgesellschaft.
Ulmann, G. (1968): *Kreativität. Neue amerikanische Ansätze zur Erweiterung des Intelligenzkonzepts.* Weinheim: Beltz.

DIE ENGLISCHE HERAUSFORDERUNG: SPRACHLICHER STANDARD UND VARIE-
TÄTEN IN DER INTERNATIONALEN KOMMUNIKATION[1]

Manfred Markus, Innsbruck

1. Einleitung: Englisch als Herausforderung

Vor 50 Jahren, meine Damen und Herrn[2], war die Welt des Fremdsprachenler-
ners, speziell auch des Englischlerners, noch in Ordnung. Ich erinnere mich: Es
gab in der Schule praktisch nur eine Version des Englischen, nämlich den *Southern Standard*, also die sog. *Received Pronunciation* des britischen Englisch,
wie es bekanntlich von nicht einmal 5% der britischen Bevölkerung gesprochen
wird. Amerikanisches Englisch hörte man fast nur von den Soldaten der Besat-
zungsmacht. Andere Varietäten des Englischen waren, wie man heute sagt, kein
Thema.
Inzwischen hat sich viel geändert. Aufgrund der weltpolitischen und wirtschaftlichen Veränderungen in den letzten Jahrzehnten bedeutet Englisch heute entweder britisches Englisch, mit einer gewissen dialektalen und soziolektalen Band-
breite und unter Einbezug etwa des Schottischen und des Cockney, oder US-
Englisch oder kanadisches, indisches, afrikanisches, karibisches, australisches
Englisch usw. Obgleich die Welt als Erfahrungsraum geschrumpft ist, hat sich
die Welt des Englischen in unserem Bewusstsein enorm vergrößert. Das liegt
nicht nur an den veränderten Reisegewohnheiten der Menschen heute und an der
allgemeinen Globalisierung – heute kann man ja durch das Fernsehen selbst auf
dem entlegensten Bauernhof wissen, wo Papua Neuguinea ist. Aber Anglisten
müssen sich heute mit den sog. *many Englishes* auch aus Gründen der *political
correctness* befassen: es kann nicht angehen, dass Englischlehrer und -lerner den
Southern Standard von drei Mill. Engländern zur Richtschnur nehmen, aber z.B.
Nigeria mit seinen über 100 Mill. Einwohnern sprachlich und kulturell völlig
außer Acht lassen.
Das Englische ist also heute – das liegt nach dem Gesagten auf der Hand – eine
Herausforderung, nicht nur für den anderssprachigen Ausländer, also etwa aus
deutschsprachiger Sicht, sondern auch intralingual. Ähnlich wie sich das Lateinische in Spätantike und Mittelalter in die verschiedenen romanischen Sprachen
aufspaltete, ist das Englische heute dabei, einerseits eine ständig wachsende Bedeutung zu erlangen und andererseits in etliche Einzelsprachen zu zerfallen. Es

---

[1] Als Teil einer Ringvorlesung verfolgte der Vortrag nicht primär wissenschaftlich-innovative
Ziele, sondern das didaktische Ziel einer Synthese.

[2] Ich habe nicht versucht, die durch die Vorlesung bedingten mündlichen Stilmerkmale bei
der Korrektur gänzlich zu entfernen.

ist schon jetzt so, dass ein Westafrikaner, der sein Leben lang „Englisch" gesprochen haben mag, mit seiner Version des Englischen in London Probleme hat. Es wird also Zeit, dass wir von dem Mythos des Englischen als einer einheitlichen Sprache Abschied nehmen und dass sich die Universitäten der Herausforderung, die sich durch die Vielfalt von Sprachvarianten ergibt, stellen. Dies soll in den folgenden Ausführungen geschehen. Halten wir als Ausgangsbefund fest: das Englische heute ist, trotz seiner unangefochtenen Rolle als internationale *lingua franca*, als Kommunikationssprache, zugleich Opfer einer geradezu babylonischen Sprachverwirrung. Der Turmbau von Babel – hier das berühmte Gemälde von Pieter Brueghel (s. Abb. 1) – ist nicht nur eine Metapher für das historische Scheitern einer Weltsprache und die daraus resultierende Verwirrung, sondern er beleuchtet auch die verwirrende Vielfalt, in der sich uns die heutige Weltsprache Englisch tatsächlich darbietet.

Abb.1: Brueghel, Turmbau zu Babel[3]

2. Die „multitudinousness" der britischen Kultur (Matthew Arnold, um 1850)

Auf die Internationalität des Englischen ist später detailliert zurückzukommen. Unabhängig von dieser ist das Englische zunächst eine rein quantitative Herausforderung. Schon vor 150 Jahren hat der Viktorianer Matthew Arnold einmal die „multitudinousness" des kulturellen Lebens beklagt[4]. Heute gilt erst recht: die wachsende Bedeutung immer neuer Lebensbereiche – denken Sie nur, aber nicht nur, an die Verästelungen in den Wissenschaften – hat zum Ausbau immer neuer „Nischen" des Sprachsystems geführt. Sie meinen, das sei trivial oder unerheblich? Dann darf ich Ihnen ein paar statistische Zahlen nennen, die einer nicht einmal ganz neuen Aufstellung von Langenscheidt entnommen sind (Voigt, 1982):

---

[3] http://www.daimonen.de/babylon/turm.htm

[4] http://occawlonline.pearsoned.com/bookbind/pubbooks/damrosch_awl/chapter6/objectives/deluxe-content.html

Die englische Herausforderung: Sprachlicher Standard und Varietäten

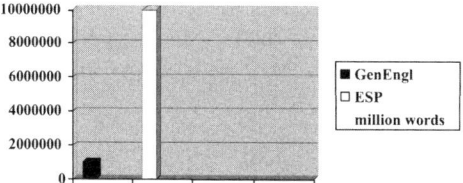

Abb. 2: Quantifizierung von *General English* und *ESP English* (nach Langenscheidt)

Danach umfasst das *General English* ca. 1 Mill. Wörter, das *English for Specific Purposes* (*ESP*) aber weitere 10 Mill. Für die Einschätzbarkeit dieser Millionen ist wohl, wie beim Geld, die Frage wichtig, wieviel man selbst „in der Tasche" hat. Wir betrachten dazu das folgende Diagramm (wieder nach Langenscheidt [Voigt, 1982]):

Abb. 3: Quantifizierung verschiedener Wortschatzkompetenzen

Wie man der Grafik entnehmen kann, verfügte selbst Shakespeare in seinem Lebenswerk nur über einen Bruchteil des gesamten englischen Wortschatzes, nämlich 110.000 Wörter; und die Zahlen für den gebildeten *native speaker* (40.000) sowie den ausgebildeten *non-native speaker* (20.000) liegen noch weit darunter. Aber wir wollen die Zahlen im Einzelnen nicht überbewerten. Es seien jedoch zwei Schlussfolgerungen erlaubt: (a) Der enorme *ESP*-Wortschatz sucht seinesgleichen; er hat u.a. mit der internationalen Verwendung des Englischen als Wissenschaftssprache und mit der Rolle als weltweiter *lingua franca* zu tun: (b) Angesichts des *ESP*-Ausmaßes können wir Lerner nur Ohnmacht empfinden, es sei denn, wir hätten klare Vorstellungen, welche *ESP*-Bereiche wir benötigen, wo und wie sie unaufwendig abrufbar sind und wie wir sie, und auch andere Varietäten des Englischen, strukturieren können. Es geht also, wie bei den Glossaren, die im Innsbrucker Translationsinstitut seit langem als Diplomarbeiten verlangt werden, weniger darum, Spezialvokabular auswendig zu lernen, als vielmehr darum, Strategien der Erfassung und Verfügbarmachung, z.B. auf Datenbanken, zu entwickeln. Ich will hier aber über *ESP* nicht weiter reden und auch

Herrn Dr. Sandrini nicht ins Handwerk pfuschen[5], sondern stattdessen einige der Strategien thematisieren, die sich zur Bewältigung des übergroßen englischen Wortschatzes überhaupt anbieten. Mein erster Tipp: Meide *false friends* und suche *true friends*.

3. Falsche Freunde und wahre Freunde

Sprachlehrer und Didaktiker haben schon immer auf die Gefahr sog. *false friends* hingewiesen, auch *false cognates* genannt: Identische oder annähernd identische Wortformen zweier Sprachen haben oft nicht die gleiche Bedeutung. In der folgenden Tabelle 1 sind einige typische Beispiele zusammengestellt.

Deutsch	Englisch	„false friend" und seine Bedeutung
bald	soon	**bald** = 'kahl'
Billion	trillion (US), million millions (GB)	**billion** = 'Milliarde'
Dom	cathedral	**dome** = 'Kuppel'
Gift	poison	**gift, present** = 'Geschenk'
konsequent	consistent(ly)	**consequently** = 'folglich'
Menü	today's special	(at a restaurant) **menu** = 'Speisekarte'
Präservativ	condom	**preservative** = 'Konservierungsmittel'
Puff	bordello	**puff** = 'Hauch/Zug'
Slip	briefs, underwear	**slip** = 'Unterkleid'; **slip** (of foot) = 'Fehltritt'
winken	to wave	**to wink** = 'blinzeln, zwinkern'

Tab. 1: Deutsch-englische *false friends* (Auswahl)[6]

Der Ausdruck *cognates* (wörtl. 'Zusammengeborene') lässt erkennen, dass es hier weniger um Wortfreundschaft als um Wortverwandtschaft geht. Die betroffenen Wörter scheinen aufgrund einer ähnlichen Wortform miteinander verwandt, sind es aber nicht. Aber warum sollten sie auch? Die Freude vieler Didaktiker mit den *false friends* reflektiert ein bisschen die naive Annahme vor allem jüngerer Schüler, dass eine gleiche Verpackung zweier Wörter auch den gleichen Inhalt bedeutet. Aber wie de Saussure, der Begründer der modernen Linguistik, bekanntlich betont hat, sind die sprachlichen Zeichen grundsätzlich arbiträr, lassen also im allgemeinen keine Rückschlüsse auf die Bedeutung zu; und natürlich sind sie sprachspezifisch, d.h. vom jeweiligen System abhängig. Also hat engl. *arse* nichts mit lat. *ars* zu tun, es sei denn, man könnte genetisch-etymologische Verwandtschaft nachweisen.

---

[5] Vgl. den entsprechenden Beitrag von Peter Sandrini im vorliegenden Band.
[6] http://www.german.about.com/library/weekly/aa030199.htm

Um den Gebrauch von *false friends* zu vermeiden, würde es also darum gehen, Wörter in ihrer Genese und in Relation zu ihrem semantischen Umfeld zu durchschauen. Es gibt ja „falsche Freunde" nicht nur zwischen verschiedenen Sprachen, sondern auch innerhalb des Englischen selbst. Die Rede ist von den sog. *malapropisms* (nach frz. *mal à propos*), also Wörtern, die unangemessen verwendet werden. Die Bezeichnung geht auf Mrs Malaprop zurück, die halbgebildete Protagonistin in Richard Sheridan's Stück von 1775 *The Rivals*[7]. Mrs Malaprop verwechselt z.B. *hydrostatics* und *hysterics*, *interceded* und *intercepted*. Und sie möchte eine von ihr gekannte Person „the pinnacle of perfection" nennen, sagt aber „the pineapple of perfection" (vgl. die diesbezügliche Abbildung aus dem Internet).

The Pineapple of Perfection!

Schon Shakespeare machte sich in dieser Weise über das Halb- oder Unwissen von Zeitgenossen lustig. So lässt er eine Figur in *The Midsummer Night's Dream* mit dem bezeichnenden Namen *Bottom* von *the flower of odious savours* reden, meint aber natürlich *the flower of odorous savours* (*odious* ‚verhasst', aber *odorous* ‚duftend'); und an anderer Stelle heißt es: *Bottom, saying thus, or to the same defect* (statt *effect*). Da Bottom selber voller *defects* ist, können wir den *malapropism* als sinniges Wortspiel durchschauen.
Im Internet gibt es nicht nur jede Menge Sammlungen von *malapropisms*, sondern neuerdings auch sog. George W. Bushisms. Sie demonstrieren das angeblich begrenzte Denk- und Sprachvermögen des 43. amerikanischen Präsidenten. Z. B. soll Bush gesagt haben: „Rarely is the question asked: Is our children learning?"[8] Ich verkneife mir weitere Beispiele und auch die Erläuterung weiterer, den Malapropismen ähnlicher Typen von Wortverwechslungen (wie *spoonerisms*[9]). Kommen wir auf den Kern der Sache. *Odious* und *odorous* sind lateinisch-stämmige Wörter; sie gelten daher aus der Sicht des britischen *native speaker* als *hard words*, denn der Alltagswortschatz des Englischen setzt sich ja vorwiegend aus germanisch-stämmigen Wörtern zusammen. Es ist also der etymologische Mischcharakter des Englischen, mit einem *hard word* ausgedrückt, die *hybridity* des Wortschatzes, die immer wieder zu Wortverwechslungen Anlass gibt.
Aus der Sicht des Deutschen geht diese Verwirrung sogar so weit, dass wir im Deutschen viele englisch klingende Wörter verwenden, die im Englischen selbst gar nicht oder jedenfalls nicht mit der im Deutschen etablierten Bedeutung oder

---

[7] Leisi/Mair (1999, 59).

[8] http://policalhumor.about.com/library/blbushisms.html

[9] Lautverwechslung in Wörtern, z. B. *parcark* statt *carpark*, benannt nach einem gewissen Reverend Spooner.

Aussprache existieren. Sie alle kennen das Beispiel *handy*, dem im Englischen *cellular/cell/mobile phone* entsprechen. Das Deutsche verfügt über eine ganze Reihe von Beispielen dieses Pseudo-Englisch (s. Tab. 2):

Pseudo-engl. Wort	Bedeutung im Englischen	korrektes engl. Wort
callboy	Page	male prostitute
dressman	*existiert nur im Deutschen*	male model
evergreen	immergrün	golden oldie
flipper	Flosse	pinball machine
freak	Sonderling, abnorme Persönlichkeit	aficionado (Hispanismus)
handy	tragbares Funkgerät/ praktisch, geschickt	mobile, cell phone
service point	*existiert nur im Deutschen*	counter, information desk
showmaster	*existiert nur im Deutschen*	show host
smoking	*existiert nur im Deutschen*	tuxedo
spot	Pickel, Fleck	commercial

Tab. 2: Pseudoenglisch im Deutschen[10]

Auch die derzeit umgehende *wellness* ist nur in den USA, nicht aber im britischen Englisch geläufig. Solche Anglizismen sind also eine spezielle Form von „Denglisch". Während bei Wörtern wie *downloaden, updaten* und *sorry* die Frage aufkommt, wieso statt der englischen nicht entsprechende deutsche Wörter verwendet werden (das ist eine *sprachpuristische Frage*), haben wir es beim Pseudo-Englisch mit **falschem** Englisch zu tun. Aus der Sicht des Deutschen ist dagegen ja nichts zu sagen, aber wenn man die vermeintlich englischen Wörter dann auch im (britischen) Englisch verwendet, wird's naturgemäß problematisch.

Die Typologie der „falschen Freunde" im englischen Wortschatz könnte noch erweitert werden. Wenn man sich auch mit älteren Texten des englischen Kulturraums einlässt, muss man prinzipiell mit Fallen rechnen: dieselben Wörter, d.h. Wortformen, hatten früher eine markant oder geringfügig andere Bedeutung als heute: *fowl* hieß früher nicht 'Geflügel', sondern 'Vogel' allgemein, *nice* hieß einmal 'ahnungslos, naiv' – es stammt aus lat. *nescius* – und bekam erst im 18. Jahrhundert seine insgesamt positive Bedeutung ‚nett'. *Gay* hieß bei Chaucer noch ‚farbenfroh gekleidet'. Und in dem Briefwechsel eines Gentleman des 17. Jahrhunderts mit seiner Herzensdame redet dieser sie als „my bedwoman" an; das Bett, das wir hier spontan herauslesen, ist eine Falle: der Kontext und die Berücksichtigung früherer Schreibungen ergeben, dass es sich um seine *bead-*

---

[10] http://vds-ev.de/denglisch/anglizismen/anglizismen_d.php

woman handelt, die Frau, die er in sein Gebet mit einschließt (vgl. *to tell one's beads* 'Rosenkranz beten')[11].
Das letztere Beispiel zeigt das Erfordernis philologischer Kleinarbeit, und diese werden Sie, verehrte Damen und Herrn von der Translationswissenschaft, mit Recht den Fachphilologien überlassen wollen. Aber generell darf ich meine Beobachtungen zu den *false friends* doch so resumieren: das Englische birgt das besondere Risiko von Wortverwechslungen und *false friends* in sich. Das gilt sowohl sprachintern – weil Englisch als Mischsprache viele Gefahren falscher Wortinterpretation in sich trägt – , als auch hinsichtlich des Englischen als Weltsprache. Hier unterliegt es unterschiedlichen Anpassungs- und Interferenztendenzen, wozu auch der Übereifer der Deutschen und wohl auch der Österreicher gehört, englische Wörter oder Wortbildungsmorpheme[12] gleichsam zu erfinden.
Wie hütet man sich als Lerner vor den Fallen, was tut man gegen „falsche Freunde"? Es ist wie bei den Computerviren und wie im Leben: ganz ohne „Beziehungshygiene" geht es nicht, und zwecks Meidung der falschen Freunde sollten wir nach „true friends" Ausschau halten.
Damit Sie meine Metaphorik auch richtig verstehen, sage ich Ihnen ausdrücklich, was ich meine. Die wahren Freunde im lexikalischen Bereich sind die *cognates*, die Verwandten; sie zu kennen heißt, die Beziehungen zwischen Wörtern möglichst weitgehend zu durchschauen. Das geht nur, wenn man bereit ist, die sprachhistorischen Grundtatsachen zum Englischen zur Kenntnis zu nehmen. Ich kann sie hier nicht alle anführen. Aber dass das Englische eine germanisch-romanische Mischsprache ist, sollte man sich immer wieder klar machen; ferner, dass wir es auf germanischer Seite einerseits mit altenglischem Wortmaterial, das manchmal Nähe zum Deutschen zeigt, zu tun haben, andererseits mit (allerdings spärlichem) skandinavischen, also nordgermanischem Wortgut. Vor allem aber ist im Englischen das Vermächtnis des Lateinischen wichtig: einerseits auf dem Umweg über das Französische, andererseits auf direktem Wege. Diese Vorgeschichte des Englischen zu kennen, ist ein großer Vorteil. Das mag nun sehr bildungsbeflissen klingen. Aber lassen Sie mich in aller Offenheit sagen: wer meint, sich diese historischen Bildungsgüter schenken und mit vordergründiger Wortkenntnis auskommen zu können, zahlt an anderer Stelle drauf. Ich bin überzeugt, dass das auch für Translationswissenschaftler gilt. Lassen Sie mich das an einigen Beispielen zeigen (s. Tab. 3).

---

[11] Vgl. zu diesen Beispielen die entsprechenden Einträge im *OED* (CD-Rom, 2nd ed.).

[12] Z.B. bot mir ein Verkäufer unlängst einen portablen (Aussprache: /porˈtɛlbəl/) Fernseher an – offenbar in dem Wortverständnis, dass dieser für den Tisch (*table*) gedacht sei.

Latein	Engl. Wörter < Frz.	Engl. Wörter direkt < Lat.
conceptu	conceit ('Einbildung')	concept ('Begriff')
constrictione	constraint ('Zwang')	constriction ('Zusammenziehung')
collocare	couch ('sich legen')	collocate ('ordnen')
computare	count ('zählen')	compute ('berechnen')
quieto	coy ('spröde')	quiet ('ruhig')
dignitate	dainty ('Leckerei')	dignity (' Würde')
defecto	defeat ('Niederlage')	defect ('Mangel')
dominio	dungeon ('Kerker')	dominion ('Herrscher')
aestimare	esteem ('achten')	estimate ('schätzen')
factione	fashion ('Mode')	faction ('Partei')
facto	feat ('Kunststück')	fact ('Tatsache')
fragili	frail ('schwach')	fragile ('zerbrechlich')
legali	loyal ('loyal')	legal ('gesetzlich')
majore	mayor ('Bürgermeister')	Major ('Major')
poenitentia	penance ('Busse')	penitence ('Reue')
pauperi	poor ('arm')	pauper ('Armer')
privato	privy ('geheim')	private ('privat')
regali	royal ('königlich')	regal ('königlich')
regulare	rule ('regieren')	regulate ('regulieren')
seniore	Sir ('Herr')	senior ('Ältere')
stricto	strait ('eng')	strict ('streng')
securo	sure ('überzeugt')	secure ('sicher')
tractu	trait ('Charakterzug')	tract ('Strecke')
traditione	treason ('Verrat')	tradition ('Überlieferung')

Tab. 3: Verwandte englische Entlehnungen aus dem Frz. und Lat. (nach Bodmer n.d., 282)

Man sieht hier, dass viele englische Wörter miteinander verwandt sind (nämlich durch ihre gemeinsame Abstammung vom Lateinischen), die vordergründig nichts miteinander zu tun haben. Man sieht auch, dass die französischstämmigen Wörter der mittleren Spalte eine bestimmte Lautstruktur haben, die sich insbesondere aufgrund von *Silbenreduktion* und *Konsonantenschwund* ergibt, vgl. *dainty* ('Leckerei') vs. *dignity* ('Würde'). Hinsichtlich ihrer Bedeutung sind die Entlehnungen direkt aus dem Lateinischen näher bei der lateinischen Ausgangsbedeutung als die französischen Entlehnungen, vgl. englisch *strict* ('streng', < lat *strictus*) vs *strait* ('eng'). Jedenfalls ist eine Bedeutungsdifferenzierung zwischen den analogen Beispielen der verschiedenen Entlehnungsstufen feststellbar. *Loyal* ist nicht dasselbe wie *legal*, und *mayor* ist nicht dasselbe wie *major*.
Die Länge von Tab. 3 könnte leicht verzehnfacht werden. Das Englische besteht ja zu 2/3 aus einem Wortschatz lateinischer Abstammung. Natürlich ließen sich solche Listen von *cognates* auch für die romanischen Sprachen oder für das Englische im Vergleich zu anderen germanischen Sprachen zusammenstellen (vgl. dazu Bodmer, passim). Mir geht es hier aber nicht um die Fülle des Materials, sondern ums Prinzip: Sprachen hängen subkutan, d.h. ‚unter der Haut',

mehr miteinander zusammen, als dies an der Oberfläche sichtbar ist. Und wie andere natürliche Sprachen ist auch das Englische ein historisch gewachsenes Gebilde, dessen Wortschatz verschiedene Entlehnungsschichten erkennen lässt, die historisch oder regional zu unterscheiden sind. So lassen sich auch innerhalb des Französischen verschiedene Schichten trennen, die für den englischen Wortschatz wichtig wurden. Das Verb *to catch* (< lat. *cacciare*) stammt aus dem Nordfranzösischen (vgl. /k/ in dem Stadtnamen *Calais*), *to chase* hingegen (mit der leicht anderen Bedeutung ‚jagen') aus dem Zentralfranzösischen (vgl. den Namen des südlicher gelegenen Châlons-sur-Marne, in der Champagne gelegen). Verschiedene Entlehnungsphasen sind für die Ausbildung eines unterschiedlichen Wortakzents verantwortlich. *Courage* wurde z. B. schon im Mittelalter aus dem Frz. entlehnt und folglich in der Aussprache dem Englischen angepasst, insbesondere hinsichtlich der Wortanfangsbetonung. *Garáge* hingegen zeigt, zumindest in der Aussprache der englischen Mittelschicht, noch französischen Wortakzent (/ˈgæraːʒ/) – kein Wunder, denn das Wort ist ungleich jünger als *courage*; der Bedarf an Garagen ergab sich ja erst in der Zeit des Autos, also im 20. Jahrhundert.

Ich resumiere, d.h. ich nehme den Faden unserer Überlegungen zu den *true friends* wieder auf. Englische Wörter, wie auch Wörter anderer indogermanischer Sprachen, sind keine *singles*, sind nicht allein auf der Welt, sondern stehen in zahlreichen Beziehungen zueinander, haben überall Verwandte und Freunde, will heißen, sind sprachintern und im Verhältnis zu Kontaktsprachen ihrer Geschichte vielfach verankert, besser gesagt, vernetzt (wenn Sie den modischen Ausdruck gestatten). Wenn die Translation eine Wissenschaft ist und nicht nur das praktische Bewältigen einer Fremdsprache, dann kann sie auf das Aufspüren der Netzwerke, die eine Sprache durchdringen, nicht verzichten. Es geht ja hier nicht nur um sprachhistorische und sprachvergleichende Bezüge, wie die angeführten Beispiele das vielleicht nahegelegt haben. Es geht auch – und das wird ja in der modernen Translationswissenschaft immer wieder betont (vgl. Snell-Hornby 1998, 144ff.) – um kulturgeschichtliche Verankerungen und Einsichten. Ist es nicht sinnvoll zu wissen, dass engl. *very* von frz. *veré* ('wahrhaftig') kommt, *volley* von frz. *volé* ('geflogen') und dass sich *sport* letzlich von lat. *disportare* ('zerstreuen') herleitet?

Wer offen ist für solche Bezüge, die sich hinter den Wortformen verbergen, dem muss vor der erdrückenden Fülle des Wortmaterials, das das Englische bietet, nicht Angst und Bange sein. Nachdem Sie somit gerüstet sind, darf ich Sie der zu Beginn meines Vortrags angesprochenen Herausforderung des Englischen als Weltsprache erneut aussetzen, sagen wir, unter dem Motto: I come from a „pig" family.

4. I come from a „pig" family

Die meisten von Ihnen werden diesen Kalauer kennen: *pig* statt *big*, stimmlos statt stimmhaft, deutsche Interferenz statt englisch korrekter Aussprache. Scherz beiseite. Englische Sprecher kommen aus einer großen Sprachfamilie, und die Aussprache unterliegt dabei nicht nur von seiten deutscher Muttersprachler so manchem Interferenzeinfluss. Schauen wir uns nun diese Familie mal im Überblick an (s. Abb. 4).

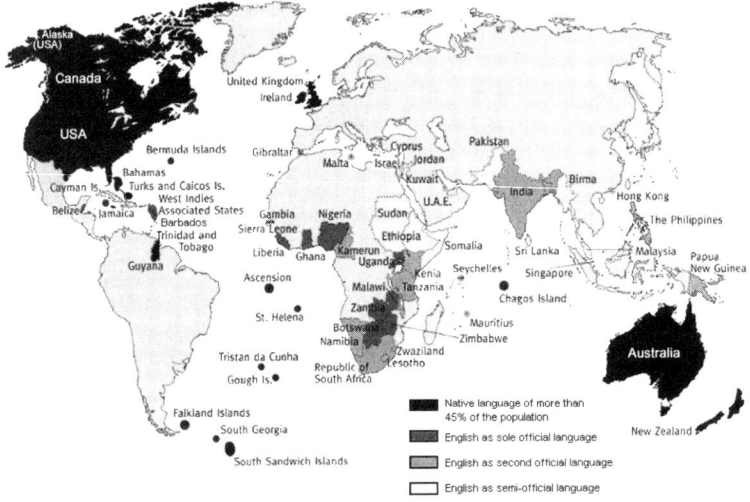

Abb. 4: English weltweit (nach Hickey, ELE)

Tom MacArthur listet in einem seiner Handbücher (1992, XXVIIIf.) 104 Territorien auf, in denen Englisch als Muttersprache oder offizielle Kommunikationssprache heimisch ist. Die Vielzahl mag auf den ersten Blick abschrecken; bei näherem Hinsehen zeigen sich Parameter, geographische Blöcke, historische Bedingtheiten. So ist es z.B. ein wichtiges Merkmal der Aussprache, ob das jeweilige Englisch „rhotisch" ist oder nicht. *Rhota* ist die griechische Entsprechung von r. Es geht also um die Realierung des sog. *postvocalic r*, in Wörtern wie *far, part, court*. Bekanntlich hat das US-Englisch diese Aussprache des /r/, die ja in der Schreibung noch zu sehen ist, erhalten; aber ferner auch das Kanadische, Irische, Schottische und einige Reliktgebiete in England.

Es fehlt die Zeit, andere Parameter englischer Varietäten hier anzusprechen. Natürlich lassen sich die Englischvarianten der Welt auch geographisch gliedern. Aber noch wichtiger ist auch hier die Berücksichtigung historischer Faktoren. Das australische Englisch z. B. lässt sich als Mischung von britischem und amerikanischem Englisch beschreiben: britisch in der Aussprache, und zwar mit dezidierter Prägung durch die *lower classes* des 19. Jahrhunderts; amerikanisch in einem Teil des Wortschatzes, speziell dem der letzten Jahrzehnte, seitdem Australien zur wirtschaftlichen und politischen Einflusssphäre der USA gehört. Bei etwas zeitgeschichtlichem Bewusstsein ist es leicht nachvollziehbar, dass sich in Australien statt der britischen Termini für Autotypen (*van, lorry,* usw.) die amerikanischen eingebürgert haben, also s*tation wagon, pick-up, truck,* usw. Es sind wohl auch viele dieser Autotypen in der Nachkriegszeit von den Amerikanern an die australischen Freunde verkauft worden, bevor die Amerikaner in dieser Rolle von den Japanern teilweise abgelöst wurden.

Ich kann hier keinen Überblick über die *many Englishes* bieten, sondern will stattdessen auf zwei ausgewählte Aspekte aufmerksam machen: einerseits auf die allseits bekannte Spezifik des US-Englischen, und andererseits auf einen besonders extremen Fall einer Abweichung vom Standard.

Die Liste der britisch-amerikanischen Nichtentsprechungen ist lang. Wir hatten gerade die Beispiele *lorry* vs. *truck, van* vs. *station waggon.* Bekannt sind auch *lift* vs. *elevator, baby carriage* vs. *pram* (Kürzel von *perambulator*), *autumn* vs. *fall*. Zahlreiche weitere Beispiele lassen sich im Internet und in Handbüchern finden[13]. Angesichts der Länge solcher Listen könnte man fast sagen, das britische und das amerikanische Englisch seien durch dieselbe Sprache getrennt (wie das Bundesdeutsche und das Österreichische?).

Aber interessanter als einfache Auflistungen scheint mir die Überlegung, um welche Lebensbereiche es sich bei den Divergenzen handelt. Es gibt ja unendlich viele Lexeme, die in den USA und Großbritannien gleichermaßen zu Hause sind. Also: wo sind die Amerikaner ihren eigenen Weg gegangen?

Es sind die alltäglichen und somit historisch gewachsenen Lebensbereiche! In der Wirtschaft, Wissenschaft und in den Kultursparten, überhaupt in allen intellektuellen Lebensbereichen dominiert hingegen nordatlantische Transnationalität, wenn nicht sogar Internationalität. Je spezifischer ein Bereich, umso mehr ist er zum Betätigungsfeld der auch sprachlich kooperierenden Fachleute geworden. Hier können wir, heute mehr denn je, mit Globalisierungseffekten rechnen. Anders wenn es darum geht, Alltägliches zu bezeichnen. Ich habe mir einige Wortfelder des *Pons Cambridge International Dictionary of English* angeschaut. Auch wenn jetzt keine genaue Beschreibung und Zuordnung des gesamten Vokabulars möglich ist, kann man doch leicht feststellen, dass es sich durchwegs um Alltagswörter handelt. Hier ist eine kleine Auswahl (s. Tab. 4).

---

[13] Zur schnellen Information sei empfohlen: Moss, Norman & Langenscheidt-Redaktion (1983). Den neuesten Stand repräsentiert das *Pons Cambridge International Dictionary of English* (1995), das auch auf CD-Rom (2000) erhältlich ist.

BE	AE	BE	AE
luggage	baggage	anywhere	anyplace
pram	baby carriage	bathtub	bath
area code	zip code	beige	tan
estate agent	realtor	anticlockwise	counter clockwise
biro	ball-point	spanner	wrench

Tab. 4: Britisch-amerikanische Wortdoubletten (Auswahl)[14]

Es ist aber mit derlei Gegenüberstellungen ähnlich wie mit den österreichischen Paradeisern und Erdäpfeln: wohl alle Österreicher wissen trotz der eigenen bodenständigen Termini, was eine *Tomate*, eine *Kartoffel* ist. Ich denke, dass die Welt nicht untergeht, wenn sich ein Lerner des Englischen als Fremdsprache im Alltagswortschatz gelegentlich im Code vergreift und britisches mit amerikanischem Englisch vermischt. Aber halten wir fest: was natürlich gewachsen ist, neigt zur Bodenständigkeit, auch sprachlich. Aber wem sage ich das – wir sind in Tirol.

Ein anderes, stärker problembehaftetes Thema ist die Frage der Entfernung einer englischen Varietät von der Norm des Standard. Als Beispiel einer extrem divergenten Varietät des Englischen sei das Tok Pisin genannt; es wird auf Papua Neuguinea gesprochen. Hier eine akustische Hörprobe in normalisierter Fassung[15]:

> Those signs here written have been recorded in order that you may hold the faith that Jesus is the Christ, the son of God, and that through his faith you may possess eternal life by his name. *John 20,31*

Viele von Ihnen werden die Tonprobe nicht mehr als englische Varietät akzeptieren wollen. Jedenfalls ist es auch für englische *native speakers* unmöglich, einen derart vom Standard abweichenden Text zu verstehen. Aber ist das Tok Pisin für uns wirklich so undurchschaubar? Tab. 5 macht einige Zusammenhänge durchsichtig.

---

[14] http://www.peak.org/~jeremy/dictionary/dict.html

[15] Die Tonprobe, die vom Laptop abgespielt wurde, entstammt einem inzwischen nicht mehr zugänglichen URL. Das Internet bietet zum Tok Pisin aber eine Vielzahl von weiteren Sprachproben wie auch vielfältiges sonstiges Material, das derzeit über eine Suchmaschine wie *google.de* leicht aufzuspüren ist.

engl. Bedeutung	Tok Pisin	engl. Wortentsprechung
a, an	wanpela	one fellow
abandon	lusim	lose him
about, approximately	samting	something
accelerator	akselareta	accelerator
adhesive/sticking plaster	plasta	plaster
after, afterwards	bihain	behind
again	gen	'gain
agree	yesa	yes, Sir
all	olgeta	altogether
all right	orait	alright
almost	klostu	close to
altar cloth	laplap bilong alta	laplap belongs(to) alter
annoying person	hambakman, sikibaga	humbug man, cheeky bugger
another one (different)	narakain	'nother kind
another one (more)	narapela	'nother fellow
arm, upper	han antap	hand on top
ascend	go antap	go on top
bedroom	rum slip	room (for) sleep
believe	bilip, bilipim	believe (him)
beat, beat up	paitim	beat him
bathroom	rum belong waswas	room (for) wash wash
big	bikpela	big fellow
T-shirt	tisiot, T-siot	T-shirt
Typewriter	taipraita	typewriter
Typist	taipis	typist

Tab. 5: Tok Pisin: einige Wörter[16]

Ich will Ihnen hier nicht Tok Pisin in fünf Minuten erklären[17]. Aber die Liste zeigt, wie sehr die phonologische Durchschaubarkeit das lexikalische Verständnis ermöglicht. Der Spirant /f/ ist durch den entsprechenden stimmlosen Verschlusslaut /p/ ersetzt, und geschlossene Endsilben sind, silbentheoretisch bedingt, oft zu offenen Silben auf –a vereinheitlicht (wie ähnlich im *Black English*). Das Wort *fellow* als Standard lautet hier daher *pela*, *altogether* lautet *olgeta*, usw. Syntaktisch-lexikalisch wird *fellow*, also *pela* – wie mehrere Wörter auf unserer Liste zeigen – als bedeutungsentleertes Stützwort verwendet, ähnlich

---

[16] www.siu.edu/departments/cola/ling/reports/Etepa/ – die erklärenden englischen Wortbedeutungen stammen von mir.

[17] Für eine detaillierte Beschreibung des Tok Pisin siehe z. B. McArthur (1992, 1044-5), sowie McArthur (2002, 397-401).

wie *one* oder *body* im Standard. *Narapela* heißt daher laut Liste ‚another one',
bikpela ist sogar die einfache Adjektivbedeutung ‚big' zugeordnet, vielleicht mit
immanentem Bezug auf ‚fellows', also Personen[18]. Unsere Liste lässt noch weitere Schlüsse auf Wortbildungsprinzipien zu, z.B. auf die Rolle der Reduplikation – ‚bathroom' heißt *rumbelong waswas* – oder auf situative Wortbildungsursachen: ‚to agree' heißt *yesa*, was sich nur über situativ-formelhaftes *yes, sir* erklären lässt. Genug davon. Ziehen wir Schlussfolgerungen!
Es zeigt sich, in welchem Ausmaß und Grad allein Wortvarietäten des Englischen auf uns warten, sofern wir vor ihnen und vor fremden Kulturen nicht die Augen verschließen[19]. Allerdings wäre es naiv und unrealistisch, den Standard zugunsten der weltweiten englischen Varietäten vom Sockel stürzen zu wollen. Wir brauchen den Standard weiterhin als *lingua franca* und als Norm weltweiter Fremdsprachenvermittlung. Wir benötigen aber auch ein grundlegendes, zumindest passives Verständnis einiger englischer Varietäten oder wenigstens Varietätentypen. Ich will nun aber nicht einem großen Lernprogramm das Wort reden – das würde uns alle nur überfordern –, sondern nach Strategien Ausschau halten, die uns den englischen Wortschatz fremder Kulturen möglichst leicht zugänglich machen – nicht durch aufwendige Übersetzungen, sondern durch zumindest partiell automatisierbare Wortnormalisierungen. Wenn man /samting/ in Zeile 3 unserer Tabelle 5 als phonologisch bedingte Variante von *something* durchschaut, lässt sich die Bedeutung 'about, approximately' leicht ableiten.

5. Zusammenfassung, oder: die Rückkehr zur Normalität

Zugegeben, ÜbersetzerInnen, oder zumindest ihre Auftraggeber, sind meist mehr an der Zielsprache als am Vorgang des Übersetzens selbst interessiert. Demgegenüber habe ich als Anglist mehr den Prozess des Übersetzungstransfers im Auge, und zwar in der Weise, dass man das Original der Input-Sprache auf die Zielsprache, die jedweder Sprecher der Standardsprache versteht, bezieht. Was wir also brauchen, ist ein Übertragungsverfahren, das das Original nicht aus dem Blick verliert, sondern die Schritte des Transfers zur Zielsprache hin transparent lässt.
Im Englischen Institut der Universität Innsbruck wurde ein Computerprogramm („TRANS") entwickelt, das genau dies leistet. Die normalisierten Wörter werden automatisch in Form einer Interlinearzeile eingefügt, und das Programm erlaubt ein Ein- und Ausblenden eines jeden Zeilentyps, sodass innerhalb des normalisierten oder Ursprungstextes Suchbefehle aller Art möglich sind. Auch

---

[18] McArthur (1992, 1045) weist darauf hin, dass -*pela* als Suffix dient und Attribute kennzeichnet (im Gegensatz zum prädikativen Gebrauch).

[19] Einen hervorragenden Überblick zum Thema der regionalen englischen Varietäten bietet Crystal (1995, 288-363; Kapitel 20).

lassen sich weitere Zeilen automatisch herstellen, die für spezifische *tagging*-Zwecke, z.B. die Markierung der Wortart oder syntaktischer Kategorien, verwendet werden. Ein Text sieht dann wie folgt aus (Abb. 5):

$I Right Reverent and Worshipfull and enteirly best belovyd Cosyn, I
$N Right reverent and worshipfui and entirely best beloved Cousin, I
$M Right_ADV0   reverent and worshipful and entirely best_ADV0_ADJSUP beloved Cousin, I
$W Right_ADV   reverent_ADJ   and_CON   worshipful_ADJ   and_CON   entirely_ADV best_ADV beloved_ADJ Cousin_NPP, I_PRON
$P ((Right reverent)_ADJP and (worshipful)_ADJP and (entirely best beloved)_ADJP Cousin)_NP, I_NP
$S (Right Reverent and Worshipful and entirely best beloved Cousin)_VOC, I_SUBJ
$R (((Right_EMPRIGHT reverent)_EMPALLI and worshipful)_EMPPD and entirely_EMPFULL best_EMPSUP beloved)_EMPSYN Cousin)_ADDR_FOR

Abb. 5: Mustertext im 7-Zeilen-Modus

Die Möglichkeiten, die das Verfahren hinsichtlich schwer zugänglicher Varietäten oder Sprachen eröffnet, kann man sich leicht ausmalen. Natürlich ist das Verfahren auch auf alle möglichen Varietäten des Englischen und auf andere Sprachen anwendbar. Für Detailinformationen verweise ich auf diverse diesbezügliche Aufsätze der letzten Jahre, z.B. Markus (2000).
Wie man sieht, ist die Herausforderung durch die *many Englishes* auch methodischer Art und betrifft grundsätzliche Fragen der Textvermittlung. Nur wegen dieses Verweisungscharakters des Gesagten und wegen der Ähnlichkeit der Probleme in verschiedenen Sprachen und Varietäten hatte ich überhaupt den Mut, vor Ihnen, einem nicht speziell anglistischen Publikum, abschließend über meine eigenen Anliegen und ein Verfahren der Normalisierung von Texten zu reden. Dass Sie dabei bereit waren, über den „Zaun" zu mir herüber zu schauen, dafür bedanke ich mich herzlich[20].

Literatur

Bodmer, F. (o. J.): *Die Sprachen der Welt. Geschichte - Grammatik - Wortschatz in vergleichender Darstellung* (Übers. v. *The Loom of Language*). Köln und Berlin.
Crystal, D. (1987): *The Cambridge Encyclopedia of Language*. Cambridge.
- (1995): *The Cambridge Encyclopedia of the English Language*. Cambridge.
Hickey, R. (2001): ELE. CD-ROM. Essen: Universität.
Leisi, E./Mair, Ch. (1999): *Das heutige Englisch. Wesenszüge und Probleme*. Heidelberg (8. Aufl.).

---

[20] In der „Ringvorlesung" endete der Vortrag mit einer Computerpräsentation des Normalisierungsprogramms. Es ist vom Institut für Anglistik gegen Selbstkostenpreis erhältlich.

Markus, M. (2000): „Normalizing the word forms in *The Ayenbite of Inwyt*." In: I. Taavitsainen/T. Nevalainen/ P. Pahta/M. Rissanen (Hg.): *Placing Middle English in Context*. Berlin etc., 181-197.
McArthur, T. (Hg). (1992): *The Oxford Companion to the English Language*. Oxford, New York.
- (2002): *The Oxford Guide to World English*. Oxford.
Moss, N./Langenscheidt-Redaktion (1983): *Teste dein Amerikanisch. Testbuch + Wörterbuch des Amerikanischen Englisch*. Berlin.
Pons Cambridge International Dictionary of English (1995): Cambridge.
Snell-Hornby, M. (Hg.). (1998): *Handbuch Translation*. Tübingen.
Voigt, W. (1981): „Wörterbuch, Wörterbuchmacher, Wörterbuchprobleme. Ein Werkstattgespräch." In: *Wort und Sprache. Beiträge zu Problemen der Lexikographie und Sprachpraxis veröffentlicht zum 125jährigen Bestehen des Langenscheidt-Verlags*. Berlin etc., 24-33.

Verwendete Internet-Adressen:

http://www.daimonen.de/babylon/turm.htm
http://www.german.about.com/library/weekly/aa030199.htm
http://vds-ev.de/denglisch/anglizismen/anglizismen_d.php
http://www.peak.org/~jeremy/dictionary/dict.html
www.siu.edu/departments/cola/ling/reports/Etepa/

DIE ENTWICKLUNGSPERSPEKTIVEN DER FACHSPRACHENFORSCHUNG ZU BEGINN
DES NEUEN JAHRHUNDERTS

Klaus-Dieter Baumann, Leipzig

1. Das Wechselverhältnis von Fachsprachenforschung und Linguistik

Die Fachsprachenforschung als eine relativ junge Teildisziplin der Angewandten Linguistik hat sich insbesondere seit den sechziger Jahren des vergangenen Jahrhunderts außerordentlich dynamisch entwickelt, was vor allem an den tiefgreifenden Veränderungen ihrer methodologischen und methodischen Grundlagen sichtbar wird (Hoffmann 1976; 1984; Baumann 1992; 1994; 2002; Hoffmann/Kalverkämper/Wiegand 1998).
Aus wissenschaftshistorischer Sicht steht die ausgeprägte Entwicklungsdynamik der Fachsprachenforschung in einem vielschichtigen Zusammenhang mit dem Werdegang der Linguistik, welche die *Grundlagenwissenschaft* der Fachsprachenforschung darstellt.
So haben sprachwissenschaftliche Erkenntnisse die Ziele, den Inhalt und die Entwicklungsschwerpunkte der Fachsprachenforschung wesentlich beeinflusst, was sich deutlich an der Akzeptanz nachfolgender methodologischer Orientierungen in fachsprachenlinguistischen Analysen zeigt:
1. Die wissenschaftliche Beschäftigung mit *Sprache* ist nur auf der Grundlage einer *einheitlichen Theorie* möglich, die Aussagen zu dem Entstehungsprozess, dem Wesen, den Strukturen und Funktionen der Sprache, dem Verhältnis von Sprache und Gesellschaft, Sprache und Kultur, Sprache und Denken, Sprache und Tätigkeit sowie Sprache und Kommunikation trifft (Serebrennikov 1975).
2. Diese allgemeine Sprachtheorie bietet einen notwendigen *Bezugsrahmen für konkrete Einzelanalysen* am Sprachmaterial. Dabei ist Sprache viel zu komplex, um alle Merkmale mit nur einer Methode oder innerhalb nur eines wissenschaftlichen Kategoriensystems beschreiben zu können. Deshalb hat die Linguistik das *Prinzip der* (phonetischen, phonologischen, morphologischen, semantischen, syntaktischen) S*prachbeschreibungsebenen* begründet (Hoffmann 1984).
3. Die Sprachtheorie und die systematische Beschreibung von Einzelsprachen ermöglichen eine *kontrastive Sprachbetrachtung*, die auf die Einzeldeskription von Sprache(n) zurückwirkt und Möglichkeiten der Reinterpretation verschiedener *intralingualer/interlingualer* Zusammenhänge eröffnet (Baumann/Kalverkämper 1992).
Dieser enge methodologisch-methodische Bezug der Fachsprachenforschung auf die Linguistik äußert sich nicht zuletzt in der weitgehenden Übertragung

von Termini der Wissenschaftssprache der Linguistik auf die wissenschaftliche Beschreibung des Objektbereiches der Fachsprache (Hartmann 1973). Andererseits hat auch die Fachsprachenforschung der Linguistik neue Erkenntnishorizonte eröffnet. Dabei musste sich die Fachsprachenforschung zunächst gegen die in der Linguistik vorherrschende Meinung wehren, dass die Beschäftigung mit Fachsprache(n) lediglich der Instrumentalisierung linguistischer Theorien bzw. der wirkungsvollen Umsetzung sprachpraktischer Tätigkeiten in verschiedenen Kommunikationsbereichen dient. Diesen einseitigen Interpretationsversuchen der Linguistik lag offensichtlich eine unzureichende Reflexion des Gegenstandsbereiches bzw. der objektbezogenen Selbständigkeit der Fachsprachenforschung zugrunde.

So war es doch vor allem die Verlagerung des Forschungsschwerpunktes der Fachsprachenforschung der siebziger Jahre in Richtung *Fachtext und Fachtextsorte*, welche die Linguistik vor verhängnisvollen erkenntnistheoretischen Einschränkungen ihres Untersuchungsbereiches auf die alltagssprachlichen Texte und Textsorten bewahrt hatte.

Für eine umfassende Betrachtung der Wechselbeziehungen von Fachsprachenforschung und Linguistik ist es erforderlich, die methodologisch-methodischen Grundpositionen beider Disziplinen systematisch miteinander zu vergleichen. Eine solche Analyse kann Aufschluss darüber geben,

- welchen entwicklungsstrategischen Einfluss beide Disziplinen aufeinander ausüben,
- inwieweit Forschungsresultate der einen Wissenschaftsdisziplin die erkenntnistheoretischen Potenzen und Interpretationskontexte der anderen modifizieren oder verändern,
- welche wissenschaftliche Denk- und Erklärungsmuster disziplinübergreifend wirken bzw. dominieren,
- welche nichtlinguistische Wissenschaftsdisziplinen grundlegenden Einfluss auf den spezifischen Objektbereich von Fachsprachenforschung bzw. Linguistik nehmen,
- welche sprachphilosophische Grundlagen für die Dynamik der Gegenstandsbereiche von Linguistik und Fachsprachenforschung entscheidend sind,
- in welchem Umfang die Hinwendung zu konkreten wissenschaftlichen Fragestellungen in den beiden Disziplinen durch gesellschaftliche bzw. subjektiv determinierte Erkenntnisinteressen bedingt ist,
- welche unterschiedlichen Entwicklungsetappen der Disziplinen abgrenzbar sind und wie diese untereinander in Beziehung stehen (vgl. Dialektik von Kontinuität und Diskontinuität der Wissenschaftsentwicklung),
- wie das Kriterium der Praxisorientiertheit die Erkenntnisse über Struktur(en) und Funktion(en) von (Fach-)Sprache relativiert und
- inwieweit sich der Entwicklungsstand der jeweiligen Disziplin an der Verwendung ihrer Untersuchungsmethoden verfolgen lässt.

Aus wissenschaftsgeschichtlicher Sicht ist hervorzuheben, dass in der Fachsprachenforschung interessanterweise bereits seit den sechziger Jahren erste deutliche Anzeichen für eine paradigmatische Neuorientierung der Sprachanalyse festzustellen sind. So weist W. Schmidt in seinen fachsprachlich orientierten Betrachtungen darauf hin, dass eine Gleichsetzung von Fachsprache und Fachterminologie zu eng ist, „da dabei die in der *fachsprachlichen Kommunikation auftretenden speziellen Gebrauchsweisen* gemeinsprachlicher grammatischer und lexikalischer Mittel unberücksichtigt bleiben" (Schmidt 1969, 11; Hervorhebung - K.-D. B.).

Diesen ersten *kommunikationsorientierten Ansätzen* der Fachsprachenforschung vermittelte dann der Paradigmenwechsel der Linguistik zu Beginn der siebziger Jahre zusätzliche methodologische und methodische Anregungen, um die bereits bestehenden kommunikativ-pragmatischen Beschreibungsansätze von Fachsprache zu vertiefen.

Die gegen Mitte der siebziger Jahre vorgestellte *Lehre von den Subsprachen* kann dabei als objektspezifische Umsetzung der kommunikativ-pragmatischen Wende in der Fachsprachenforschung angesehen werden, da Fachsprache nun als „eine besondere kommunikativ und inhaltlich determinierte Auswahl sprachlicher Mittel aus dem Gesamtbestand der Sprache" verstanden wird (Hoffmann 1984, 47). Diese von L. Hoffmann erarbeitete Theorie ordnet jedem inhaltlich determinierten Kommunikationsbereich ein Ensemble von Mitteln *aller* sprachlicher Ebenen zu, die dann unter den Gesichtspunkten der *horizontalen Gliederung* und *vertikalen Schichtung* der Fachsprachen weiter differenziert werden können (Hoffmann 1976).

Dieser die Fachsprache als differenzierte Ganzheit erfassenden Konzeption entspricht die gleichfalls von L. Hoffmann entwickelte kommunikationslinguistische Definition von Fachsprache „als Gesamtheit aller sprachlichen Mittel, die in einem fachlich begrenzbaren Kommunikationsbereich verwendet werden, um die Verständigung der dort tätigen Fachleute zu gewährleisten" (Hoffmann 1976, 170).

Die *Subsprachen*, die der fachlichen Verständigung in unterschiedlichen Kommunikationsbereichen (Wissenschaft, Technik, Verwaltung, Ökonomie, Produktion u.a.) dienen, werden folglich zum *Objekt* der Fachsprachenforschung. Die *Fachtexte*, die bei der Kommunikation in diesen Bereichen produziert und rezipiert werden, stellen hingegen den *Gegenstand* der Fachsprachenforschung dar.

Die Lehre von den Subsprachen führte in der Fachsprachenforschung der siebziger Jahre zu einer erkennbaren methodologischen und methodischen Neuorientierung, die entscheidend dazu beitragen konnte, die Reduzierung des Gegenstandsbereiches der fachsprachlichen Untersuchungen auf den Systemaspekt der (Fach-)Sprache zu überwinden und die auf den Strukturalismus ausgerichteten Grundpositionen und Denkschemata grundlegend zu verändern.

Aus dem Paradigmenwechsel der Fachsprachenforschung resultiert jedoch nicht nur ein theoretischer Neuansatz, sondern auch die Anwendung von Untersuchungsverfahren, die geeignet sind, die vielschichtige Spezifik der Fachsprache und ihres Gebrauchs aufzuzeigen.
In diesem Zusammenhang ist der Einsatz von *funktionalen* und *statistischen* Methoden in der Fachsprachenforschung besonders hervorzuheben (Hoffmann/Piotrowski 1979).
Seit der kommunikativ-pragmatischen Wende der Linguistik haben sich mehrere tätigkeitsbezogene Forschungsansätze entwickelt, welche die *funktionale Bindung von Sprache und Tätigkeit* zum Ausgangspunkt für ein methodologisch erweitertes Herangehen an die Kommunikation erheben (Searle 1971; Austin 1979; Schmidt 1981 u.a.). Trotzdem besteht gegenwärtig in der Sprachwissenschaft noch ein deutliches Missverhältnis zwischen der prinzipiellen Anerkennung des Tätigkeitskonzeptes als „wissenschaftliches Paradigma" und seiner gegenstandsspezifischen Umsetzung. So gehen tätigkeitsbezogene Untersuchungsrichtungen häufig davon aus, dass sich der Linguistik automatisch neue Forschungsperspektiven eröffnen, wenn das Tätigkeitskonzept als Interpretationsgrundlage für empirische Darstellungszusammenhänge herangezogen wird. Diese kurzschlüssige Sichtweise geht dabei nur unzureichend auf die Vielfalt und Dynamik der Widerspiegelungs-, Bewusstseins-, Gedächtnis- bzw. Denkprozesse ein, die sich in der Kommunikationstätigkeit der Individuen vollziehen.
Eine Variante des subjektbezogenen psychologischen Tätigkeitsansatzes, welche die Entwicklung der Linguistik in den letzten zwei Jahrzehnten nachhaltig beeinflusst hat, ist die aus der kulturhistorischen Schule der sowjetischen Psychologie hervorgegangene *Theorie der sprachlichen Tätigkeit* (Leont'ev/Leont'ev/Judin 1984).
Der auf L. S. Vygotskij zurückreichende Ansatz dieser Schule vertritt die Auffassung, dass zum Gegenstand der Psychologie nicht nur die *innere psychische Tätigkeit* (z.B. Wahrnehmung, Denken, Vorstellung), sondern auch die *äußere, d.h. die praktisch-gegenständliche Tätigkeit* gehören (Vygotskij 1956).
Ein weiteres charakteristisches Merkmal von Tätigkeit ist nach Auffassung dieser Theorie ihre *Strukturiertheit*, d.h. jede Tätigkeit setzt sich aus Handlungen und Operationen zusammen (Leont'ev 1975, 255 ff.). Eine *sprachliche Handlung* stellt für A. A. Leont'ev den „Sonderfall einer Handlung innerhalb eines Tätigkeitsaktes" dar (Leont'ev 1975, 166). Somit ist es gerechtfertigt, von einer *sprachlich-kommunikativen Tätigkeit* auszugehen, da sie die gleichen grundlegenden Merkmale aufweist wie die praktisch-gegenständliche bzw. kognitive Tätigkeit.
In der *Subjektbezogenheit* erkennt A. A. Leont'ev das die sprachlich-kommunikative Tätigkeit bestimmende Merkmal. Dabei ist diese nicht nur als Einwirkung des einen Partners auf den/die anderen Beteiligten zu verstehen, sondern

Subjektbezogenheit wird vielmehr als eine Wechselbeziehung von Ideen, Interessen bzw. als Prozess der Herausbildung von Einstellungen der Kommunikationspartner gesehen (Leont'ev 1987, 47).
Selbstverständlich kann sich dieser Subjektbezug der sprachlich-kommunikativen Tätigkeit nur im bzw. durch das Bewusstsein der Kommunikationspartner entwickeln. Folglich wird es durch die sprachlich-kommunikative Tätigkeit möglich, Bewusstseinsinhalte in Form sprachlicher Darstellungen zu veräußerlichen. Die so entstandenen Äußerungen stellen wiederum die Grundlage für eine Interiorisierung von Bewusstseinsinhalten durch den Rezipienten sprachlich-kommunikativer Tätigkeit dar (Schmidt/Stock 1979).
In der *Linguistik* hat die erwähnte *Theorie der sprachlichen Tätigkeit* seit den siebziger Jahren zu einer methodologischen Präzisierung und methodischen Fundierung ihres Gegenstandsbereiches geführt.
In der *Fachsprachenforschung* hingegen ist erst später als in der Linguistik zur Kenntnis genommen worden, dass auch die Fachkommunikation das Resultat einer kooperativen, interaktionalen Tätigkeit ist.
Noch zu Beginn der achtziger Jahre wird von R. Beier zu Recht festgehalten, dass in der Fachsprachenforschung

> die fachliche Verständigung bislang kaum als zielgerichtete partnerbezogene Tätigkeit aufgefasst, also in bezug auf ihre pragmatischen Eigenschaften hin untersucht worden ist. (Beier 1982, 15-16)

In diesem Zusammenhang weist er darauf hin, dass es vor allem die *Fremdsprachendidaktik* war, die die fachsprachliche Forschung veranlasst hat, sich dem Tätigkeitscharakter der fachlichen Kommunikation gezielt zuzuwenden. R. Beier hebt hervor, dass es in Bezug auf

> den Tätigkeitsaspekt fachsprachlicher Äußerungen erste Versuche gibt, die in englischen Fachtexten vorkommenden Sprachhandlungen zu erfassen. Sie stammen fast ausnahmslos von Personen, denen an einer *kommunikativen Ausrichtung des fachbezogenen Englischunterrichts* gelegen ist... (Beier 1982, 19; Hervorhebung - K.-D. B.)

Die noch bis zu Beginn der achtziger Jahre bestehende Zurückhaltung der Fachsprachenforschung gegenüber einer gegenstandsspezifischen Umsetzung der Theorie der sprachlichen Tätigkeit hat aus unserer Sicht mehrere Ursachen:
1. Auch nach der kommunikativ-pragmatischen Wende der Linguistik gehen in den siebziger Jahren entscheidende Anstöße zur komplexeren Analyse der Fachkommunikation von Vertretern der verschiedenen *Fachwissenschaften* aus (Informatik, Geschichte, Literaturwissenschaft, Physik usw.). Deren primäres Interesse besteht darin, das Phänomen des Fachwissens bzw. dessen fachsprachliche Realisierung in die linguistische Beschreibung von Fachsprache(n) einzubringen.

Da die Vertreter der Fachwissenschaft(en) in der Berufspraxis mit der funktionalen Vielfalt des Fachsprachengebrauchs konfrontiert sind, geht es ihnen hauptsächlich um *präskriptive Prinzipien* der institutionellen Sprachlenkung bzw. empirisch fundierte *Richtlinien* für die effiziente Verwendung naturwissenschaftlicher, technischer bzw. geisteswissenschaftlicher Fachsprachen (Felber/Budin 1989; Budin 1996 u.a.).
2. Infolge der explosionsartigen Auffächerung fachsprachlicher Analysen sind vor allem *wissenschaftsmethodische Überlegungen* zunehmend stärker in den Vordergrund gerückt, die sich auf die Aufarbeitung der *linguistischen Grundlagen des fachbezogenen Fremdsprachenunterrichts* sowie die *Bereitstellung ausbildungsrelevanten fachsprachlichen Materials* konzentrieren (Desselmann/Hellmich 1981).
3. Die Fachsprachenforschung hatte sich unter dem Einfluss der Prager Schule zu Beginn der siebziger Jahre wissenschaftsstrategisch darauf konzentriert, den linguistischen Status der Fachsprachen vornehmlich aus dem Blickwinkel der *Funktionalstilistik* zu bestimmen (Havránek 1967; Beneš 1969). Das dabei entwickelte *Konzept der funktionalen Stiltypen* kann für sich das wissenschaftliche Verdienst beanspruchen, eine differenzierte Verwendung sprachstilistischer Mittel in fachlichen Kommunikationsbereichen in das Blickfeld der Linguistik gerückt zu haben (Riesel/Schendels 1975; Fleischer/ Michel 1975; Galperin 1977 u.a.).
Da sich die Funktionalstilistik darüber hinaus eingehend mit der Manifestation von Fachsprache in Form *mündlicher und schriftlicher* Fachtexte beschäftigt hat, wurde sie aus wissenschaftshistorischer Sicht zu einer der *Vorläuferinnen der (Fach-)Textlinguistik.*
4. Ausgehend von der Erkenntnis, dass die Fachkommunikation in ein Gefüge verschiedener außersprachlicher Faktoren eingebettet ist, welches die Differenziertheit von Fachsprache beeinflusst, hat sich die Fachsprachenforschung gegen Ende der siebziger Jahre verschiedenen *Schichtungsversuchen* zugewandt, die zu einer deutlicheren Abgrenzung der fachlichen Kommunikationsbereiche führten (Hoffmann 1976, 171).
Zudem setzte sich in der Fachsprachenforschung die Einsicht durch, dass bei der traditionellen Einteilung der Fachsprache in sprachliche Ebenen nicht stehen geblieben werden kann, weil sich die Verwendung von Fachsprache auch am *Inhalt* - der Sachebene der Kommunikation - orientiert (Hoffmann 1976, 184).
Für eine komplexe Erschließung der Strukturierungsmechanismen von Fachsprache erweist sich somit die Kenntnis der fachlichen Sachverhalte und Prozesse als unerlässlich.
5. Nach der kommunikativ-pragmatischen Wende der Linguistik nimmt die *Methodendiskussion* in der Fachsprachenforschung einen breiten Raum ein, wobei auf die herausragende Bedeutung sprachwissenschaftlicher Methoden

für fachsprachliche Untersuchungen hingewiesen werden muss (Hoffmann 1982, 3 ff.). Zudem wird in weiterführenden fachsprachlichen Analysen deutlich gemacht, dass sich durch eine gezielte Verbindung von linguistischen und nichtlinguistischen Analyseverfahren die Erkenntnispotenzen der Fachsprachenforschung erheblich vergrößern.
Tatsächlich kommen seit den siebziger Jahren in fachsprachlichen Untersuchungen verstärkt funktionale, strukturelle, statistische u.a. Methoden bzw. Methodenkomplexe mit Erfolg zur Anwendung (Baumann 1981).
6. Ausgehend von der Erkenntnis, dass Fachsprache in bestimmter Weise standardisiert, reglementiert bzw. hierarchisiert ist, ergibt sich für die Fachsprachenforschung die methodologisch-methodisch relevante Frage nach dem Wesen des vielschichtigen Mechanismus, der eine effiziente Steuerung des Kommunikationsprozesses gewährleistet. Hieraus hat sich ein Schwerpunkt der Fachsprachenforschung entwickelt, welcher die *Normierungstendenzen* auf den verschiedenen Ebenen des Sprachsystems verfolgt (Baumann 1990, 70-84 u.a.).
7. Der Paradigmenwechsel der Linguistik in den siebziger Jahren hat bewirkt, dass sich der Gegenstandsbereich fachsprachlicher Untersuchungen in Richtung *kontrastiver Fachsprachenforschung* erweiterte. Infolgedessen ist das Verhältnis von Einzeldeskription und vergleichender Analyse in einen komplexeren methodologischen Rahmen gebracht worden.
Besonders seit den achtziger Jahren entwickeln sich in der Fachsprachenforschung Untersuchungsansätze, die systematisch auf den intra- und/oder interlingualen Vergleich von fachsprachlichen Elementen und Relationen in Fachtexten gerichtet sind (Baumann/Kalverkämper 1992).
Die Ausführungen machen deutlich, dass die Fachsprachenforschung eigenen gegenstandsspezifischen Untersuchungsschwerpunkten gefolgt ist, die nicht mit denen der Sprachwissenschaft übereinstimmen.
Während die kommunikativ-pragmatische Wende bzw. die These vom Tätigkeitscharakter der sprachlichen Kommunikation von der Sprachwissenschaft mehr oder weniger direkt auf die Fachsprachenforschung ausstrahlten und bei dieser eine methodologische und methodische Umorientierung auslösten, erscheinen die Entwicklungsanstöße der Fachsprachenforschung in Richtung Sprachwissenschaft subtiler zu sein. Sie haben weniger unmittelbar auf die Linguistik eingewirkt, sind aber von überaus nachhaltiger Wirkung (Kalverkämper 1981).
Dies zeigt sich besonders deutlich daran, dass sich durch die Hinwendung der Fachsprachenforschung zum Fachtext die Textlinguistik zu Beginn der achtziger Jahre um einen zentralen Aufgabenbereich erweiterte.
Die *Fachtextlinguistik* als neue integrative Teildisziplin der Fachsprachenforschung begann, auf der Grundlage induktiv-empirischer Untersuchungen von repräsentativen Fachtextkorpora aus verschiedenen Einzelsprachen und Kom-

munikationsbereichen, das funktionale Zusammenwirken von Fachtextinterna und Fachtextexterna zu analysieren, um fachübergreifende Fachtextsorten charakterisieren zu können (Hoffmann 1988).
Die Etablierung dieser eigenständigen Integrationsrichtung ist aus der Sicht der Fachsprachenforschung erforderlich geworden, da von den in der Linguistik diskutierten Textentwürfen nicht oder nicht ausreichend auf die spezifischen Merkmale der Fachtext(sort)en eingegangen worden war (Hoffmann 1990).
Die erfolgreiche Entwicklung der Fachtextlinguistik als eine Subdisziplin der Fachsprachenforschung zu Beginn der achtziger Jahre verstärkt das zunehmende Interesse der Linguistik an Fachsprachen. Darüber hinaus setzt sich in der Linguistik die Erkenntnis durch, dass eine auf den Fachtext orientierte Fachsprachenforschung den an der Sprache interessierten Wissenschaften einzigartige Erkenntnisperspektiven vermitteln kann (Baumann 1992; Baumann/Kalverkämper 1992; Oldenburg 1992; Schröder 1993; Kalverkämper/Baumann 1996; Baumann/Kalverkämper/Steinberg 2000 u.a.).
Seit der Mitte der achtziger Jahre besitzt die Fachsprachenforschung dann den notwendigen wissenschaftlichen Vorlauf und die erforderliche breite Basis empirisch gesicherter Fakten, um sich von der Linguistik auf dem Gebiet der *Theoriebildung* zu emanzipieren.
Darüber hinaus wird in den achtziger Jahren erkennbar, dass die Fachsprachenforschung das Entwicklungstempo und die Entwicklungsrichtung der Linguistik entscheidend mitbestimmt (Lauren/Nordmann 1987; Kalverkämper 1988; Cook 1990; Swales 1990 u.a.).
Dafür gibt es zahlreiche Gründe:
1. So gehen Fachsprachenforschung bzw. Fachtextlinguistik in ihrer Wissenschaftsstrategie von Anfang an davon aus, dass Fachsprache in Form von mündlichen und schriftlichen Fachtexten existiert. Diese mit der Einbeziehung beider Kommunikationsmedien verbundene erhebliche Ausweitung des Gegenstandsbereiches hat die Fachsprachenforschung vor dem Trugschluss bewahrt, dass eine exakte Beschreibung der (fach-)sprachlichen Grundeinheiten – die Phoneme, Morpheme, Lexeme, Syntagmen und Sätze – bei der Betrachtung von Fachtexten entbehrlich sei. Vielmehr ist es der Fachsprachenforschung nachhaltig gelungen, Erkenntnisse über fachsprachliche Spezifika auf den verschiedenen Ebenen des Sprachsystems in die komplexeren Zusammenhänge der Textualität zu integrieren (Hoffmann 1984).
2. Fachsprachenforschung bzw. Fachtextlinguistik verfügen über ein unverwechselbares Erkenntnispotential, das es ihnen gestattet, einen originären Beitrag zur Klassifizierung von (Fach-)Textsorten zu leisten. Die Vielfalt der Fachgebiete und Kommunikationsbereiche, die Besonderheiten der fachlichen Sprachverwendungssituationen, das Erfassen der fachlichen Aufgabenstellungen, die Art der Versprachlichung des Fachproblems, die Funktion der Fachtexte bzw. die Betrachtung des Fachlichkeits- und Verständlich-

keitsniveaus von Texten haben zu einer Zusammenschau von (Fach-)Textsorten geführt, wie sie in keinem anderen realitätsbezogenen Kommunikationsbereich denkbar ist (Skudlik 1990; Göpferich 1995; Störel 1997; Engberg 1997).
3. Die strukturell-funktionale Differenziertheit der Fachkommunikation ermöglicht zudem, die vielschichtigen Zusammenhänge zwischen (Fach-)Sprache, (Fach-) Kommunikation und Gesellschaft bzw. (Fach-)Sprache und (Fach-) Denken gezielt zu analysieren. Dies setzt eine methodologisch und methodisch beispiellose Kooperation der Fachsprachenforschung mit anderen linguistischen und nichtlinguistischen Disziplinen voraus, denn die Erweiterung des fachsprachlichen Gegenstandsbereiches führt Fachsprachenforschung bzw. Fachtextlinguistik an grundlegende interdisziplinäre Fragestellungen heran, deren Lösung die Fachsprachenforschung vor paradigmatische Neuorientierungen stellen wird.

Die Fachsprachenforschung versteht dabei Interdisziplinarität keinesfalls als Addition von verschiedenartigen Untersuchungsbereichen, sondern als methodologische und methodische Integration von Analysekonzepten, die zunehmend an Eigendynamik gewinnt.

Die erkenntnistheoretisch souveräne Entwicklung der Fachsprachenforschung trägt erfolgreich dazu bei, dass auch die methodologischen Grundpositionen mehrerer linguistischer Disziplinen grundlegend überdacht werden (Lexikologie, Lexikographie, Semantik, Stilistik, Textlinguistik u.a.).

Durch die Hinwendung zur Interdisziplinarität schafft die Fachsprachenforschung ideale Voraussetzungen, um zur kognitiven Wende der Linguistik originäre Erkenntnisse beitragen zu können (Hoffmann 1992, 141-149; Baumann 1996, 355 ff.).

2. Die kognitive Umorientierung der Fachsprachenforschung

Seit dem Ende der achtziger Jahre zeichnet sich in der Sprachwissenschaft im Allgemeinen und in der Fachsprachenforschung im Besonderen eine kognitive Umorientierung ab (Baumann 1987, 92-108; 1995, 19-34), die in einem engen Zusammenhang mit dem eindrucksvollen Aufschwung steht, den die *moderne Psychologie als selbständige wissenschaftliche Disziplin* seit Jahrzehnten nimmt (Freud 1940-1952; Rubinstein 1977 u.a.).

Die Fachsprachenforschung ist durch ihren erweiterten Gegenstandsbereich und die Herausbildung interdisziplinärer Forschungsansätze in zunehmendem Maße mit der Analyse *mentaler Kenntnissysteme* konfrontiert, die auf der Ebene des Fachtextes eine sprachliche Umsetzung erfahren.

So konnte in umfangreichen Fachtextanalysen nachgewiesen werden, dass durch die Konkretisierung des dialektischen Verhältnisses von Sprache und Denken günstige methodologische Voraussetzungen bestehen, um die Bedeu-

tung der Sprache als Instrument des Denkens in einem fachlich begrenzten Kommunikationsbereich zu untersuchen und den Einfluss mentaler Kenntnissysteme bei der *Differenzierung von Fachtextsorten* zu bestimmen (Baumann 1992, 139 ff.).
Hierbei zeigt sich, dass die Fachsprachenforschung den kommunikativen und Handlungsaspekt der Fachsprache als Resultat des Zusammenwirkens verschiedener relativ autonomer – aber interagierender – Kenntnissysteme erfasst (Hoffmann 1992, 141 ff.).
Da Kenntnissysteme als Ausgangs- und Endgröße der Fachkommunikation der unmittelbaren Beobachtung nicht zugänglich sind, bemüht sich die kommunikationsbezogene Fachsprachenforschung gemeinsam mit der Kognitionswissenschaft darum, die *Herausbildung spezifischer Kenntniss(ystem)e in konkreten fachlichen Handlungszusammenhängen* zu rekonstruieren.
Die Hinwendung der Fachsprachenforschung zu Aspekten der sprachlichen Exteriorisierung und Interiorisierung fachwissenschaftlicher Kenntnisse führt zu einem innovativen Untersuchungskomplex, der sich mit der *Übertragung mentaler Repräsentationen in Sprachstrukturen* beschäftigt.
Dieses Herangehen an Fachtexte stützt sich z.B. auf das Konzept des *Thesaurusses* (Hoffmann 1990a, 56-69), das seinen Ausdruck in relationalen Verknüpfungen von Begriffen bzw. Begriffssystemen findet. L. Hoffmann hebt dazu hervor:

> Betrachtet man jedoch Systemaspekt und Tätigkeitsaspekt als dialektische Einheit, den Text als Realisierung des Sprachsystems und *Fachtexte zudem als Realisierungen von Kenntnissystemen unter maßgeblicher Beteiligung terminologischer Systeme*, dann ergibt sich dieser Zusammenhang zwischen semantischen Relationen im Text ganz natürlich und im Hinblick auf die Verarbeitung von Fachtexten durch die angewandte Linguistik sogar notwendig. (Hoffmann 1988, 56; Hervorhebung - K.-D. B.)

L. Hoffmann weist ferner darauf hin, dass Fachtexte besonders geeignete Untersuchungsobjekte sind, um die Versprachlichung bestimmter (fachlicher) *Wissenssysteme* aufzuzeigen (Hoffmann 1988).
Eine über Fachtermini vermittelte Analyse der Begriffssysteme führt demnach zur Betrachtung von Wissensstrukturen, denn Begriffe sind unbestrittene Festpunkte des Wissensbesitzes.
L. Hoffmann macht in seinen onomasiologischen Ausführungen zum Thesauruskonzept deutlich, dass

> die Fixierung einzelner Begriffe, die Bestimmung ihres Inhaltes und Umfangs sowie ihre Definition mit Hilfe ihrer wesentlichen Merkmale jedoch nur die elementare Basis der Wissensstrukturierung /sind/. Von Wissensstrukturen und Begriffssystemen kann man erst dann sprechen, wenn für ein Fachgebiet oder einen Ausschnitt daraus die innerbegrifflichen und besonders die zwischenbegrifflichen Beziehungen eine bestimmte Ordnung erfahren haben, bei der Hierarchien, Netzwerke u.a. entstehen. (Hoffmann 1992, 145)

Zweifellos eröffnet der Thesaurus einen erkenntnistheoretisch vielversprechenden Zugang zum Fachtext, da
- die in bestimmten fachlichen Kommunikationsbereichen üblichen Denk- und Mitteilungsstrukturen aufgedeckt,
- diese in didaktisch aufbereiteter Form in der fachspezifischen Fremdsprachenausbildung gezielt vermittelt und
- die Lerner somit zu einer effizienten sprachlichen Handlungsfähigkeit im Fach befähigt werden.

In entsprechenden Abhandlungen der kognitiven Psychologie wird die Stimmigkeit dieser Zusammenhänge nachdrücklich bestätigt:

> Das Verstehen eines Satzes oder gar eines umfassenderen Textes ist verbunden mit dem Aufbau einer Struktur, in der begriffliches Wissen entsprechend den im Satz enthaltenen Aussagen miteinander verbunden wird... Das heißt aber auch, dass die *Leichtigkeit des Verstehens* eines Textes von der Verfügbarkeit der dem Text entsprechenden *Begriffsstrukturen* abhängig ist. Auch bei der Überprüfung des Gedächtnisses für sprachliche Aussagen zeigt sich die *begriffliche Grundlage des Sprachverstehens* deutlich. (J. Hoffmann 1986, 13; Hervorhebung - K.-D. B.)

In den nachfolgenden Ausführungen zu den an der Fachtextproduktion und Fachtextrezeption beteiligten Kenntnissystemen knüpfen wir an die wissenschaftlichen Traditionen der *sowjetischen Schule der Psycholinguistik* an, da sie die *Kategorie der sprachlich-kommunikativen Tätigkeit* zum methodologischen Grundprinzip ihrer Untersuchungen erhoben hat.
Viele der aktuellen Ansatzpunkte der sowjetischen Psycholinguistik lassen sich dabei auf L. S. Vygotskijs Überlegungen der sechziger Jahre zur Entstehung der inneren psychischen Tätigkeit zurückverfolgen. So führte er als erster Wissenschaftler das *Prinzip der historischen Betrachtungsweise psychischer Prozesse* in die Psycholinguistik ein.
Damit gelang es L. S. Vygotskij in beeindruckender Weise, die Grundlagen einer *psychologischen Bewusstseinstheorie* zu entwickeln (Vygotskij 1964).
In weiterführenden Untersuchungen gelangte L. S. Vygotskij zu der *Erkenntnis vom vermittelten Charakter des menschlichen Denkens und Fühlens* sowie der Vorstellung, dass das menschliche Denken den *Gebrauch von (sprachlichen) Zeichen* voraussetzt.
In seinen Arbeiten zur Herausbildung des menschlichen Bewusstseins hat L. S. Vygotskij festgestellt, dass „das Bewusstsein durch die Gesellschaft erzeugt, produziert wird" (Leont'ev 1987, 98).
Daraus schlussfolgert er, dass das Bewusstsein nicht Postulat und nicht Bedingung der Psychologie ist, sondern *Gegenstand* ihrer wissenschaftlichen Analysen.

Folglich besteht der Interiorisierungsprozess nicht darin, die äußere Tätigkeit auf eine bereits existierende innere Bewusstseinsebene zu verlagern, sondern die innere Bewusstseinsebene herauszukristallisieren (Leont'ev 1987, 98).
L. S. Vygotskij hat sich in seinen zahlreichen Arbeiten auch der Betrachtung der „Zellen" des Bewusstseins - die Wortbedeutungen - zugewandt. Dabei kam er zu der Einsicht, dass „nicht die Bedeutung, nicht das Bewusstsein dem Leben zugrunde /liegt/, *sondern das Leben liegt dem Bewusstsein zugrunde*" (Leont'ev 1987, 98; Hervorhebung - K.-D. B.). Er erkennt, dass die Bedeutungen keine Gedanken erzeugen, sondern sie *vermitteln*.
Diese Einsichten haben ihn dann folgerichtig zum Problemkreis der *inneren Sprache* geführt (Vygotskij 1964, 61 ff.).
Die innere Sprache ist für L. S. Vygotskij weder identisch mit dem Denken noch mit der äußeren Sprache. Er definiert sie vielmehr als „eine besondere Art der Sprachfähigkeit", „eine Sprache für die Sprechenden selbst" (Vygotskij 1964, 280).
Dieser erkenntnistheoretisch weitgefasste Ansatz L. S. Vygotskijs ist später von S. D. Kaznelson zur *Konzeption des Sprachdenkens* erweitert worden, welcher die Rolle der Sprache im Denkprozess folgendermaßen charakterisiert: "Die Sprache ist nicht nur ein Instrument der Verständigung, sondern auch ein Instrument zur Gestaltung und Explizierung des Denkens" (Kaznelson 1974, 135).
Die Interpretation von *Tätigkeit als gesellschaftlich-historische Kategorie* hat der kognitionswissenschaftlich orientierten Fachsprachenforschung die Möglichkeit eröffnet, nicht nur die individuelle, sondern auch die kollektive Tätigkeit als Determinanten des Kommunikationsprozesses in die Fachtextuntersuchungen einzubeziehen.
Aus erkenntnistheoretischer Sicht führt diese Betrachtungsweise zur Kategorie der *Kommunikation*, die allerdings im Vergleich zur Kategorie der Tätigkeit eine andere Komponente des gesellschaftlichen Seins - *die Subjekt-Subjekt(e)-Beziehungen* - hervorhebt.
In unseren kognitionswissenschaftlich orientierten Untersuchungen betrachten wir die *Kommunikation als Tätigkeit innerhalb eines Systems von anderen Arten menschlicher Tätigkeit.*
Kognitionswissenschaftliche Untersuchungen weisen zu Recht darauf hin, dass der Charakter der Kommunikation bzw. die Komplexität der in gemeinsamer Tätigkeit zu bewältigenden Aufgaben miteinander verbunden sind.
Die Dynamik der Kommunikation wird einerseits durch die Besonderheiten der gemeinschaftlichen Tätigkeit (Ziele, Motive der Kommunikationspartner, Kommunikationspläne usw.) bestimmt. Andererseits ist die Kommunikation eine zentrale *Bedingung* für die erfolgreiche Realisierung kollektiver Tätigkeiten.

Demnach kann festgestellt werden, dass die Spezifik der Kommunikation durch eine Vielzahl innerer und äußerer Bedingungen determiniert wird. Dazu zählen

der Charakter der Tätigkeit, die Besonderheiten der Kommunikationssituation, die individuellen psychischen Merkmale des/der kommunizierenden Subjekte(s) bzw. eine Anzahl sozialpsychologischer Faktoren.
Die schöpferische Anwendung des Kommunikationsprinzips eröffnet dabei weitreichende Möglichkeiten, um die Realisierung von Kenntnissystemen auf der Ebene des Fachtextes zu beschreiben bzw. den Wissenstransfer zwischen verschiedenen Einzelsprachen im Prozess der Translation zu optimieren.
Der objektive Aspektreichtum des Gebrauchs von Fachsprache stellt ohne Zweifel eine wesentliche Bedingung dafür dar, dass der Untersuchungsrahmen der gegenwärtigen Fachsprachenforschung in folgende *Betrachtungsrichtungen* expandiert:
- die Darstellung der sprachlichen/nichtsprachlichen Dimensionen bei der Darstellung und Vermittlung von Fachwissen,
- die Realisierung der kommunikativen/kognitiven Funktionen von Fachsprache,
- die Analyse des Grades der Normhaftigkeit von Fachsprache,
- die Darstellung der individuellen/kollektiven Verfügbarkeit von Fachsprache (fachintern, interfachlich, fachextern),
- die Berücksichtigung der Spezifik fachlicher Sprachverwendungssituationen,
- die Entwicklung von Abgrenzungskriterien von fachlichen Kommunikationsbereichen u.a.

Eine Analyse aktueller fachsprachlicher Arbeits- und Forschungsschwerpunkte hat gezeigt, dass folgende Teilaspekte der fachbezogenen Kommunikationstätigkeit von besonderem *forschungsstrategischen* Interesse für die kognitive Umorientierung der Fachsprachenforschung sind:
1. die Bestimmung der konkreten Zusammenhänge zwischen kognitiver und kommunikativer Tätigkeit in unterschiedlichen fachlichen Kommunikationsbereichen,
2. die Untersuchung von Struktur und Funktion der Informationen, die der Produktion bzw. Rezeption von Fachtexten zugrunde liegen,
3. die Betrachtung der Beziehungen, die zwischen dem erkennenden und dem kommunizierenden Subjekt bzw. den Sachverhalten der objektiven Realität bestehen,
4. die Analyse der Zusammenhänge zwischen den fach- bzw. gegenstandsbezogenen Faktoren und der Dynamik der Fachkommunikation,
5. das Aufzeigen der Wechselbeziehungen zwischen Erkenntnisfortschritten im jeweiligen Fach und den strukturellen bzw. funktionalen Veränderungen in der Fachkommunikation - aus diachroner *und* synchroner Sicht,
6. die intralinguale und interlinguale Betrachtung der Fachkommunikation,
7. die interkulturelle Bestimmung der Strukturen und Funktionen in der Fachkommunikation und

8. die Effektivierung der Informationsübermittlung und des Verstehensprozesses in der Fachkommunikation durch die Berücksichtigung neuer Erkenntnisse linguistischer und nichtlinguistischer Disziplinen (Textlinguistik, Kognitionswissenschaft, Soziologie, Informatik usw.) (Kalverkämper/Baumann 1996).

Dabei zeichnet sich die zu interdisziplinären Problemfeldern übergehende Fachsprachenforschung wie keine andere Teildisziplin der Angewandten Linguistik durch
- *eine beeindruckende wissenschaftstheoretische Dynamik,*
- *eine konsequente forschungspraktische Orientierung* und
- *eine ausgeprägte Hinwendung zur Empirie* aus (Baumann/Kalverkämper 1992; Baumann 1995, 19-34).

Das außerordentlich umfangreiche Erkenntnispotential wird durch zahlreiche grundlegende Beiträge der *Fachsprachenforschung* auf den nachfolgenden Gebieten offenkundig:
a) *die Wissenschaftstheorie* (methodologische Fundierung und methodische Absicherung von Mehr-Ebenen-Modellen der Fachkommunikationsanalyse, die Hinwendung zur Dialektik der Fachsprache − Fachdenken Beziehung, die Analyse des Standardisierungsphänomens von Fachtexten bzw. die Graduierung des Fachlichkeitsniveaus von Texten (Baumann 1994)),
b) *die theoretische Begründung und praktische Umsetzung einer interdisziplinären Wissenschaftsorientierung* (Baumann 1992) und
c) *die problemorientierte Umsetzung theoretischer Erkenntnisse in praktische Anwendungsmöglichkeiten* (Optimierung der Vermittlung fachlicher Kommunikationsprozesse in Verbindung mit aktuellen Untersuchungen der Fachsprachendidaktik, Translationsdidaktik u.a. (Bausch/Christ/Krumm 1995; Buhlmann/Fearns 2000; Baumann/Kalverkämper/Steinberg 2000)).

Diese originären wissenschaftlichen Entwicklungsbeiträge machen deutlich, dass mit der interdisziplinären Orientierung der Fachsprachenforschung traditionelle Abgrenzungen linguistischer Interessenbereiche in verschiedene Richtungen zunehmend in Frage gestellt werden.

3. Die Untersuchung von Kenntnissystemen auf der Ebene des Fachtextes

Seit dem Beginn der achtziger Jahre haben sich verschiedene kommunikationsorientierte Konzepte der Sprachbeschreibung mit der Produktion und Rezeption von (Fach-)Texten beschäftigt (Baumann 1992, 107-120). Dabei darf jedoch nicht übersehen werden, dass in den letzten drei Jahrzehnten v.a. die Komplexität der *Textproduktionsphase* im Mittelpunkt entsprechender Untersuchungen gestanden hat.

Demgegenüber sind die Prozesse der Textrezeption erst seit dem Beginn der neunziger Jahre stärker in kommunikationslinguistischen Analysen berücksichtigt worden (Baumann 2002).
Eine Ursache für das Missverhältnis ist darin zu sehen, dass der Textproduktionsprozess empirisch leichter zu erfassen ist als der Textrezeptionsprozess.
Die vorliegende Analyse stützt sich v.a. auf induktiv-empirische Untersuchungen eines aus drei englisch- und vier deutschsprachigen Fachtexten bestehenden Korpus[1].
Die Fachtexte des Englischen umfassen dabei 27 Teiltexte, 142 Sätze und 3022 Wörter.
Das Fachtextkorpus des Deutschen besteht aus 32 Teiltexten, 137 Sätzen und 2330 Wörtern.
Die Analyseergebnisse beruhen auf einer Fachtextgrundlage von 59 Teiltexten, 279 Sätzen und 5352 Wörtern. Die für die Analyse ausgesuchten Fachtexte des Englischen stammen aus dem Bereich der Linguistik, die Fachtexte des Deutschen beziehen sich auf die Medizin und die Linguistik (vgl. Materialkorpus A).
Die Fachtexte liegen schriftlich fixiert vor und sind ausschließlich unter synchronem Aspekt betrachtet worden. Sie lassen sich auf der Grundlage textlinguistischer Analysen den Fachtextsorten *Enzyklopädieartikel, wissenschaftlicher Zeitschriftenartikel* und *populärwissenschaftlicher Zeitschriftenartikel* zuordnen (Baumann 1992).
Die Eingrenzung des Fachtextkorpus ist aus Gründen einer hohen Reliabilität der Untersuchungsergebnisse beabsichtigt, da es sich bei der vorliegenden Darstellung um ein Pilotprojekt interdisziplinärer Fachtextanalysen handelt, in das 80 Versuchspersonen (Studenten aus verschiedenen Fachrichtungen und Studienjahren der Universität Leipzig) einbezogen wurden.
In Anbetracht der Komplexität des interdisziplinären Vorgehens musste nach methodischen Verfahren gesucht werden, um die überwältigende Fülle von Daten aufarbeiten und ausgewogen darbieten zu können.
Durch die exemplarische Beschreibung von Textbeispielen bzw. die Einbeziehung sprachstatistischer Verfahren ist es möglich geworden, Erkenntnisse über die Kenntnissysteme der Fachkommunikation in übersichtlicher und aussagefähiger Form vorzustellen.
Die Auswertung der Fachtexte ist darauf gerichtet, nachprüfbare Ergebnisse zur Exteriorisierung und Interiorisierung von Kenntnissen in der Fachtextproduktions- bzw. Fachtextrezeptionsphase vorzulegen. Die Validität der gewonnenen Ergebnisse wurde in Bezug auf das von uns an anderer Stelle untersuchte, 795 Druckseiten umfassende englisch- und russischsprachige Fachtextkorpus aus den geisteswissenschaftlichen Einzelwissenschaften der Historiographie, Psychologie und Linguistik (Baumann 1992) überprüft. Somit konnte ein außeror-

---

[1] Zur Zusammenstellung des Fachtextkorpus - siehe Anhang

dentlich hoher Repräsentativitätsgrad bei dieser interdisziplinären Betrachtung von Kenntnissystemen auf der Ebene des Fachtextes erreicht werden.

3.1 Typologisierung und Hierarchisierung der Kenntnissysteme des Fachtextes
In den induktiv-empirischen Fachtextanalysen geht es darum, die Vielfalt, Komplexität und Hierarchie der bei der Fachtextproduktion und Fachtextrezeption vorkommenden Kenntnissysteme, deren spezifische sprachliche Umsetzung auf den verschiedenen Ebenen des Fachtextes sowie die vielschichtigen Wechselbeziehungen zwischen den *Kenntnissystemen und der sprachlichen Realisierung des Fachtextes* aufzuzeigen.
Dabei gehen wir von einem interdisziplinären Analyseansatz aus, der kognitive und sprachliche Sachverhalte in einer dialektischen Beziehung betrachtet. Dadurch wird es möglich, einer *Typologie und Hierarchisierung von Kenntnissystemen* bei der Produktion und Rezeption von Fachtexten näher zu kommen.
Auf der Grundlage unserer Fachtextanalysen lassen sich folgende, in Bezug auf den jeweiligen Gesamttext deszendent angeordnete Kenntnissysteme unterscheiden: das kulturelle, das soziale, das kognitive, das inhaltlich-gegenständliche, das funktionale, das textuelle, das syntaktische, das stilistische und das lexikalisch-semantische Kenntnissystem.
In den weiteren Ausführungen wollen wir uns exemplarisch auf die Darstellung des folgenden Kenntnissystems beschränken.

3.1.1 Das kulturelle Kenntnissystem
Die Einbeziehung kulturspezifischer Kenntnisse in die Fachkommunikation macht die kulturwissenschaftliche Erweiterung der aktuellen Fachsprachenforschung deutlich. So haben *kontrastive Fachtextanalysen* deutlich darauf hingewiesen, dass die fachliche Kommunikation kulturspezifische Besonderheiten aufweist (Baumann/Kalverkämper 1992). Diese beziehen sich insbesondere auf die von M. Clyne aufgezeigten kulturspezifischen fachlichen Kommunikations- bzw. Textstrukturen (Differenzierung einer teutonischen, gallischen, anglo-amerikanischen, nipponischen Art der Fachkommunikation: Clyne 1981, 61-66).
M. Clyne konnte überzeugend darauf hinweisen, dass z.B. in der deutsch- und englischsprachigen Fachkommunikation auf den Gebieten der Linguistik und Soziologie unterschiedliche textuelle Organisationsstrukturen existieren.
Er machte deutlich, dass deutsche Fachtextautoren weitaus häufiger dazu neigen, in Fachtexte *Exkurse* aufzunehmen, welche die zwischen den Sätzen eines Textes bestehenden semantischen Äquivalenzbeziehungen begrenzen. Infolgedessen kommt es beim Rezipienten zur Unterbrechung des Gedankenganges und zu einer asymmetrischen Komposition der Textteile.
Außerdem sind in deutschen Fachtexten die an der Oberflächenstruktur angelegten *Gliederungssignale* zur Sicherung oder Erleichterung des Rezeptionspro-

zesses seltener zu beobachten als in englischen Fachtexten (Baumann 1992, 86 ff.).
M. Clyne führt die kulturellen Spezifika der Fachkommunikation im Deutschen und Englischen hauptsächlich auf die unterschiedlichen Einstellungen der Fachtextautoren zum Kommunikationsinhalt bzw. gegenüber den potentiellen Fachtextrezipienten zurück.
Während sich die deutschsprachige Fachkommunikation durch das Merkmal der *reader responsibility* (Rezipient trägt selbst die Verantwortung, den Fachtext zu verstehen) auszeichnet, ist die englischsprachige Fachkommunikation durch den Aspekt der *writer responsibility* (Produzent trägt die Verantwortung, dass der Rezipient den Fachtext versteht*)* gekennzeichnet.
Diese kommunikationsstrategischen Unterschiede sind nach Auffassung von M. Clyne auf unterschiedliche kulturelle Traditionen der jeweiligen Sprachgemeinschaften zurückzuführen.
Die Konstituierung eines interkulturellen Kenntnissystems lässt sich zu einem großen Teil auf aktuelle Erkenntnisse der kulturanthropologischen Forschung zurückführen. Dabei ist an die besondere Bedeutung zu erinnern, welche den materiellen Lebensbedingungen bzw. den ideellen Wert(system)en zukommt, die von den Menschen einer bestimmten Kulturgemeinschaft entwickelt werden.
Dies kann u.a. dazu führen, dass auch wissenschaftliche Erkenntnisse von verschiedenen Kulturgemeinschaften unterschiedlich interpretiert und umgesetzt werden.
Zahlreiche fachsprachliche Untersuchungen weisen darauf hin, dass dieser wechselseitige Einfluss bei der Darstellung *ideologisch* markierter geisteswissenschaftlicher Sachverhalte besonders auffällig ist.
M. Clyne stellt in diesem Zusammenhang fest, „dass jede Kulturgruppe ihre eigenen Erwartungen der Kommunikation hat, die einem spezifischen Kulturwertsystem zuzuschreiben sind" (Clyne 1993, 3).
Auf der Grundlage kontrastiver Fachtextuntersuchungen demonstriert M. Clyne fünf Orientierungsprinzipien, die bei einer interkulturellen Verständigung eine entscheidende Rolle spielen. Dazu zählen:
1. die bevorzugte Orientierung an *formellen* Regeln vs. die bevorzugte Orientierung am *Inhalt* der Kommunikation,
2. die *verbale* vs. die *schriftliche* Dominanz von Kommunikation,
3. kulturspezifische Beschränkungen im *Diskursrhythmus*,
4. die Vektorialität der Texte, d.h. *Linearität* vs. *Abweichungen/Exkurse* in der Textprogression und
5. Faktoren einer *individualistischen* vs. *kollektivistischen* Kulturdichotomie (Clyne 1993, 9-14).
Die Ausführungen M. Clynes stellen aus wissenschaftshistorischer Sicht einen beachtenswerten Versuch der Typologisierung kulturspezifischer Fachkommu-

nikationsstrukturen dar, der auf den großen Stellenwert von Kulturverschiedenheiten in der fachlichen Kommunikation hinweist.
Im Hinblick auf kontrastive Fachtextuntersuchungen des Englischen, Deutschen, Französischen und Russischen kann nachdrücklich bestätigt werden, dass die Bedeutung kulturspezifischer Kenntnissysteme für den Kommunikationsprozess lange Zeit unterschätzt worden ist (Baumann 1994).
Im Rahmen der vorliegenden interdisziplinären Untersuchung können wir feststellen, dass sich kulturspezifische Determinanten auf den folgenden Ebenen der Fachkommunikation nachweisen lassen:

3.1.1.1 Die soziale Ebene
Diese Ebene bezieht sich auf die *soziale Bewertung des Status*, die der Kommunikationspartner als Angehöriger einer bestimmten Kulturgemeinschaft erfährt.
Interdisziplinär orientierte Untersuchungen im Bereich der *Unternehmenskommunikation* (Corporate Communication) haben dabei bestätigt, dass direkte Wechselbeziehungen zwischen der kulturellen Herkunft der Kommunikationspartner, ihrer sozialen Stellung im Unternehmen und dem jeweiligen Kommunikationsverhalten bestehen (Baumann 1991, 23 ff.; Commer 1992; Hanisch 1999; Mole 1999).
Aus methodologischer Sicht erweist sich das Konzept der *Unternehmensidentität* (Corporate Identity) als besonders geeignet, um die soziale Determiniertheit kulturspezifischer Kenntnisse aufzuzeigen (Schweiger/Schrattenecker 1995, 168 ff.).
Die Unternehmensidentität stellt das Ergebnis eines außerordentlich vielschichtigen sozio-ökonomischen, psycho-sozialen bzw. kommunikativ-kognitiven Prozesses dar, der insbesondere durch die jeweiligen kooperativen Tätigkeiten vermittelt wird. Hervorzuheben ist, dass die Unternehmensidentität in den verschiedenen Ländern und Kulturen (z.B. Deutschland, Großbritannien, USA, Russland, Frankreich, Italien, Dänemark, Japan) auf unterschiedliche sprachlich-kommunikative Weise gestaltet wird (Baumann 1994, 105-125).
Seit der Mitte der achtziger Jahre ist sich das internationale Management der betriebswirtschaftlichen Bedeutung des Verhältnisses von Unternehmenskultur und Interkulturalität stärker bewusst geworden. Zielstrebig haben die Unternehmen seit der Schaffung des europäischen Binnenmarktes (1. Januar 1993) begonnen, die ökonomischen Potenzen von Unternehmensidentität und Unternehmenskultur für absatzfördernde Marktstrategien zu nutzen. So musste z.B. bei der Gründung deutsch-französischer Gemeinschaftsunternehmen festgestellt werden, dass kulturell unterschiedlich geprägte Führungsstile des Managements bestehen und z.T. die gemeinsame Arbeit behindern.
Während deutsche Manager zumeist im Team beraten und entscheiden, ist der französische Unternehmer daran gewöhnt, Beschlüsse häufig allein zu treffen. Während der Manager in Deutschland als rigide und richtlinienfixiert gilt sowie

dem Betrieb üblicherweise seit Jahrzehnten angehört, entscheidet der französische Kollege eher intuitiv, neigt zu Improvisationen und wechselt die Zugehörigkeit zu einem Betrieb häufiger (Dethloff 1993).
Auf ein interessantes Beispiel der sozialen Gebundenheit interkultureller Kenntnisse verweist J. Schuldt in ihren kontrastiven Betrachtungen zur Fachtextsorte *Beipackzettel von Medikamenten* in der deutschsprachigen Kommunikationsgemeinschaft der Schweiz, Österreichs, der BRD und der DDR (Schuldt 1992).
In diesem Zusammenhang führt sie folgendes aus:

> Behauptet wird..., dass es unmöglich sei, für alle Verbraucher *aller sozialen Schichten mit unterschiedlichem medizinisch-pharmakologischem Wissensstand, Krankenhaussituationen* u.a. eine Gebrauchsinformation zu formulieren, die den *individuellen* Bedürfnissen des *einzelnen* Verbrauchers gerecht wird, ... (Schuldt 1992, 23; Hervorhebung - K.-D. B.)

Besonders ausführlich macht sie auf die kulturell spezifischen Verfahren in den deutschsprachigen Ländern aufmerksam, um die soziale Funktion der Fachtextsorte *Beipackzettel von Medikamenten* zu sichern.
Während in der *Schweiz* dem Medikament patientenorientierte bzw. für den Arzt bestimmte fachliche Beipackzettel beigegeben werden, bemühen sich die *österreichischen* Gesetzgeber seit mehreren Jahren um eine dem Patienten verständliche Abfassung der Packungsbeilagen.
In der *DDR* hat keine gesetzgeberisch veranlasste Trennung in fachkreis- bzw. verbraucherorientierte Arzneimittelinformationen bestanden.
In der *BRD* bestehen seit der Contergan-Affäre (1967-1970) besonders strenge juristische Auflagen, die den Verbraucher über eventuelle risikoträchtige Aspekte der verordneten medizinischen Präparate aufklären müssen.
Eine gesetzlich nicht fixierte Erstellung von Beipackzetteln für Medikamente ist in anderen (außer-)europäischen Ländern – z.B. Russland, den USA oder China – durchaus die Regel. In den USA werden um die verbindliche Einführung der *Patient Package Inserts* sogar heftige gesundheitspolitische Auseinandersetzungen geführt.

3.1.1.2 Die kognitive Ebene
Auf dieser Ebene der Fachkommunikationsanalyse werden die kulturbedingten Unterschiede der *intellektuellen Denkstile im Bereich der Wissenschaften* (anglo-amerikanischer, teutonischer, gallischer, nipponischer Stil) systematisch erfasst.
Die mentalen Besonderheiten der Fachkommunikation im Deutschen und Englischen hat M. Clyne folgendermaßen charakterisiert:

> Knowledge is idealized in the German tradition. Consequently, texts by Germans are less designed to be easy to read. Their emphasis is on providing readers with knowledge, theory, and stimulus to thought.... In English-speaking countries, most of the onus falls on writers to make their texts readable... (Clyne 1987, 238)

M. Clyne hat außerdem auf kulturspezifische Unterschiede bei der sprachlichen Umsetzung der *Strategien der Höflichkeit und Kooperativität* in fachlichen Diskursen des Englischen und Deutschen aufmerksam gemacht (Clyne 1993, 5). L. Fleck konnte in Untersuchungen zum Denkstil bereits in den dreißiger Jahren nachweisen, dass sich bestimmte wissenschaftliche Theorien zu einem bestimmten Zeitpunkt bevorzugt in spezifischen Kulturgemeinschaften entwickelt haben. Er hat diese Zusammenhänge an folgenden Beispielen demonstriert:

> Es ist typisch, dass die neue Variabilitätslehre in einem anderen Lande ihre Heimat fand als die klassische Bakteriologie; sie fühlt sich am besten im traditionsarmen Amerika und wird am meisten bekämpft im Vaterlande Kochs... (Fleck 1994, 123)

Im weiteren konzentriert sich L. Fleck auf kulturell bedingte Unterschiede in der *Wissenschaftsmentalität:*

> Sie (die Differenz der Wissenschaftsmentalität - K.-D. B.) ist viel größer, wenn es sich um Physiker und Philologen handelt, noch viel größer zwischen dem Denkstil des modernen europäischen Physikers und eines chinesischen Arztes oder eines Kabbala-Mystikers.... (Fleck 1994, 142)

Die vorliegenden Ergebnisse fachsprachlicher Textanalysen weisen nachdrücklich auf die besondere methodologische und methodische Bedeutung der kognitiven Ebene interkultureller Kenntnisse für die Bearbeitung interdisziplinärer Problemstellungen hin (Baumann 1994).

3.1.1.3 Die inhaltlich-gegenständliche Ebene

Auf den großen forschungsstrategischen Stellenwert dieser Ebene macht H. Oldenburg in seinen Fachtextanalysen aufmerksam. So führt er aus,

> dass im interlingualen Vergleich zwischen Fachtexten aus den *Naturwissenschaften*, die von den primären kulturellen Systemen der Sprachgemeinschaften wenig beeinflusst werden und von den Gegenständen, die der außersprachlichen und ‚außerkulturellen' Realität angehören, determiniert sind, keine oder nur geringe interkulturelle Differenzen bestehen, während die Unterschiede zwischen Fachtexten aus den *Gesellschaftswissenschaften*, die den primären kulturellen Systemen der Sprachgemeinschaften näher stehen und deren Gegenstände mit eben diesen kulturellen Systemen eng verknüpft sind, deutlich größer ausfallen. (Oldenburg 1992, 35-36; Hervorhebung - K.-D. B.)

H.-R. Fluck hat diese Beobachtungen in seinen eigenen Fachtextuntersuchungen bestätigen können. Am Beispiel der *Fachsprache der Philosophie* stellt er folgende Beobachtungen zur kulturellen Spezifik fachwissenschaftlicher Kenntnisse dar:

> Auf dem Gebiet der Philosophie hat Martin Heidegger (1889-1976, Vertreter des Existentialismus - K.-D. B.) versucht, *ein Begriffssystem mit muttersprachlichen Mitteln aufzubauen*, indem er ihre syntaktisch-morphologischen Möglichkeiten ausschöpfte und *sie mit neuen Inhalten ... erfüllte*. Mit diesem System gelang ihm eine *für die deutsche Philosophie produktive Begriffsbildung... In anderen Sprachen ist diese Begriffsbildung* - wie z.B. die Übersetzung der Werke Heideggers ins Französische zeigen - *nicht oder nicht in demselben Maße nachvollziehbar*, ist also begrenzt. *Sie eignet unmittelbar dem Denken und Sprechen des deutschen Philosophen*, bietet aber keine Möglichkeit zu universalem philosophischem Denken. (Fluck 1991, 186-187)

Auch im Bereich der *medizinischen Fachkommunikation* werden kulturspezifisch geprägte Therapievorschläge zur Heilung von Krankheiten vorgestellt, die regional nicht ohne weiteres übertragbar sind.
Dazu gehört z.B. die Wertschätzung von Phytopharmaka in bestimmten Kulturgemeinschaften (vor allem in Asien, Afrika und Südamerika), welche hingegen seit mehreren Jahrzehnten in den hochentwickelten westlichen Industrieländern eher auf Skepsis oder Ablehnung stoßen.
Während Kenntnisse der sogenannten *ganzheitlichen* Medizin bei den Naturvölkern über Jahrhunderte hinweg angewendet und an die nachkommenden Generationen bewahrend weitergegeben wurden, haben in den westlichen Industrienationen die Vertreter der *organbezogenen* Medizin seit einigen Jahren aufs Neue erkennen müssen, dass die Beachtung der Einheit von Körper und Seele ein universelles menschliches Heilungsprinzip darstellt (Breuer 1997).

3.1.1.4 Die funktionale Ebene
Die Funktionen der Fachkommunikation werden gleichfalls von kulturellen Gegebenheiten bestimmt.
Am Beispiel der *Gesetzes- und Verwaltungssprache* macht C. Fuchs-Khakhar darauf aufmerksam, dass unterschiedliche nationale Rechtssysteme die funktionale Ebene von Fachtexten erheblich beeinflussen können (vgl. z.B. germanisches Gewohnheitsrecht in Großbritannien; begrifflich-verallgemeinerndes römisches Recht in Deutschland). Dazu führt sie folgendes aus:

> Es ist deshalb sinnvoll zu vergleichen, wie andere Sprachgemeinschaften versuchen, diese wesentlichen Probleme (der Allgemeinverständlichkeit fachlicher Texte - K.-D. B.) zu lösen. Aus dem englischen Sprachbereich lassen sich Anregungen gewinnen, wie die deutschen Rechtstexte verbessert werden können... (Fuchs-Khakhar 1987, 117)

Weiterführend bemerkt C. Fuchs-Khakhar:

> Anders als in Deutschland, wo alle Aspekte des Rechts durch Gesetze geregelt werden, haben in Großbritannien die Gesetze im Wesentlichen die Funktion, Lösungen zu ermöglichen, die rechtspolitisch geboten sind, denen jedoch das in dem betreffenden Punkt starr gewordene Case-law im Wege steht. (Fuchs-Khakhar 1987, 134)

Schließlich heißt es bei ihr:

> Die britischen ‚statutes' übernehmen so lediglich die Aufgabe, detailliert alle voraussehbaren Fälle zu regeln. Den Richtern bleibt es überlassen, für alle möglichen Fälle offen zu sein. Dagegen versuchen deutsche Gesetze, beide Ziele zu vereinbaren, woraus sich ihre sprachlichen Schwierigkeiten ergeben. (Fuchs-Khakhar 1987, 134)

Bei den kontrastiven Analysen von Fachtexten des Rechts, die unterschiedlichen kulturellen Traditionen entspringen, wird deutlich, dass die kommunikative Funktion entsprechender Fachtextsorten in verschiedenen Kulturkreisen häufig nicht übereinstimmt (vgl. auch die unterschiedlichen Konventionen bei der Kommunikation im Gerichtssaal oder bei der juristischen Urteilsfindung in den USA bzw. in Deutschland).

In Untersuchungen zu Besonderheiten der mündlichen (Fach-)Kommunikation hat R. Schulze festgestellt, dass das *Höflichkeitsphänomen* in den verschiedenen Kulturgemeinschaften unterschiedliche kommunikative Funktionen erfüllt. So hebt er hervor:

> Die Begriffe der *Konvention und Verhaltensform* ... sind die entscheidenden Kriterien, über die sich Gesellschaften des englisch- und deutschsprachigen Kulturraumes abgrenzen lassen: während, wie N. Elias überzeugend nachweisen kann, *im deutschsprachigen Kulturraum* aufgrund der hier vorliegenden spezifischen Sozio- und Psychogenese *Konventionalität und Formalität des Verhaltens einer negativen Bewertung unterliegen*, sind sie *für den englischsprachigen Raum von erstrangiger Bedeutung*... (Schulze 1985, 24; Hervorhebung - K.-D. B.)

Weiter heißt es bei ihm:

> Neben der *gesellschaftsstabilisierenden Funktion* höflichen Verhaltens ist eine weitere anzuführen, die insbesondere in der Wahl von Anredepronomina, Titel- und Ehrenbezeichnungen ihren Niederschlag findet... Insbesondere *statusorientierte Verhaltensmuster*, in denen die jeweilige soziale Position einer Person in einer bestimmten Kommunikationssituation dominant werden kann für die Interpretation von Verhaltensschemata beteiligter Interaktanten, führen u.a. zu Formen *distanzschaffender Höflichkeit*. (Schulze 1985, 25; Hervorhebung - K.-D. B.)

Aus der Sicht kontrastiver Fachtextanalysen des Englischen, Russischen und Deutschen kann bestätigt werden, dass in der mündlichen und schriftlichen

Fachkommunikation zahlreiche kulturspezifische Interaktionsrituale mit spezifischen kommunikativen Funktionen vorkommen, die zukünftig unter kognitiven Gesichtspunkten differenzierter betrachtet werden müssen (z.b. Verwendung von Routineformeln; negative Bewertung von Schweigephasen in fachlichen Diskursen in den westeuropäischen Kulturgemeinschaften vs. positive Bewertung im asiatischen Kulturraum; unterschiedliches Respektverhalten von Partnern in der Fachkommunikation, z.b. aus Ost- bzw. Westeuropa; unterschiedliche Strategien und Funktionen der kommunikativen Ausgestaltung des Selbst- und Fremdbildes von Kommunikationspartnern aus den westlichen Industrienationen bzw. den ehemaligen sozialistischen Staaten Osteuropas sowie den Entwicklungsländern; kulturspezifische Funktionen der Strategien des Overstatements und Understatements in Fachdiskursen, z.b. in den USA bzw. Großbritannien usw.) (Baumann 1992).

3.1.1.5 Die textuelle Ebene
Beim interlingualen Vergleich des unseren Untersuchungen zugrunde liegenden Fachtextkorpus finden sich bestimmte Fachtextsorten, die aus kulturellen Gründen keine oder eine nur partielle Entsprechung haben.
So existiert z.B. die Fachtextsorte *fachbezogener Essay* im Russischen nicht. In der Fachkommunikation des Englischen ist der *fachbezogene Essay* hingegen eine außerordentlich weitverbreitete Fachtextsorte.
Die im Rahmen des marktwirtschaftlichen Systems relevante Fachtextsorte *Börsenbericht* hatte bisher im Russischen kein Äquivalent gehabt, da erst seit Beginn der neunziger Jahre in der ehemaligen Sowjetunion die Abkehr von der sozialistischen Planwirtschaft vollzogen wurde.
Demgegenüber sind im englisch- und französischsprachigen Kulturraum die in den staatseigenen Betrieben Russlands verbreiteten Fachtextsorten *Wettbewerbsaufruf, Betriebswandzeitung* und *Betriebzeitung* weitgehend unbekannt.
Außerdem ist die Makrostruktur der Fachtextsorte *Sowjetische Erfindungsbeschreibung* bzw. der in westlichen Industriestaaten üblichen Fachtextsorte *Patent* von kulturhistorisch bedingten Unterschieden geprägt (Geisler 1985, 87-92).
Die strukturell-funktional unterschiedliche Gestaltung der Fachtextsorte *Nekrolog* im Englischen, Russischen und Deutschen bietet gleichfalls wichtige Hinweise auf den großen Stellenwert, den kulturelle Faktoren bei der Fachtextkonstituierung besitzen (Sperber 1992, 138 ff.).
Schließlich kann der Einfluss kulturspezifischer Kenntnisse auf den Fachtext auch am Beispiel der nicht- bzw. teiläquivalenten Fachtextsorten *Standard* (Lampe 1990, 112-122), *Kochrezept* (Robaschik 1988, 106-114) sowie *Wetterbericht* (Spillner 1983, 110-123) nachgewiesen werden.

Die textuelle Manifestation kulturspezifischer Kenntnisse macht deutlich, dass in den verschiedenen Einzelsprachen nichtkongruente (Fach)Textgliederungsmechanismen bei der Verbalisierung von Bewusstseinsinhalten bestehen.

3.1.1.6 Die stilistische Ebene
Die Betrachtung des wechselseitigen Verhältnisses von Kultur und Stil hat bereits zu den Aufgabenbereichen der aristotelischen Rhetorik gehört (Kopperschmidt 1990, 28ff.).
Die Einbeziehung der Dialektik von Kultur und Stil in die moderne Fachkommunikationsanalyse lässt sich auf die zunehmende Bedeutung des pragmatischen Ansatzes und der ethnomethodologischen Orientierung in der Stilistik zurückführen (Sandig 1986).
Vorliegende Fachtextanalysen bestätigen, dass es zahlreiche kulturspezifische Unterschiede bei der stilistischen Ausgestaltung von Fachtexten gibt (vgl. z.B. wissenschaftliche Werbetexte: Kellermann 1997; Sowinski 1998).
So konnte mit qualitativen und quantitativen Verfahren an einem umfangreichen Fachtextkorpus des Englischen, Deutschen und Russischen exakt nachgewiesen werden, dass z.B. die Spannbreite bzw. der Anteil stilistisch relevanter Elemente in englisch- und deutschsprachigen Fachtexten der Historiographie, Linguistik und Psychologie näher beieinander liegen als bei einem Vergleich zwischen den deutsch- und englischsprachigen Exemplaren einerseits und den russischsprachigen Fachtexten andererseits (Baumann 1992, 71 ff.).
Im Russischen weist z.B. die Fachtextsorte *Monographie* einen deutlich höheren Anteil stilistisch relevanter Elemente auf als die vergleichbaren englischbzw. deutschsprachigen Entsprechungen.
In Studien zu Besonderheiten der Fachtextsorte *medizinische Originalarbeiten* stellt S. Ylönen gleichfalls eine Reihe kulturspezifischer Stilbesonderheiten fest (Ylönen 1993, 81 ff.).
In Anbetracht neuer Kommunikationstechnologien und des damit verbundenen Stilwandels wird seit dem Ende der neunziger Jahre die interdisziplinäre Betrachtung von verschiedenen *fachsprachlichen Kommunikationskulturen* angemahnt (Maletzke 1996).
Es ist unbestritten, dass die Analyse der stilistischen Ebene kulturspezifischer Kenntnissysteme insbesondere für die Absicherung eines kultur- und sprachübergreifenden Wissenstransfers weiter an Bedeutung gewinnen wird.

3.1.1.7 Die lexikalisch-semantische Ebene
Diese Ebene äußert sich in denjenigen Fachtexten besonders deutlich, in denen die Bedeutung der Termini kulturell determiniert ist.
So hat z.B. der Terminus *Licence Agreement* (Lizenzvereinbarung) in den USA bzw. in Deutschland unterschiedliche Bedeutungsinhalte (Ulijn/Strother 1995,

68 ff.). Diese semantische Nichtäquivalenz verursacht besonders bei Fachübersetzungen zahlreiche Probleme.
M. A. K. Halliday und R. Hasan machen darüber hinaus in lexikalisch orientierten Analysen deutlich, dass das gleiche Lexem in unterschiedlichen Kulturgemeinschaften verschiedene Bedeutungen besitzen kann:

> We can and do use the words *go shopping* for the service encounter in shops both in a Western capitalist country, for example, Australia, and in a mainly non-industrialized Third World country, for example Pakistan. But it is important to remember that the ways of saying, being and doing are qualitatively different... Neither the range of appropriate meanings nor the set of situational values is the same... (Halliday/Hasan 1990, 101)

Die interkulturellen Kenntnisse manifestieren sich auf der lexikalisch-semantischen Ebene des Fachtextes insbesondere im *gesellschaftsspezifischen Wortschatz*. Dieser bezieht sich zumeist auf Denotate des gesellschaftlichen Überbaus, d.h. auf Sachverhalte und Prozesse der *Politik, Justiz, Bildung, Wissenschaft, Kultur* bzw. des *Staates*.
So sind im Kommunikationsbereich der Politik kulturtypische Bezeichnungen für gesellschaftliche Ämter und Funktionen besonders auffällig (z.B. Benennung des höchsten (repräsentativen) Staatsamtes in

Libyen	- Revolutionsführer,
Deutschland/Österreich/der Schweiz	- Bundespräsident,
Frankreich/den USA	- President,
Großbritannien	- His/Her Majesty, the King/ the Queen u.a.)

Kontrastive Untersuchungen zur *Fachsprache des Sports* haben überdies gezeigt, dass auch signifikante Unterschiede in der Gebrauchshäufigkeit bestimmter Benennungen auftreten können, die mit dem Prestige von Sportarten in bestimmten Kulturgemeinschaften verbunden sind (Polzer 1992, 86 ff.).
Zudem kann festgestellt werden, dass in den westlichen Industrienationen die Sportlexik häufig Eingang in die *Werbesprache* findet. In den osteuropäischen Staaten kann eine vergleichbare Entwicklung erst seit Mitte der neunziger Jahre beobachtet werden.
Interkulturelle Besonderheiten der Fachkommunikation werden auf der lexikalisch-semantischen Ebene außerdem durch Entlehnungen von Phraseologismen, Anachronismen, Neologismen, Archaismen, Historismen aus anderen (dominanten) Kulturgemeinschaften deutlich (Fleischer 1987).

4. Zusammenfassung

Vorliegende interdisziplinäre Untersuchungen haben gezeigt, dass im Prozess der Fachkommunikation eine Vielzahl unterschiedlicher Kenntnissysteme zu-

sammenwirkt. Das methodologisch und methodisch bewährte Mehr-Ebenen-Modell der Beschreibung von Fachtexten eröffnet unbegrenzte erkenntnistheoretische Perspektiven, um die wechselseitigen Zusammenhänge der Kenntnissysteme in der Fachtextproduktion und der Fachtextrezeption systematisch zu beschreiben.
Im Ergebnis der repräsentativen induktiv-empirischen Fachtextanalysen wird deutlich, dass die Fachkommunikation einen komplexen kommunikativ-kognitiven Prozess darstellt, bei dem die Kommunikationspartner unter bestimmten Handlungsbedingungen spezifische Kenntnisse für die Produktion bzw. Rezeption von Fachtexten aktualisieren.
Diese Kenntnisse werden als komplexes System verstanden, das wiederum aus eigenständigen Subelementen – die sogenannten Ebenen – besteht.
In unseren Arbeiten gehen wir von einer deszendent angeordneten Hierarchie von Kenntnissystemen aus, welche in ihrer Gesamtheit die Fachkommunikation konstituiert.
Die aufgezeigte Hierarchisierung von Kenntnissystemen spiegelt dabei den gegenwärtigen Untersuchungsstand auf diesem Gebiet wider.

5. Korpus der Fachtexte

Materialkorpus A)
Text 1: Haas-Brossard, G.: „Die Sprache der Symbole." In: *Die Waage. Zeitschrift der Grünenthal GmbH*. Nr. 1. Band 35. 1996. 2-11.
Text 2: Peters, R.-O.: „Reden ist Gold. PC-Serie Praxis-Management, 7. Folge." In: *Praxis-Computer* Nr. 2. Köln. April 1996. 18-21.
Text 3: Schippan, T.: „Viren, Ampeln und Altlasten. Zur Metaphorik in der deutschen Sprache der Gegenwart." In: *Deutsch als Fremdsprache* Heft 2. 31. Jg. München, Berlin 1994. 86-91.
Text 4: Davies, C.: „Language, identity and ethic jokes about stupidity." In: *International Journal of the Sociology of Language* 65. Berlin/New York/Amsterdam 1987. 39-52.
Text 5: Davidson, F./Bachman, L.: „The Cambridge-TOEFL Comparability Study: An Example of the Cross-National Comparison of Language Tests." In: *AILA Review* 7. Amsterdam 1990. 24-45.
Text 6: Haberstam, D.: „The haves and have nots." In: Groen, J./Smit, E./Eijsvoogel, J. (ed): *The Discipline of Curiosity. Science in the World*. Amsterdam/London/Paris/New York/ Tokyo 1990. 9-16.

Materialkorpus B)
Textsorte „Ratgeber-Schriften"
Heft 1: Prof. Dr. med. R. Haeckel/G. Woltering/R. Adam, Steuerbevollmächtigter/Prof. Dr. jur. H. Narr/W. Schramm, Architekt/J. Sembritzki: *Empfehlungen zur rationellen Organisation von ärztlichen Laborgemeinschaften*. Deutscher Ärzte-Verlag Köln 1986.

Die Entwicklungsperspektiven der Fachsprachenforschung 159

Heft 2: Dr. phil. B. Kosanke/Dipl.-Betriebswirt R. Liebold: *Arzt in freier Praxis.* Deutscher Ärzte-Verlag 1989.
Heft 3: Prof. Dr. jur. H. Narr: *Der Arzt als Arbeitgeber. Arbeitsrechtliche, handlungsrechtliche Fragen in der Praxis.* Deutscher Ärzte Verlag Köln 1988.
Heft 4: Dr. med. J. G. Veigel, Arzt für Allgemeinmedizin/Ing. grad. H. Holstein/Dr. med. F. W. Schwartz: *Empfehlungen zur rationellen Ausstattung der Arztpraxis.* Deutscher Ärzte-Verlag Köln 1984.
Heft 5: E. Korthaus/G. Woltering/R. Deutsch/V. Bicanski/H. Sander: *Finanzierungsmöglichkeiten einer Praxis.* Deutscher Ärzte-Verlag Köln 1989.
Heft 6: Prof. Dr. jur. H. Narr: *Standortwahl und Raubbeschaffung.* Deutscher Ärzte-Verlag Köln 1990.

Textsorte „Fachzeitschrift"
Dr. med. G. Weis: *Ärzte-Betriebswirtschaft* 1/1990. Bonn.

Textsorte „Werbeschrift"
Jentzsch, S.: *Praxis Special.* Sichert GmbH. Lichtenau 1991.

Materialkorpus C)
Englisch
Barry, W. J./Kohler, K. J. (eds): *„Time" in the Production and the Perception of Speech.* Report of an Interdisciplinary Colloquium held in the Phonetics Department of Kiel University, February 22-24, 1979 (Text Nr. 7).
Bolton, N.: *Concept formation.* Oxford/New York/Sydney/Toronto/Paris/Frankfurt a. Main 1977 (Text-Nr. 3).
Booth, A.: „Food Riots in the North-West of England 1790-1801." In: *Past & Present* No. 77, November 1977 (Text-Nr. 4).
Child, D.: *Psychology and the teacher.* London 1981 (T-Nr. 10).
Crystal, D.: *Linguistics.* London 1982 (T-Nr. 2).
Crystal, D./Davy, D.: *Investigating English Style.* London/Harlow 1969 (T-Nr. 9).
Freeman, D. C. (ed): *Essays in Modern Stylistics.* London/New York 1981 (T-Nr. 12).
Kettle, M.: „The Drift to Law and Order". In: *Marxism Today.* October 1980 (T.-Nr. 22).
Morton, A. L.: *A People's History of England* 1977 (T-Nr. 23).
Russell, B.: *Unpopular Essays.* London 1970 (T-Nr. 11).
Sager, J. C.: „Approaches to Terminology and the Teaching of Terminology." In: *Fachsprache* Heft 3-4. Wien 1981 (T-Nr. 24).
Shaffer, L. H.: „Rhythm and Timing in Skill." In: *Psychological Review.* Harvard University Vol. 89. No.2. March 1982 (T-Nr. 6).
Snellgrove. L. E.: *The Early Modern Age.* London 1979 (T-Nr. 8).
Strachey, L.: *Elizabeth and Essex.* Düsseldorf 1943 (T-Nr. 25).
Strevens, P./Johnson, E.: „Seaspeak: A Project in Applied Linguistics, Language Engineering, and Eventually ESP for Sailors." In: *ESP Journal.* Pergamon Press 1983. Vol. 2 (T-Nr. 2).
Sutherland, N. S. (ed): *Tutorial Essays in Psychology.* Vol. I. New Jersey 1977 (T-Nr. 13).
Temperley, H.: „Capitalism, Slavery and Ideology." In: *Past & Present* No. 75. Oxford, May 1977 (T-Nr. 29).
Thompson, E. P.: *The Making of the Working Class.* London 1968 (T-Nr. 1).

Trevelyan, G. M.: *A Shortened History of England*. London 1980 (T-Nr. 28).
Turner, J./Nübold, P.: „The Language of Air Traffic Control." In: *Fachsprache* Heft 1, Wien 1981 (T-Nr. 27).
Williams, R.: „Democracy and Parliament." In: *Marxism Today*. June 1982 (T-Nr. 28).

Russisch

Bachnjan, K. B.: „Antroponomija kak ob"ekt sociolingvističeskogo issledovanija." In: F. M. Berezin: *Sociolingvističeskij Aspekt Imeni Sobstvennogo*. Moskva 1984 (T-Nr. 19).
Berezin, F. M.: *Sociolingvističeskij Aspekt Imeni Sobstvennogo*. Moskva 1984 (T-Nr. 19).
Galperin, I. R.: *Tekst kak ob"ekt lingvističeskogo issledovanija*. Moskva 1981 (T-Nr. 15).
Žukov, E.: „Istorizm marksizma." In: *Kommunist* 13. 1980 (T-Nr. 16)
Iofik, L. L.: *Strukturnyj sintaksis anglijskogo jazyka*. Leningrad 1972 (T-Nr. 30).
Klarin,V./Lejka, L.: „A. P. Pinkevič (1884-1939)." In: *Sovetskaja Pedagogika* 2/1984 (T-Nr. 17).
Mel'nik, V. M.: „O semantiko-stilističeskich osobennostjach imennych slovosočetanij v chudežestvennoj i gazetnoj reči." In: *Voprosy stilistiki i prepodavanii russkogo jazyka inostrancam*. Moskva 1972 (T-Nr. 31).
Moskal'skaja, O. I.: „Tekst - dva ponimanija i dva podchoda." In: *Russkij jazyk, funkcionirovanie grammatičeskich kategorij, Tekst i kontekst*. Moskva 1984 (T-Nr. 18).
Popov, S. I. et. al.: *Marksistsko-leninskaja filosofija. Istoričeskij materializm*. Moskva 1977 (T-Nr. 14).
Rozental', D. E.: *Praktičeskaja stilistika russkogo jazyka*. Moskva 1965 (T-Nr. 21).
Titarenko, A. I. et. al.: *Marksistskaja etika*. Moskva 1980 (T-Nr. 20).

Materialkorpus D)

Crystal, D.: *The Cambridge Encyclopedia of Language*. London 1988 (T-Nr.1-3).
Cauwenbergh, C.: „Klinische Erfahrungen mit Itraconazol." In: *Aktuelle Verlagsbeilage zum Deutschen Ärzteblatt vom 21. Februar 1992* (T-Nr.4).
Uhl, S.: „Das hilft an den kritischen Tagen. Wirksame Tipps gegen Regelschmerzen." In: *Prisma* (Beilage zur Leipziger Volkszeitung) 17/92 (T-Nr. 5).
Schneidrzik, K.: „Wenn der Blutdruck zu hoch ist." In: *Prisma* (Beilage zur Leipziger Volkszeitung) 17/92 (T-Nr. 6).
Weise, G.: „Rezeptiver und produktiver Lexikerwerb als Kategorien in der Angewandten Fremdsprachenpsychologie." In: *Deutsch als Fremdsprache. Zeitschrift zur Theorie und Praxis des Deutschunterrichts für Ausländer* Heft 21/1991. 28. Jg. München/Berlin (T-Nr. 7).

Literatur

Austin, J. L. (1979): *Zur Theorie der Sprechakte*. Stuttgart.
Baumann, K.-D. (1981): *Linguostilistische Untersuchungen zu englischen Fachtexten der Historiographie* (Diss.). Leipzig.
- (1987): „Die Bedeutung des Fachdenkens bei der Untersuchung von Fachtexten." In: R. Gläser (Hg.): *Beiträge zur anglistischen Fachsprachenforschung*. Leipzig. 92-108.
- (1990): „Ein komplexes Herangehen an die Untersuchung von Normen in der Fachkommunikation." In: L. Hoffmann (Hg.): *Empfehlung, Standard, Norm*. Leipzig. 70-84.

- (1991): „Die Fachlichkeit von Kommunikation und ihre Bedeutung in der Entwicklung einer Unternehmensidentität." In: T. Bungarten (Hg.): *Konzepte zur Unternehmenskommunikation, Unternehmenskultur & Unternehmensidentität*. Tostedt. 23-25.
- (1992): *Integrative Textlinguistik*. Tübingen.
- (1994): *Fachlichkeit von Texten*. Egelsbach/Frankfurt a. Main/Washington.
- (1995): „Die psychologisch-kognitive Erweiterung der Fachsprachenforschung." In: I.-A. Busch-Lauer/S. Fiedler/M. Ruge (Hg.): *Texte als Gegenstand linguistischer Forschung und Vermittlung*. Frankfurt a. M./Berlin/Bern/New York/Paris/Wien. 19-34.
- (1996): „Fachtextsorten und Kognition - Erweiterungsangebot an die Fachsprachenforschung." In: H. Kalverkämper/K.-D. Baumann (Hg.): *Fachliche Textsorten*. Tübingen. 355-388.
- (2002): *Kenntnissysteme im Fachtext*. Egelsbach/Frankfurt a. Main/München/New York.

Baumann, K.-D./Kalverkämper, H. (Hg.) (1992): *Kontrastive Fachsprachenforschung*. Tübingen.

Baumann, K.-D./Kalverkämper, H./Steinberg-Rahal, K. (Hg.) (2000): *Sprachen im Beruf.* Tübingen.

Bausch, K.-R./Christ, H./Krumm, H.-J. (Hg.) (1995): *Handbuch Fremdsprachenunterricht*. Tübingen/Basel.

Beier, R. (1982): „Zur Untersuchung der Fachsprache aus text- und pragmalinguistischer Sicht." In: J. R. Richart/G. Thome/W. Wilss (Hg.): *Fachsprachenforschung und -lehre. Schwerpunkt Spanisch*. Tübingen. 15-27.

Beneš, E. (1969): „Zur Typologie der Stilgattungen der wissenschaftlichen Prosa." In: *Deutsch als Fremdsprache* 3. 225-231.

Breuer, R. (Hg.) (1997): *Das Rätsel von Leib und Seele. Der Mensch zwischen Geist und Materie*. Stuttgart.

Budin, G. (1996): *Wissensorganisation und Terminologie*. Tübingen.

Buhlmann, R./Fearns, A. (2000): *Handbuch des Fachsprachenunterrichts*. Tübingen.

Clyne, M. (1981): „Culture and discourse structure." In: *Journal of Pragmatics* 5. 61-66.
- (1987): „Cultural differences in the organization of academic texts." In: *Journal of Pragmatics* 11. 217-247.
- (1993): „Pragmatik, Textstruktur und kulturelle Werte. Eine interkulturelle Perspektive." In: H. Schröder (Hg.): *Fachtextpragmatik*. Tübingen. 3-18.

Commer, H. (1992): *Knigge international. Richtige Umgangsformen, erfolgreiche Verhandlungsmethoden und optimale Geschäftsbeziehungen in allen Ländern der Welt*. Düsseldorf.

Cook, G. (1990): *Discourse*. Oxford.

Desselmann, G./Hellmich, H. (Hg.) (1981): *Didaktik des Fremdsprachenunterrichts (Deutsch als Fremdsprache)*. Leipzig.

Dethloff, U. (1993): *Interkulturalität und Europakompetenz*. Tübingen.

Engberg, J. (1997): *Konventionen von Fachtextsorten. Kontrastive Analysen zu deutschen und dänischen Gerichtsurteilen*. Tübingen.

Felber, H./Budin, G. (1989): *Terminologie in Theorie und Praxis*. Tübingen.

Fleck, L. (1994): *Entstehung und Entwicklung einer wissenschaftlichen Tatsache. Einführung in die Lehre vom Denkstil und Denkkollektiv*. Frankfurt a. Main.

Fleischer, W. (1987): *Wortschatz der deutschen Sprache in der DDR*. Leipzig.

Fleischer, W./Michel, G. (Hg.) (1975): *Stilistik der deutschen Gegenwartssprache*. Leipzig.

Fluck, H.-R. (1991): *Fachsprachen. Einführung und Bibliographie*. Tübingen.

Freud, S. (1940-1952): *Gesammelte Werke*. Bd.1-17. London.

Fuchs-Khakhar, C. (1987): *Die Verwaltungssprache zwischen dem Anspruch auf Fachsprachlichkeit und Verständlichkeit.* Tübingen.
Galperin, I. R. (1977): *Stylistics.* Moscow.
Geisler, W. (1985): „Zur sprachpraktischen Beschreibung und Bestimmung der Textsorte ‚Sowjetische Erfindungsbeschreibung'". In: *Linguistische Studien Reihe A.* 133. 87-92.
Göpferich, S. (1995): *Textsorten in Naturwissenschaften und Technik.* Tübingen.
Halliday, M A. K./Hasan, R. (1990): *Language, context and text: aspects of language in a social-semiotic perspective.* Oxford.
Hanisch, H. (1999): *Kulinarischer Knigge. Perfekte Umgangsformen rund um Essen und Trinken.* Niedernhausen/Taunus.
Hartmann, R. R. K. (1973): *The Language of Linguistics. Reflections on Linguistic Terminology.* Tübingen.
Havránek, B. (1967): *Zadači literaturnogo jazyka i ego kul'tura. Pražskij lingvističeskij kružok.* Moskva.
Hoffmann, J. (1986): *Die Welt der Begriffe. Psychologische Untersuchungen zur Organisation des menschlichen Wissens.* Berlin.
Hoffmann, L. (1976): *Kommunikationsmittel Fachsprache. Eine Einführung.* Berlin.
- (1982): „Probleme und Methoden der Fachsprachenforschung." In: J. R. Richart/G. Thome/W. Wilss (Hg.): *Fachsprachenforschung und -lehre. Schwerpunkt Spanisch.* Tübingen. 1-13.
- (1984): *Kommunikationsmittel Fachsprache. Eine Einführung.* Berlin. 2. überarbeitete Auflage.
- (1988): *Vom Fachwort zum Fachtext.* Tübingen.
- (1990): *Fachtexte und Fachtextsorten.* Leipzig.
- (1990a): „Thesaurus und Fachtext." In: L. Hoffmann (Hg.): *Empfehlung, Standard, Norm.* Leipzig. 56-69.
- (1992): „Fachtextsorten in der Fremdsprachenausbildung." In: *Fachsprache.* 14/3-4. Wien. 141-149.
Hoffmann, L./Kalverkämper, H./Wiegand, H. E. (Hg.) (1998): *Fachsprachen. Ein internationales Handbuch zur Fachsprachenforschung und Terminologiewissenschaft.* 1. Halbband. Berlin/New York.
Hoffmann, L./Piotrowski, R. G. (1979): *Beiträge zur Sprachstatistik.* Leipzig.
Kalverkämper, H. (1981): *Orientierungen zur Textlinguistik.* Tübingen.
- (Hg.) (1988): *Fachsprachen in der Romania.* Tübingen.
Kalverkämper, H./Baumann, K.-D. (Hg.) (1996): *Fachliche Textsorten.* Tübingen.
Kaznelson, S. D. (1974): *Sprachtypologie und Sprachdenken.* Berlin.
Kellermann, M. (1997): *Suggestive Kommunikation. Unterschwellige Botschaften in Alltag und Werbung.* Bern/Göttingen/Toronto/Seattle.
Kopperschmidt, J. (Hg.) (1990): *Rhetorik. Band 1: Rhetorik als Texttheorie.* Darmstadt.
Lampe, M. (1990): „Überlegungen zur sprachlichen Unifizierung von RGW-Standards." In: L. Hoffmann (Hg.): *Empfehlung, Standard, Norm.* Leipzig. 112-122.
Lauren, C./Nordman, M. (1987): *Frankunskapens frukt till Babels torn. En bok om facksprak.* Stockholm.
Leont'ev, A. A. (1975): *Psycholinguistische Einheiten und die Erzeugung sprachlicher Äußerungen.* Berlin.
Leont'ev, A. A./Leont'ev, A. N./Judin, E. G. (1984): *Grundfragen einer Theorie der sprachlichen Tätigkeit.* Stuttgart.
Leont'ev, A. N. (1987): *Tätigkeit, Bewußtsein, Persönlichkeit.* Berlin.

Maletzke, G. (1996): *Interkulturelle Kommunikation.* Opladen.
Mole, J. (1999): *Mind your Manners. Managing business cultures in Europe.* London.
Oldenburg, H. (1992): *Angewandte Fachtextlinguistik.* Tübingen.
Polzer, K. (1992): „Versuch einer Differenzierung des Fachzeitschriftenartikels in Zeitschriften der Sportwissenschaft (Englisch/Deutsch)." In: R. Gläser (Hg.): *Aktuelle Probleme der anglistischen Fachtextanalyse.* Frankfurt a. Main/Berlin/Bern/New York/Paris/Wien. 86-94.
Riesel, E./Schendels, E. J. (1975): *Deutsche Stilistik.* Moskau.
Robaschik, S. (1988): „Russischsprachige Kochrezepte." In: R. Gläser (Hg.): *Fachtext als Instrument und Resultat kommunikativer Tätigkeit.* Leipzig. 106-114.
Rubinstein, S. L. (1977): *Grundlagen der Allgemeinen Psychologie.* Berlin.
Sandig, B. (1986): *Stilistik der deutschen Sprache.* Berlin/New York.
Schmidt, W. (1969): „Zur Theorie der funktionalen Grammatik." In: *Zeitschrift für Phonetik, Sprachwissenschaft und Kommunikationsforschung.* 22. Berlin. 135 ff.
- (Hg.) (1981): *Funktional-kommunikative Sprachbeschreibung.* Leipzig.
Schmidt, W./Stock, E. (1979): *Rede - Gespräch - Diskussion.* Leipzig.
Schröder, H. (Hg.) (1993): *Fachtextpragmatik.* Tübingen.
Schuldt, J. (1992): *Den Patienten informieren. Beipackzettel von Medikamenten.* Tübingen.
Schulze, R. (1985): *Höflichkeit im Englischen. Zur linguistischen Beschreibung und Analyse von Alltagsgesprächen.* Tübingen.
Schweiger, G./Schrattenecker, G. (1995): *Werbung. Eine Einführung.* Stuttgart/Jena.
Searle, J. R. (1971): *Sprechakte. Ein sprachphilosophischer Essay.* Frankfurt a. Main.
Serebrennikov, B. A. (Hg.) (1975): *Allgemeine Sprachwissenschaft.* Bd. II. Berlin.
Skudlik, S. (1990): *Sprachen in den Wissenschaften. Deutsch und Englisch in der internationalen Kommunikation.* Tübingen.
Sowinski, B. (1998): *Werbung.* Tübingen.
Sperber, W. (1992): „Nekrologe in wissenschaftlichen Zeitschriften (auf der Grundlage englischer, russischer und deutscher Texte)." In: R. Gläser (Hg.): *Aktuelle Probleme der anglistischen Fachtextanalyse.* Frankfurt a. Main. 138-141.
Spillner, B. (1983): „Zur kontrastiven Analyse von Fachtexten - am Beispiel der Syntax von Wetterberichten." In: B. Schlieben-Lange/H. Kreuzer (Hg.): *Fachsprache und Fachliteratur.* Göttingen. 110-123.
Störel, T. (1997): *Metaphorik im Fach. Bildfelder in der musikwissenschaftlichen Kommunikation.* Tübingen.
Swales, J. M. (1990): *Genre Analysis. English in academic and research settings.* Cambridge.
Ulijn, J. M./Strother, J. B. (1995): *Communicating in Business and Technology. From Psycholinguistic Theory to International Practice.* Frankfurt a. Main/Berlin/Bern/New York/ Paris/Wien.
Vygotskij, L. S. (1956): *Izbrannye psichologičeskie issledovanija.* Moskva.
- (1964): *Denken und Sprechen.* Berlin.
Ylönen, S. (1993): „Stilwandel in wissenschaftlichen Artikeln der Medizin. Zur Entwicklung der Textsorte ‚Originalarbeiten' in der ‚Deutschen Medizinischen Wochenschrift' von 1884-1989." In: H. Schröder (Hg.): *Fachtextpragmatik.* Tübingen.

GLOBALISIERUNG UND MEHRSPRACHIGKEIT: TRANSLATION IM WANDEL?

Peter Sandrini, Innsbruck

Globalisierung scheint zu Beginn des 3. Jahrtausends ein omnipräsentes Schlagwort geworden zu sein. Mehrere unterschiedliche Perspektiven kennzeichnen diesen Begriff. Der wichtigste und zugleich fortgeschrittenste Aspekt ist wohl die ökonomische Dimension der Globalisierung: Regionale Märkte (EU, NAFTA), Bemühungen um Liberalisierung im weltweiten Handel (GATT, OECD etc.) sollen den freien Austausch von Gütern und Dienstleistungen ermöglichen und dadurch einen globalen Markt erschließen.
Die ökologische Globalisierung ist von ihren Auswirkungen her der wirtschaftlichen wahrscheinlich durchaus ebenbürtig: Treibhauseffekt, Atomunfälle etc. ziehen internationale Folgen nach sich und geben immer wieder Anlass zu zwischenstaatlichen internationalen Konflikten (z.b. Durchsetzung des Kyoto-Abkommens, transnationale Konflikte um Atomkraftwerke, etc.).
Globale Auswirkungen zeigt auch die Entwicklung einer weltweiten Kommunikationsinfrastruktur, insbesondere des WWW, die zu einer einheitlichen globalen Informationsplattform geführt hat und einen weltweiten Austausch von Texten und Dokumenten jeder Art ohne Aufwand ermöglicht.
Die drei genannten Entwicklungen haben vor allem im gesellschaftlichen Bereich einschneidende Auswirkungen gezeigt. So wurde die vorher ausschließlich nationale Identität aufgeweicht und durch andere Modelle kultureller und sozialer Gemeinschaft („global village", „Weltgesellschaft") ergänzt, die quer zu den traditionellen identitätsstiftenden Gemeinschaften verlaufen.
Unter den Auswirkungen für den Translator drängt sich zunächst einmal die allgemeine Nachfragesteigerung in den Vordergrund (vgl. Grade 2002). Nicht nur stieg das weltweite Übersetzungsvolumen rapide an, es wurde auch ein Markt für spezifische translatorische Dienstleistungen geschaffen, die es in dieser Form vorher kaum gegeben hat: Mehrsprachige technische Dokumentation, Softwarelokalisierung – diese beinhaltet sowohl das Übersetzen von Benutzeroberfläche, Programmbefehlen, Online-Hilfe und Dokumentation als auch die kulturelle Anpassung des Produktes – und die Lokalisierung von Webseiten, die ebenso neben der Übersetzung der Texte eine kulturelle Adaptation umfasst. Damit wird einerseits die translatorische Dienstleistung umgangen, indem eine echte multilinguale Dokumentenerstellung und -verwaltung umgesetzt wird, andererseits aber eine sehr spezifische Art der Translation nachgefragt, die sehr hohe Voraussetzungen an technischem Fachwissen voraussetzt.
Auf der theoretischen Ebene kann eine zweite Folgerung aus den sich ergebenden Änderungen abgeleitet werden. Wurde der Translator bisher als (Ver-)Mittler nicht nur zwischen Sprachen, sondern auch und vor allem zwischen unter-

schiedlichen Kulturen beschrieben, so muss dieses Bild aufgrund der sich auflösenden Kulturgrenzen revidiert werden. Der Translator steht nicht nur zwischen nationalen Kulturen, sondern er steht vor allem vor einer sich abzeichnenden Weltkultur und ist vielfach einer global definierten (Fach-)Kommunikationsgemeinschaft verantwortlich, die sich wiederum von anderen weltweit aktiven Kommunikationsgemeinschaften abgrenzt.

Tendenzen zur Bildung einer Weltgesellschaft wurden in der Soziologie beschrieben (Beck 1998, Luhmann 1997) und man spricht in diesem Zusammenhang von den drei Schlagwörtern der
- Homogenisierung: Eine dominante Kultur überlagert mit ihrem Modell alle anderen
- Hybridisierung: Mehrere kulturelle Modelle mischen sich zur globalen Mischkultur
- Glokalisierung: Wechselwirkung zwischen Globalem und Lokalem, jedes lässt sich nur mehr in Hinblick auf das andere definieren (vgl. Robertson 1995).

Es bestehen unterschiedliche Bewertungen dieser Tendenzen, auf die wir an dieser Stelle aber nicht näher eingehen können.
Im Folgenden soll zunächst auf die verschiedenen Aspekte der Standardisierung und der Differenzierung eingegangen werden, um im Anschluss daran die Frage der Kulturmittlung des Translators hinterfragen zu können sowie die technischen Hilfsmittel und die Fachübersetzung vor dem Hintergrund der Globalisierung zu durchleuchten.

1. Standardisierung

Der Aspekt der Standardisierung spielt in der Fachkommunikation ein wichtige Rolle und hat mit der Normung im technischen Bereich durchaus positive Auswirkungen gezeigt. Ein eloquentes Beispiel für einen technischen Standard, der erweitert wurde, um der weltweiten Kommunikation neue Möglichkeiten zu eröffnen, ist der Einsatz von Zeichencodes: Vom 7-Bit Code, der ausschließlich die Darstellung der Sprachen ohne Sonderzeichen erlaubte, über den 8-Bit (1 Byte) Code mit 256 verfügbaren Zeichen bis zum Unicode (2 Byte) Zeichencode mit 2^{16} Möglichkeiten. Nun können in Softwareprodukten, aber auch auf Webseiten nichtlateinische Schriften, wie das Russische, die asiatischen Schriften oder das Arabische dargestellt werden.
Angesprochen ist in diesem Zusammenhang vor allem die internationale Fachnormung im Rahmen der internationalen Gremien ISO, CE, wodurch technische Übereinstimmung zwischen den einzelnen nationalen Vorstellungen angestrebt wird. Erst durch die Verständigung auf eine gemeinsame Grundlage wird die Kommunikation zwischen den Fachleuten über die Staatsgrenzen hinaus ermög-

licht. Unter anderem wurden von der ISO auch wichtige meta-kommunikative Normen herausgegeben: So z.b. die Kurzbezeichnungen für Sprachen (ISO 639) sowie eine Reihe von metaterminologischen Normen, darunter die aktuellen Normen zum Austausch terminographischer Daten (ISO 12200) sowie zu den terminographischen Datenkategorien (ISO 12620).
Unter anderem haben sich diese Standardisierungsanstrengungen auch für den Bereich des Übersetzens positiv ausgewirkt. Insbesondere bei der Softwarelokalisierung, der Anpassung von Softwareprodukten an regionale und nationale Märkte hat sich bei der Terminologie von Menüstrukturen und Benutzeroberflächen die Terminologie des Marktführers für PC-Betriebssysteme und Anwendersoftware weitgehend durchgesetzt (ftp://ftp.microsoft.com/developr/msdn/newup/glossary/). Nicht nur die ubiquitären Produkte des Marktführers, sondern mittlerweile beinahe alle Softwareprogramme verwenden diese Terminologie, und zwar nicht allein aus Gründen der Marktposition, sondern vor allem aus Gründen der Funktionalität. Wird beispielsweise immer dieselbe Befehlskombination zum Öffnen eines Dokumentes verwendet (Datei Öffnen bzw. die Kurztasten ALT D F, File Open bzw. im Englischen ALT F O, im Italienischen File Apri bzw. ALT F A) entsteht ein Gewöhnungseffekt, wodurch jedes andere Produkt, das sich an diese Terminologie hält, ohne Einarbeiten sofort bedient werden kann. Konkurrenten, die vielleicht den Befehl Dokument bearbeiten mit den Kurztasten STRG D B, Document Change mit CTRL D C, Documento cambiare CTRL D C einsetzen, verursachen dadurch beim Anwender zusätzlichen Lernaufwand.
Eine andere Art von Standardisierung einer Fachsprache ergibt sich aus der offiziellen Zweisprachigkeit in Südtirol, wo aufgrund der deutschsprachigen Minderheit innerhalb des italienischen Staatsgebietes eine einheitliche deutsche Rechtssprache eingeführt wurde. Noch lange nach der Einführung der deutschen Amtssprache durch das Autonomiestatut 1972 wurden Rechtsdokumente, Landesgesetze und andere offizielle Texte aus dem Italienischen ad hoc übersetzt; dadurch kam es im Deutschen zu Synonymen und Homonymen sowie zu uneinheitlichen Übersetzungen, bis man in der 2. Hälfte der 90er Jahre nach der gesetzlichen Gleichstellung bei Gericht und Polizei (1993) eine Terminologiekommission einsetzte, deren Aufgabe in der Publikation genormter Fachterminologien besteht. Unterstützt wird diese Kommission dabei durch eine entsprechende Online-Terminologiedatenbank. Es handelt sich hierbei um ein Beispiel der Standardisierung auf begrenztem lokalen Raum, die im transnationalen Umfeld gleichwohl als ein Beispiel der Differenzierung deutscher Rechtssprache, die sowohl für bundesdeutsche, österreichische, schweizerische und südtirolspezifische Rechtsinhalte verwendet wird, angesehen werden kann.
Neben der Vereinheitlichung von Fachinhalten und Fachsprachen lässt sich eine Tendenz zur Standardisierung im Rahmen von Textproduktion und Translation vor allem aus wirtschaftlichen Überlegungen heraus beobachten. Bereits sehr

früh wurden in verschiedenen weltweit agierenden Unternehmen sogenannte „Controlled Languages" eingeführt. Die damit verbundene Vereinheitlichung und Vereinfachung von Lexik, Syntax und Stil der unternehmenseigenen Dokumente sollte die Texte lesbarer und benutzerfreundlicher werden lassen sowie ihr Verständnis erleichtern. Darüberhinaus konnten Maschinenübersetzungssysteme solche Dokumente leichter desambiguieren und damit brauchbare Übersetzungen anfertigen. Zu erwähnen sind in diesem Zusammenhang neben der Verwendung kontrollierter Sprachen in großen Konzernen (u.a. bei IBM, Ericsson, Rank Xerox, Kodak) vor allem das „Caterpillar Fundamental English" (CFE), das „International Language for Service And Maintenance" (ILSAM) sowie das Simplified English (SE) der europäischen Luft- und Raumfahrtindustrie.

Bedeuteten diese „Controlled Languages" einen doch schwerwiegenden Eingriff in die Sprache, konnte eine andere Art der Vereinheitlichung durch wiederholten Einsatz und Wiederverwendung bereits erstellter Texte oder Textsegmente einen zunehmenden Erfolg verzeichnen. Das Prinzip des „write once – use often" folgt ebenso einer wirtschaftlichen Maxime und setzte sich im Zuge der Einführung der „Content Management Systeme" (CMS) in den Unternehmen durch: CMS dienen dem datenbankgestützten Verwalten von Texten in kleineren Informationseinheiten. Die Vorteile von CMS liegen klar auf der Hand: Dezentrale, verteilte Erstellung von Texten und Textteilen, gemeinsame Nutzung und Wiederverwertbarkeit, Modulcharakter sowie eine klare Trennung von Inhalt und Form. Jede Art von Dokumentationsprozess kann dadurch beschleunigt und erleichtert werden, insbesondere Softwaredokumentation, Produktbeschreibungen, Handbücher u.ä. sowohl einsprachig als auch mehrsprachig.

Eine logische Fortsetzung fanden diese Anstrengungen in der Entwicklung der „Translation Memory Systeme", die Textsegmente und ihre möglichen Übersetzungen in Datenbanken verwalten. Das „write once – use often" wird damit zum „translate once – use often". Mittlerweile gibt es bereits eine Reihe solcher Produkte am Markt (vgl. MDÜ 4-5/2002), die sowohl eine Konsistenz in standardisierten Texten über Sprachversionen hinweg als auch eine Rationalisierung durch die Wiederverwertbarkeit übersetzter Textteile ermöglichen. Im Zuge weltweiter Vernetztheit werden solche Übersetzungsbestände sogar elektronisch gemeinsam genutzt und ausgetauscht (vgl. Folaron 2002).

Zusammenfassend darf Standardisierung in den beispielartig aufgezeigten Formen nicht im negativen Sinn als eine Art der Homogenisierung bzw. Nivellierung von Kulturen und Personen verstanden werden, sondern als Bestreben zur Verbesserung der Fachkommunikation. In dieser Eigenschaft hat sie große Fortschritte gebracht und kann daher eindeutig positiv beurteilt werden. Unbenommen davon sind allgemeine Tendenzen der kulturellen Homogenisierung bzw. Amerikanisierung nicht Gegenstand dieses Beitrages.

2. Differenzierung

Durch die Schwächung der Nationalidee und der Nationalstaaten können lokale Kulturen verstärkt in den Vordergrund treten und befreit vom Hegemoniestreben der Nationalstaaten auf globaler Ebene ihre Interessen und Lebensweisen vertreten. Globalisierung kann somit als ein konträres Phänomen aufgefasst werden, das ebenso Aspekte der Differenzierung mit einschließt. Am Beispiel der Rechtssprache kann dies aufgezeigt werden.
Durch die weltweite Verbreitung demokratischer Grundwerte können sich einzelne Gesellschaften idealerweise autonome Regeln des sozialen Zusammenlebens geben. Die dadurch entstehende funktionale Differenzierung der Rechtsordnungen generiert selbständige soziale Regeln, damit jede Gesellschaft eigene politische Vorstellungen des sozialen Lebens verwirklichen kann.
Als Folge davon entwickelten sich unterschiedliche sprachliche Strukturen und sprachliche Umsetzungsstrategien. Textmuster bilden sich mit Bhatia (1993, 13) aufgrund ihrer Funktion in einem Fachbereich heraus: „a recognizable communicative event characterized by a set of communicative purpose(s) identified and mutually understood by the members of the professional or academic community in which it regularly occurs." Solche Textsorten haben „aufgrund ihres wiederholten Auftretens charakteristische Sprachverwendungs- und Textgestaltungsmuster herausgebildet" (Reiss/Vermeer 1984, 177) und konstituieren sich in unterschiedlicher Weise in den einzelnen Kulturen.
Im Recht werden tradierte Textmuster teilweise sogar gesetzlich festgeschrieben, wie das Beispiel der für die Gründung einer Genossenschaft nötigen Dokumente belegt (vgl. Sandrini 1998). Die rechtlichen Rahmenbedingungen dafür werden z.B. im österreichischen GenG und im italienischen Codice Civile Artikel 2518 bis hin zu den einzelnen Textbestandteilen festgelegt. Für einen interlingualen bzw. rechtsordnungsübergreifenden Vergleich können die im Gesetz zitierten vorgeschriebenen Teile als Textelemente der Textsorte Genossenschaftssatzung aufgefasst werden. Bei einer tabellarischen Aufstellung der gesetzlich vorgeschriebenen Teiltexte ergibt sich im kontrastiven Überblick, dass
1. im italienischen Recht zwei einschlägige Textsorten vorkommen: „atto costitutivo" und „statuto" und mehrere der zwingend vorgeschriebenen Teiltexte ausschließlich in der Textsorte „atto costitutivo" vorhanden sind;
2. die Anzahl der Textelemente unterschiedlich ist;
3. der Inhalt einzelner Textelemente unterschiedlich ist;
4. die Abfolge und Anordnung der Textelemente innerhalb der Textsorte „Satzung" „statuto" unterschiedlich ist (im Detail vgl. Sandrini 1998, 868).

Jede Art von interlingualer Kommunikation setzt die vergleichende Kenntnis solcher Unterschiede und Gemeinsamkeiten voraus und muss darauf Rücksicht nehmen. Der Schwierigkeitsgrad der Mehrsprachigkeit im Recht hängt davon ab, ob die Kommunikation innerhalb eines institutionellen Rahmenkontextes

(Rechtsordnung) stattfindet oder ob sie mehrere institutionelle Rahmenkontexte miteinbezieht, wie dies bei der Translation zwischen unterschiedlichen Rechtsordnungen oder auch bei internationalem Recht der Fall ist. Rechtstexte sind nach funktionalen Gesichtspunkten in den einzelnen Rechtsordnungen entstanden und jeweils auf eine bestimmte rechtliche Kommunikationssituation mit dem entsprechenden gesetzlichen Hintergrund abgestimmt. Eine Adaptation für Rezipienten, die aus einem anderen sprachlichen bzw. rechtlichen Umfeld kommen, erfordert genaue Kenntnisse über die Merkmale der Kommunikationssituation und die dafür verwendeten Textsorten sowohl der Rechtsordnung des Ausgangstextes als auch der Rechtsordnung des Zieltextes und eventualer Unterschiede oder Abweichungen.

Die Differenzierung der Rechtswissenschaften in einzelne nationale Rechtsordnungen ist historisch gesehen eine relativ junge Erscheinung, die nicht mehr als zwei Jahrhunderte zurückgeht. Bereits früh wurde diese Entwicklung innerhalb der Jurisprudenz kritisch gesehen: „Die Wissenschaft ist zur Landesjurisprudenz degradiert, die wissenschaftlichen Grenzen fallen in der Jurisprudenz mit den politischen zusammen. Eine demüthigende, unwürdige Form für eine Wissenschaft!" (Rudolf von Jhering: Geist des römischen Rechts auf den verschieden Stufen seiner Entwicklung: 1. Teil 1852, 15). Heute lässt sich eine Aufweichung, wenn auch keine Umkehr dieser Tendenz beobachten: Das Internationale Recht wird zunehmend ausgebaut, sei es auf globaler Ebene (z.B. Internationaler Strafgerichtshof), sei es auf regionaler Ebene (z.B. Europarecht).

Differenzierung als Tendenz der Globalisierung lässt sich auch im Rahmen der Lokalisierungsanstrengungen großer Konzerne beobachten. Erst weltweit koordinierte Unternehmensstrategien haben die Erkenntnis gebracht, dass Produkte nicht einfach unverändert global verkauft werden können. Dazu bedarf es vielmehr einer Anpassung an die lokalen kulturellen Gegebenheiten und Märkte, eben der Lokalisierung. Die Adaptation umfasst nicht nur die Lokalisierung der produktbegleitenden Dokumentation, des Produktnamens – die missglückte Markteinführung des US-Automodells Nova (no va) in Lateinamerika wurde bereits zu einem Allgemeinplatz – sondern auch des Produktes selbst an unterschiedliche gesetzliche Rahmenbedingungen.

3. Translation und Kulturgrenzen

Standardisierung und Differenzierung sind parallele Erscheinungen der Globalisierung; während sich auf globaler Ebene Tendenzen der Standardisierung verstärken, sind auf lokaler Ebene dennoch Differenzierungsstrategien erfolgreich. Austausch und Kommunikation sind tragende Elemente des Globalisierungsbegriffes; durch sie erlangt Translation eine neue Bedeutung.

Die theoretische Auseinandersetzung mit Translation stützte sich vorwiegend auf ihre kulturelle Mittlerfunktion. So wurde Translation definiert als ein „Informationsangebot in einer Zielkultur und deren Sprache über ein Informationsangebot aus einer Ausgangskultur und deren Sprache" (Reiss/Vermeer 1984, 105) bzw. als „jede konventionalisierte, interlinguale und transkulturelle Interaktion [...], die in einer Kultur als zulässig erachtet wird" (Prunč 1997, 108). Lambert/van Geert (zitiert in Hermans 1999, 65) beschreiben die Faktoren einer solchen transkulturellen Mittlerleistung in einem Schema, das dem Autor des Ausgangstextes (Text 1), der für einen Leser 1 in demselben kulturellen Umfeld (System 1) erstellt wurde, den Autor 2 des Zieltextes (Text 2), der diesen nun für den Leser 2 eines anderen kulturellen Umfeldes (System 2) adaptiert, gegenüberstellt.

Bedingung für eine solche Sichtweise ist die Existenz zweier voneinander unabhängiger Kulturen, zwischen denen vermittelt werden kann. Wenn nun Globalisierung die Grenzen zwischen den einzelnen nationalen Kulturen verwischt bzw. neue soziale Identifikationsgemeinschaften auf globaler Ebene entstehen lässt, muss auch die theoretische Auffassung von Translation als transkultureller Mittler relativiert werden. Unbestritten spielen kulturelle Elemente eine große Rolle; im Vordergrund stehen aber nicht mehr die traditionellen nationalen Kulturen als Träger solcher Elemente, sondern verschiedene zu differenzierende globale Kulturgemeinschaften. Der Begriff von Kultur selbst wird weiter gefasst und als Gesamtheit des gesellschaftlichen Wissens einer bestimmten sozialen Gruppe im Sinne Sperbers (1996, 43 „fuzzy subset of the set of mental and public representations inhabiting a given social group") aufgefasst. Dadurch lassen sich Fachbereiche als kulturelle Gemeinschaften definieren mit eigenen Normen, was sich am Beispiel der Medizin einfach nachweisen lässt: Mediziner haben eine eigene Ethik, eigene Forschungs- und Publikationsrichtlinien, etc.

Die Übersetzung eines medizinischen Fachtextes aus dem Englischen ins Italienische ist nicht so sehr ein Vergleich der nationalen kulturellen Eigenheiten Großbritanniens mit den kulturellen Merkmalen Italiens, sondern vielmehr eine sprachlich-textuelle Anstrengung innerhalb des Fachbereiches Medizin, wobei die diesem Fach eigenen sprachlichen, textuellen und kulturellen Merkmale beibehalten werden.

Jeder Text enthält solche sprachlich-kulturellen Elemente, die den nationalen Kulturen zuzuordnen sind. Anders ausgedrückt hängt die Komplexität einer fachlichen Translation davon ab, wie weit eine globale Identifikation in diesem Fachbereich bzw. wie weit in den beteiligten nationalen Kulturen eine vergleichbare funktionale Ausdifferenzierung des Fachs stattgefunden hat und davon, ob sich eine intrasystemische Kommunikationsinfrastruktur entwickelt hat (mit entsprechenden Textsorten, spezifischer Terminologie, Kommunikationskanälen, etc.). Ein gleicher Grad an Ausdifferenzierung erleichtert den Transfer, unterschiedliche Tiefe der funktionalen fachlichen Ausdifferenzierung bedarf der Anpassung, unterschiedlicher Grad der Kommunikationsinfrastruktur bedeutet für den Translator zusätzliche Arbeit: z.B. durch Einführung neuer Termini für im Ausgangssystem tiefer ausdifferenzierte Terminologie, Erklärungszusätze, Textsortenanpassung etc. Für den Fachbereich Recht lassen sich die Spezifika der einzelnen nationalen Rechtsordnungen beschreiben, wobei sich aber, wie oben erwähnt, auch im Recht Tendenzen zu internationaler Vereinheitlichung feststellen lassen.

Die wesentlichen Faktoren der Translation im Recht wurden in Sandrini (1999) dargestellt. Dieses Schema, das die Faktoren Typ, Rechtsordnung, Sprache und Rezipient des Ausgangstextes denselben Faktoren bezogen auf den Zieltext gegenüberstellt, beruht auf der Annahme unabhängig voneinander bestehender nationaler Rechtsordnungen. Nicht berücksichtigt werden dabei Übersetzungen im Bereich des internationalen Rechts oder des Europarechts, wo zwar eine einheitliche Rechtsordnung vorliegt (Europarecht), dennoch aber auf die einzelnen Rechtssprachen der Mitgliedsstaaten Rücksicht genommen werden muss, z.B. um Missverständnisse zu vermeiden, wenn Termini des Europarechts zwar ins Deutsche übersetzt, aber nicht mit Rechtsbegriffen des deutschen Rechts verwechselt werden dürfen.

Das Fachübersetzen kann im Lichte der Globalisierungstendenzen unter Anlehnung an Reiss/Vermeer (1984, 105), Prunč (1997, 108) und Hoffmann (1993, 614) folgendermaßen definiert werden: Fachübersetzen sei eine „skoposabhängige Exteriorisierung von fachspezifischen Kenntnissystemen und kognitiven Prozessen, die aus einem Informationsangebot selektiert und gewichtet wurden, mit dem Ziel, diese in einem anderen Sprach- (interlingual) und Kulturraum (transkulturell) vor dem Hintergrund des globalen Rahmens (Interkultur) zu verbreiten" (Sandrini 2002, 405). Fachliche Translation wird damit integrativ zur globalen Fachkommunikation gesehen und nimmt Bezug auf die Sprach- und Kulturräume von Ausgangs- und Zieltext sowie auf den entsprechenden Fachbereich als globale Interkultur.

Die für eine solche Leistung nötigen Kompetenzen lassen sich entsprechend zusammenfassen:

a) Fachliches Hintergrundwissen und Fachdenken (Fachkompetenz)
b) Methodisch-prozedurales Wissen (Translationskompetenz)
c) Fachsprachliches Wissen: Terminologie, Phraseologie, Textsorten des Fachbereichs mit vergleichendem Wissen um Besonderheiten und Spezifika in Ausgangs- und Zielkultur (Sprachkompetenz)
d) Technologisches Wissen (IuK-Kompetenz)

Allzuoft wurde der Erwerb dieses Bündels an Kompetenzen der postgradualen Eigeninitiative des berufstätigen Übersetzers überlassen. Dringend nötig wäre hingegen ihre integrative Vermittlung im Rahmen einer spezifischen Fachübersetzerausbildung. Arntz (2001, 337) fordert zu Recht, dass die einzelnen Kompetenzen nur gemeinsam vermittelt werden können: Das Fachwissen kann nur über die Sprache, d.h. über die Fachsprache eines spezifischen Bereiches gelehrt werden. Auch die (Fach-)Translationskompetenz muss anhand von einschlägigen Fachtexten vermittelt werden. Somit geht es für die Ausbildung darum, diese Inhalte in einem spezifischen Curriculum richtig gewichtet zu integrieren.

4. Fachübersetzen und technologische Horizonte

Das technologische Wissen bzw. die IuK-Kompetenz der Fachübersetzer hat in den letzten Jahren an Bedeutung gewonnen und ist aus der Ausbildung bzw. der Praxis des Fachübersetzers nicht mehr wegzudenken. Dazu beigetragen hat vor allem das Internet und im Speziellen das WWW, wie auch die allgemeine Softwareentwicklung der letzten Jahre.

Das WWW, die textorientierte grafische Oberfläche des Internet kann folgende translationsrelevante Funktionen erfüllen:

a) Als eine weltweite Textsammlung, die ein- und mehrsprachige Texte einem globalen Publikum zugänglich macht, ist das WWW natürlich auch Gegenstand eigener Translationsaufträge. Die Lokalisierung von WWW-Seiten hat sich seit der zweiten Hälfte der 90er Jahre zu einem wichtigen Zweig der Übersetzungsindustrie entwickelt und erfordert neben den gerade hier außerordentlich wichtigen technischen Kenntnissen vor allem auch eine curriculare Vorbereitung in den Bereichen Projektmanagement und translationsrelevanter Softwareprodukte.

b) Als ein beinahe alle Fachbereiche abdeckendes Informationsangebot bietet das WWW eine einzigartige Recherchemöglichkeit, um sowohl fachliche Fragen als auch Nachforschungen zum Faktenwissen beantworten zu können. Eine Vorbereitung zu den verschiedenen Recherchiermöglichkeiten (Suchmaschinen und Metasuchmaschinen) als auch zur Evaluierung und Bewertung der Qualität von WWW-Texten erscheint angebracht.

c) Das WWW liefert als weltweite und damit auch mehrsprachige digitale Textdatenbank ein kaum überblickbares Angebot an Texten und Fachtexten. Die Suche nach Paralleltexten in verschiedenen Sprachen war niemals einfacher. Ein kleines Caveat gilt dabei wiederum der Qualität der Texte und der Verfügbarkeit von spezifischen Fachtextsorten im WWW.

d) Eine große Zahl an www-gestützten Abfrageseiten für umfangreiche Terminologiedatenbanken, aber auch zahlreiche fachspezifische Glossare haben das WWW zu einer unverzichtbaren Plattform für jede Art von Terminologierecherche werden lassen. Aufwändige Portale unterstützen den Übersetzer dabei. Durch die Benutzerfreundlichkeit des WWW kann jeder Übersetzer sich sogar einfache HTML-Seiten mit Abfrageformularen für verschiedene Terminologiedatenbanken selbst zusammenstellen und damit die Zugriffszeiten optimieren.

e) Software zur Textanalyse unterstützt den Übersetzer dabei, das WWW als Textdatenbank auch für die Suche nach Phraseologie oder sprachlichen Kontexten zu nützen.

f) Schließlich kann das WWW dazu genützt werden, eigene Informationen und die eigenen translatorischen Dienste weltweit anzubieten. Entstanden sind auf diese Weise Portale, die es potentiellen Auftraggebern erlauben, über das WWW lokale Übersetzer mit der richtigen Sprachenkombination und Fachausrichtung zu ermitteln. Muttersprachenprinzip und globale Kooperation sind damit gewährleistet.

Globale Verfügbarkeit lässt auch den Konkurrenzdruck um einiges härter werden. Die Notwendigkeit einer möglichst umfassenden Automatisierung des Translationsprozesses erzwingt den Einsatz unterstützender Software. Das sind vor allem Translation-Memory-Systeme (vgl. Freigang/Reinke 2002), die jedes übersetzte Textsegment mit Original abspeichern und bei Bedarf wieder zur Verfügung stellen. In speziellen Paketen wird diese Software gemeinsam mit Terminologieverwaltung, automatischer Terminologieerkennung, Alignment-Tools, die den Aufbau solcher Datenbanken aus zweisprachigen Textsammlungen erlauben, und Textanalysewerkzeugen sowie Integration in ein Textverarbeitungsprogramm als umfassende Übersetzerlösungen („workbench", „translation tools") angeboten.

Die globale Vernetzung zwischen Übersetzern einerseits, aber auch zwischen Auftraggebern und Übersetzern andererseits macht den Austausch von Terminologie und zunehmend auch von Translation-Memories notwendig, wodurch sich der Druck, solche Systeme einzusetzen, aber auch die Chancen der Kooperation erhöhen (vgl. Folaron 2002). Das professionelle Übersetzen rückt weit weg vom tradierten Bild des Einzelkämpfers hin zum weltweit vernetzten und technisch hochgerüsteten kooperativen Fachübersetzer.

5. Veränderungen und Schlussbemerkungen

Zusammenfassend lassen sich die durch Globalisierung hervorgerufenen allgemeinen Änderungen folgendermaßen darstellen:

Industriegesellschaft	—	Informationsgesellschaft
Nationalökonomien	—	Globalökonomie
Zentralisierung	—	Dezentralisierung
Hierarchien	—	Netzwerke

Die Industriegesellschaft, bei der das Herstellen von Gütern im Vordergrund stand, weicht der Informationsgesellschaft, die Produktion und Austausch von Information ins Zentrum rückt. Die auf einzelne Staaten fokussierten Nationalökonomien verlieren an Bedeutung zugunsten einer umfassenden Globalökonomie. Die nationalstaatliche Zentralisierung entspricht nicht mehr den Anforderungen einer globalen Wirtschaft, die vielmehr vernetzte Strukturen mit lokalen Schwerpunkten und dezentraler Organisation bevorzugt. Kooperation stützt sich nicht mehr so sehr auf strenge Hierarchien, sondern auf Austausch und jede Art von Netzwerken. Diese vielleicht schon zu oft gehörten allgemeinen Auswirkungen der postmodernen Weltgesellschaft können für die Translation folgendermaßen konkretisiert werden:

Messbarer Outcome: Zieltext x Zeilen zu x EUR	— **Partizipation zum Erreichen strategischer Ziele:** Enge Zusammenarbeit mit dem Auftraggeber, der Translator als Experte für Mehrsprachigkeit, Textdesign, Lokalisierung; Umfassender Einsatz von Tools und Austausch von Terminologie und Translation Memories
Individuelle Verantwortung: Übersetzer xy liefert Sprache a, Übersetzer yz liefert Sprache b ...	— **Verantwortung im Team:** Angebot umfassender Problemlösungen durch Kooperation
Genaue Rollenverteilung: Textproduzent, Übersetzer, Redakteur, Revisor	— **Flexible Positionen und Verantwortlichkeit:** resultatsorientierte Kooperation, notwendige Aufgaben werden dem Gesamtziel untergeordnet
Hierarchischer Informationsfluss: passive Ausführung	— **Informationsnetzwerk:** Selbstmanagement und Kooperation auf allen Ebenen
Rationalisierung, Verbesserungen durch Managementelite von oben	— **Effizienz durch Initiative aus allen Richtungen** (dynamischer Wechsel), vor allem auch durch Kooperation (Peer-Pressure)

Ein Bündel an Faktoren führen zu diesen Veränderungen: Einerseits die erwähnten allgemeinen gesellschaftlichen Tendenzen, andererseits aber auch daraus sich ergebende neue Aufgabenbereiche für den Translator, die ein teamorientiertes Arbeiten oder zumindest einen umfassenden Austausch und Kooperation erforderlich machen, wie z.B. die Softwarelokalisierung, interkulturelle Terminologiearbeit oder die multilinguale technische Dokumentation.

Es handelt sich um langsame graduelle Entwicklungen, die zunehmend das traditionelle Übersetzen an den Rand drängen und in umfassendere interkulturelle Prozesse integrieren. Der Translator profiliert sich damit als Mittler zwischen globalen Anforderungen der Mehrsprachigkeit und lokalen Erfordernissen der Differenzierung und Adaptation.

Literatur

Arntz, R. (2001): *Fachbezogene Mehrsprachigkeit in Recht und Technik*. Hildesheim: Georg Olms Verlag.

Beck, U. (1998): *Was ist Globalisierung. Irrtümer des Globalismus - Antworten auf Globalisierung*. Frankfurt am Main: Suhrkamp.

Bhatia, V. K. (1993): *Analysing Genre: Language Use in Professional Settings*. Edinburgh Gate, Harlow: Longman.

Folaron, D. (2002): „Telesharing Translation Assets." In: *Language International*. Vol 14, No. 5. 32-39.

Freigang, K. H./Reinke, U. (2002): „Marktübersicht über Translation-Memory-Tools." In: *MDÜ*, 4-5/2002. 6-33.

Grade, M. (2002): „Auswirkungen des wachsenden naturwissenschaftlich-technischen Wissens auf Beruf und Ausbildung technischer Fachübersetzer." In: *Lebende Sprachen*, Heft 2, 2. Vierteljahr 2002. 49-56.

Hermans, T. (1999): *Translation in Systems. Descriptive and Systems-oriented Approaches Explained*. Manchester: St. Jerome Publishing.

Hoffmann, L. (1993): „Fachwissen und Fachkommunikation. Zur Dialektik von Systematik und Linearität in den Fachsprachen." In: T. Bungarten (Hg.): *Fachsprachentheorie. 2*. Tostedt: Attikon. 595-617.

Luhmann, N. (1997): *Die Gesellschaft der Gesellschaft*. Frankfurt: Suhrkamp.

Prunč, E. (1997): „Translationskultur. Versuch einer konstruktiven Kritik des translatorischen Handelns." In: *TEXTconTEXT*, 11 = NF 1. Heidelberg. 99-126.

Reiss, K./Vermeer, H. (1984): *Grundlegung einer allgemeinen Translationstheorie*. Tübingen: Niemeyer.

Robertson, R. (1995): „Glocalization: Time - Space and Homogeneity - Heterogeneity." In: M. Featherstone/S. Lash/R. Robertson (Hg.): *Global Modernities*. London - Thousand Oaks - New Delhi: Sage Publications. 25-44.

Sandrini, P. (1998): „Übersetzung von Rechtstexten: Die Rechtsordnung als Kommunikationsrahmen." In: L. Lundquist/H. Picht/J. Qvistgaard (Hg.): *LSP - Identity and Interface. Research, Knowledge and Society. Proceedings of the 11th European Symposium on Language for Special Purposes*. Copenhagen: Copenhagen Business School. 865-876.

- (1999): „Translation zwischen Kultur und Kommunikation: Der Sonderfall Recht." In: P. Sandrini (Hg.): *Übersetzen von Rechtstexten. Fachkommunikation im Spannungsfeld zwischen Rechtsordnungen und Sprachen*. Tübingen: Narr. 11-37.

- (2002): „Mehrsprachige Fachkommunikation: Wissens- und Kulturtransfer im Zeitalter der Globalisierung." In: L. N. Zybatow (Hg.): *Translation zwischen Theorie und Praxis. Innsbrucker Ringvorlesungen zur Translationswissenschaft.* Frankfurt am Main: Lang. 395-410.

Sperber, D. (1996): *Explaining Culture: A Naturalistic Approach.* Oxford: Blackwell Publishers.

NEUES AUS DER DOLMETSCHWISSENSCHAFTLICHEN FORSCHUNG:
KONFERENZDOLMETSCHEN – QUALITÄT AUS REZIPIENTENSICHT

Ingrid Kurz, Wien

> Interpretation should always be judged from the perspective of the listener and never as an end in itself. (Seleskovitch 1986, 236)

1. Einleitung

Qualitätssicherung wird nicht nur bei Produkten, sondern auch im Dienstleistungsbereich immer wichtiger. Folglich sind auch die Leistungen von Konferenzdolmetschern zunehmend häufiger der Qualitätsbewertung ausgesetzt. Wie bei allen anderen Produkten und Dienstleistungen ist auch hier die Rezipientenperspektive ein nicht zu vernachlässigender Aspekt.
Die Translationswissenschaft hat u.a. die Aufgabe, die Profile und Erwartungen bestimmter Rezipientengruppen zu erarbeiten. An Untersuchungen betreffend die Erwartungen der Rezipienten an eine professionelle Dolmetschung knüpft sich die Hoffnung, Optimierungsprozesse einleiten zu können und die gewonnenen Erkenntnisse für die Didaktik zu verwerten:

> Checking our own assumptions against our listeners' feedback may provide useful orientation for practitioners, teachers and aspirant interpreters. (Marrone 1993, 35)

Qualität ist weitgehend immer ein subjektives Erlebnis. Daher drängen sich folgende Fragen auf: Was ist eine gute Dolmetschung aus Rezipientensicht? Alle Adressaten wünschen sich natürlich eine ‚gute' Dolmetschung, aber erwarten sie alle das gleiche? Welche Kriterien sind für sie besonders wichtig? Unterscheiden sich die Ansprüche der Rezipienten an die Dolmetschleistung je nach Situation? (Mackintosh 1994; Moser 1995; 1996)
Der nachstehende Beitrag gibt einen Überblick über bisher durchgeführte Rezipientenbefragungen. Die Anforderungen von Rezipientenseite werden mit den professionellen Standards des Internationalen Verbandes der Konferenzdolmetscher (AIIC) verglichen. Danach wird ein in der Marktforschung und im Marketing übliches Modell zur Beurteilung der Qualität aus ‚Konsumentensicht' vorgeschlagen.

2. Konferenzdolmetscher: Qualitative Selbstansprüche

Seit seiner Gründung im Jahr 1953 war der Internationale Verband der Konferenzdolmetscher (AIIC) bemüht, den Qualitätsstandard der Leistungen seiner Mitglieder zu garantieren und weiter zu verbessern. Für die Vollmitgliedschaft muss ein Bewerber nachweislich 150 Tage bei Konferenzen gedolmetscht haben. Daneben benötigt er Paten, die mit ihm gearbeitet haben und somit seine Leistung beurteilen können. Die Aufnahmeanträge werden von einem Aufnahmekomitee (CACL = Commission des Admissions et du Classement linguistique) überprüft.

Für die Beurteilung der Qualität einer Leistung kommen grundsätzlich zwei Vorgangsweisen in Frage, die einander nicht unbedingt ausschließen, sondern sich durchaus gegenseitig ergänzen können (Moser 1995):
Die Personen, die die Leistung erbringen, orientieren sich an selbst gestellten qualitativen Maßstäben.
Die Qualität der erbrachten Leistung wird an den Urteilen, Ansprüchen und Erwartungen der jeweiligen „Konsumenten" der Leistung gemessen.
Von Seiten der berufsständischen Vertretung wurden die Bedürfnisse der Rezipienten und die notwendige Einbettung in die jeweilige Situation von Anfang an betont, wie die folgende Auswahl von Zitaten aus der einschlägigen Literatur der letzten fünfzig Jahre zeigt.
Bereits Anfang der fünfziger Jahre betont Herbert die unterschiedlichen Anforderungen verschiedener Konferenztypen:

> It is quite clear that in a diplomatic conference the greatest attention should be paid to all the nuances of words, while in a gathering of scholars, technical accuracy will have greater importance; in a literary and artistic gathering, elegance of speech; and in a political assembly, forcefulness of expression. Similarly, the style and tone cannot be the same in a small group of three or four sitting round a table, in a committee room with a membership of twenty or fifty, and in a big public meeting where many thousands are gathered. (Herbert 1952, 82 f.)

Gold (1973) weist darauf hin, dass die zielsprachliche Formulierung an die Erwartungen der Rezipienten angepasst werden muss, und Seleskovitch (1986, 236) schreibt zur Wichtigkeit der Einbeziehung des Rezipienten: „The chain of communication does not end in the booth."
Ähnliche Gedanken finden sich bei Déjean le Féal (1990, 155): „(...) our ultimate goal must obviously be to satisfy our audience."
Thiéry (1990, 41) betont die Bedeutung der Situationalität. Der Dolmetscher berücksichtigt immer, „(...) Who is talking to whom, to what purpose, and with what possible effect?" Nach Thiéry (1990, 42f.) sollte die Situationsanalyse auch verstärkt in die Ausbildung eingebunden werden, da sie dem Dolmetscher hilft, eine optimale Leistung zu erbringen:

(...) when we take the trouble to look at the situation, we find ourselves in a better position to act efficiently. (...) the teaching of conference interpretation could possibly benefit from a more systematic approach to situation analysis than is usually the case.

Auf der AIIC-Website illustriert Kahane (2000), dass die Erwartungen unterschiedlicher Rezipienten in ein und derselben Situation durchaus verschieden sein können.

3. Dolmetschwissenschaftliche Rezipientenstudien

Die Rolle des Rezipienten und der situativen Komponente wurde auch wiederholt von translationswissenschaftlicher Seite betont: „Bei jeder Translation wird auf eine intendierte Rezipientenschaft hin übersetzt/gedolmetscht" (Reiss/Vermeer 1984, 85). Sprache vollzieht sich schließlich „nicht im luftleeren Raum, sondern ergibt sich aus einer bestimmten Situation innerhalb eines kulturellen Rahmens" (Snell-Hornby 1986, 13).

Salevsky (1985, 191) weist darauf hin, dass der einzelne Dolmetschakt immer an bestimmte (sprachliche und außersprachliche) Bedingungen einer konkreten Situation gebunden ist. Dieser Meinung schließt sich auch Chernov, ein prominenter Vertreter der sowjetischen Schule, an: „The knowledge of the situational context of the communication being interpreted becomes critically important." (Chernov 1985, 172)

Empirische Rezipientenstudien gibt es allerdings erst seit knapp mehr als einem Jahrzehnt. Stenzl zeigte als eine der ersten auf, dass mit Ausnahme von Gervers Studie (1972) betreffend Behaltensleistungen von Rezipienten nach Simultan- und Konsekutivdolmetschung die Erwartungen und Bedürfnisse der Adressaten kein Forschungsthema waren und somit keine gesicherten Aussagen über die Erwartungen von Konferenzteilnehmern an eine Dolmetschung verfügbar sind:

(...) we have only anecdotal and impressionistic indications on what conference delegates expect from interpreters and how satisfied they are with the services they receive. (Stenzl 1983, 31)

Die erste empirische Studie, die sich auf Qualitätskriterien für Dolmetschleistungen bezog (Bühler 1986), wurde interessanterweise an Konferenzdolmetschern und nicht an Rezipienten durchgeführt.

In einer Übersicht über verschiedene Typen von mehrsprachigen Tagungen (wissenschaftliche und technische Großveranstaltungen, Seminare, Arbeits- und Plenarsitzungen internationaler Organisationen, Verhandlungen, Gerichtsverhandlungen, parlamentarische Debatten, Medienereignisse, Pressekonferenzen, Tischreden usw.) demonstrierte Gile, dass die Erwartungen der Teilnehmer an die Dolmetscher nicht unbedingt mit den Vorstellungen der Dolmetscher selbst identisch sind:

(...) the needs and expectations of the users of interpretation are not necessarily the same as the definition interpreters themselves give of their activity. (Gile 1989, 142)

In etwa um die gleiche Zeit erwähnte Snelling, dass ein vom Dolmetscher produzierter zielsprachlicher Text immer auf ein bestimmtes Zielpublikum abgestimmt sein muss:

A target text must be targeted upon a specific audience and it is, therefore, necessary to involve, in the interpretation equation, the audience and the specific quality of that audience. (Snelling 1989, 142)

Demgemäß fordert er eine Typologie der Rezipienten, die er als „beneficiaries" bezeichnet. Die Kenntnis der spezifischen Anforderungen einer Zielgruppe beeinflusst den Dolmetscher naturgemäß in der Wahl seiner Strategie und seines Registers.
Seit 1989 waren die Erwartungshaltungen und Beurteilungen von Rezipienten Gegenstand von einem runden Dutzend von Untersuchungen (Kurz 1989; 1993; 1994; 1996; Gile 1990; Meak 1990; Ng 1992; Marrone 1993; Vuorikoski 1993; 1998; Kopczyński 1994; Mack/Cattaruzza 1995; Moser 1995, 1996; Collados Aís 1998; Andres 2000). Diese Studien zielten darauf ab, die relevanten Qualitätskriterien für Dolmetschleistungen aus der Rezipientenperspektive zu erforschen und ihr relatives Gewicht zu bestimmen. Fünf Jahre nach der ersten empirischen Studie zur Erwartung von Rezipienten an Dolmetschleistungen (Kurz 1989), notierte Pöchhacker (1994, 233), dass die Fachliteratur der Frage der Qualität von Dolmetschleistungen einen hohen Stellenwert beimisst.
Das gesteigerte Interesse an Fragen der Qualität der Dolmetschleistungen kam auch im Programm der „Conference on Interpretation Research" in Turku, Finnland, im August 1994 zum Ausdruck. Ein Workshop zur Qualität von Simultandolmetschleistungen hatte das Thema „Qualität aus der Sicht der Praxis, der Forschung, der Didaktik und des Marktes" zum Gegenstand, um abzuklären, was die Rezipienten von einer guten Dolmetschleistung erwarten (Shlesinger 1997). Im April 2001 fand die „1st International Conference on Quality in Conference Interpreting" in Almuñecar, Spanien, statt.
Zur Bestimmung von Rezipientenerwartungen und -beurteilungen wurden in erster Linie Fragebögen herangezogen (Gile 1991). Mit Hilfe der Fragebogenmethode wurde erhoben, welche relative Bedeutung verschiedene linguistische und nicht-linguistische Kriterien nach Meinung unterschiedlicher Rezipientengruppen haben.
Für eine skoposgerechte Dolmetschung (Reiss/Vermeer 1984) braucht der Dolmetscher Informationen über die Rezipienten, ihre Bedürfnisse und Erwartungen. Beim Dolmetschen sind die Kommunikationsteilnehmer im Normalfall physisch präsent, und durch die Interaktion im Konferenzsaal bekommen die

Dolmetscher zumindest ein indirektes Feedback. Das hilft ihnen, sich an die Bedürfnisse ihrer Rezipienten anzupassen (Stenzl 1983).
Rezipientenbefragungen liefern uns einerseits Aussagen über spezifische Situationen und spezifische Rezipientenerwartungen und können andererseits auch dazu beitragen, das Verständnis für die Rolle des Dolmetschers zu verbessern (Mack/Cattaruzza 1995). Befunde solcher empirischen Untersuchungen können ihrerseits helfen, bestehende Theorien auf ihre Haltbarkeit zu überprüfen, oder selbst zur Entwicklung neuer Theorien beitragen.
Selbstverständlich kann die Beurteilung der Qualität der Dolmetschleistung durch die Rezipienten niemals das einzige Kriterium für eine Evaluierung sein, und die Verwendung von Fragebögen zur Erhebung von Rezipientenerwartungen an die Dolmetschleistung ist nur eines von vielen Instrumenten.
Ein interessanter Ansatz, der es verdient, weiter verfolgt zu werden, ist die Untersuchung der Verständnis- und Behaltensleistung von Rezipienten in Abhängigkeit von der Intonation des Dolmetschers (Shlesinger 1994). Für Pöchhacker (1994) ist für die Qualitätsbeurteilung einer Dolmetschung wichtig, wie gut der Rezipient die intendierte Botschaft verstanden hat. Variable im Zusammenhang damit sind u.a. Sprechtempo, Pausen, Hesitationen, Intonation, Flüssigkeit der Rede, Fehler, Korrekturen, Register und Kohäsion.
Im Folgenden werden die bisher durchgeführten Fragebogenuntersuchungen und ihre Ergebnisse kurz beschrieben. Dabei ist zu beachten, dass es in den einzelnen empirischen Studien in Bezug auf Methodik, Fragestellung, Umfang und Sprachkombinationen große Unterschiede gibt. Einige Studien befassen sich ausschließlich mit Rezipientenerwartungen, während andere die Reaktionen von Rezipienten bzw. eine Kombination beider Aspekte beschreiben. Die einzelnen empirischen Studien und ihre Ergebnisse sind daher nicht unmittelbar miteinander vergleichbar.

Bühler (1986)
Mit Hilfe eines Fragebogens untersuchte Bühler, welche relative Bedeutung Konferenzdolmetscher verschiedenen semantischen und pragmatischen Kriterien beimessen, wenn sie einen Kandidaten für die Mitgliedschaft in der AIIC sponsern. Für Bühler entspricht die Bewertung durch die Dolmetscher den Anforderungen der Rezipienten: „(...) the criteria as discussed in this paper reflect the requirements of the user as well as fellow interpreters in a (hopefully) well-balanced mixture" (Bühler 1986, 233).
Bühler weist zwar darauf hin, dass die „ideale Dolmetschung" nichts Absolutes ist, und schließt sich der Ansicht von Reiss an, dass eine Translation gut ist, wenn sie ihren Zweck erfüllt. Ihre Schlussfolgerung, dass das Urteil der befragten AIIC-Dolmetscher in etwa dem von Konferenzteilnehmern gleichzusetzen ist, erscheint allerdings einigermaßen problematisch.

Die Erwartungen der Rezipienten können grundsätzlich nur bei diesen selbst erfragt werden. Es ist durchaus vorstellbar, dass sich ihre Erwartungen an eine gute Dolmetschung von jenen der Dolmetscher unterscheiden. Dies würde Cartellieris Vermutung bestätigen, der meint: „Very often, a good interpreter is two quite different people, being one thing to a conference participant and another to a colleague" (Cartellieri 1983, 213).

Kurz (1989; 1993; 1994; 1996)
Um dem Mangel an empirischen Untersuchungen an Konferenzteilnehmern abzuhelfen und um Bühlers Schlussfolgerungen auf ihre Haltbarkeit zu überprüfen, wurde in einer ersten empirischen Studie (Kurz 1989) untersucht, ob zwischen der Gewichtung der Kriterien durch Dolmetscher einerseits und Konferenzteilnehmer andererseits ein Unterschied besteht.
Die Teilnehmer an einer internationalen medizinischen Konferenz wurden gebeten, die ersten acht Kriterien in dem von Bühler (1986) verwendeten Fragebogen nach ihrer Wichtigkeit für die Qualität einer Dolmetschung zu beurteilen. Die Ergebnisse dieser Untersuchung wichen zum Teil von den Resultaten Bühlers ab. Insbesondere konnte die Annahme Bühlers, dass Delegierte u.U. dazu neigen, eher oberflächliche Kriterien wie Akzent, Stimme und Flüssigkeit wichtig zu nehmen, nicht bestätigt werden.
Die Vermutung lag nahe, dass die an einer Gruppe von Delegierten erhobenen Resultate nicht ohne weiteres generalisierbar sein würden, da unterschiedliche Rezipientengruppen die einzelnen Qualitätskriterien unterschiedlich gewichten könnten. Daher wurde der Fragebogen zwei weiteren Rezipientengruppen vorgelegt. Tatsächlich ergab die Untersuchung betreffend die Erwartungshaltungen dreier unterschiedlicher Rezipientengruppen (Mediziner, Techniker, Europaratsdelegierte) unterschiedliche Bewertungsprofile in Bezug auf folgende Kriterien: Akzent, Stimme, Flüssigkeit der Rede, logischer Zusammenhang, sinngemäße Wiedergabe, Vollständigkeit, grammatikalische Richtigkeit und präzise Fachterminologie (Kurz 1993; 1994; 1996).

Gile (1990)
Gile (1990) führte eine Fallstudie an Medizinern durch. Bei einer ophthalmologischen Tagung verteilte er einen zweisprachigen Fragebogen (englisch/französisch) an die Teilnehmer mit der Bitte, die Qualität der bei dieser Konferenz gebotenen Dolmetschung an Hand folgender Skala zu beurteilen:

1. general quality of interpretation,
2. linguistic output quality,
3. terminological usage,

4. fidelity,
5. quality of voice and delivery,
6. main deficiencies in interpretation.

Die Teilnehmer konnten auch noch weitere Kommentare hinzufügen. Gile fand in seiner Fallstudie, dass die englischsprachigen Delegierten weniger kritisch urteilten als die Franzosen. Weiters stellte er in Übereinstimmung mit den Ergebnissen von Kurz (1989) fest, dass die Stimme für die Kongressteilnehmer ein weniger wichtiges Kriterium war als für die Dolmetscher in Bühlers Umfrage. Er vermutet aufgrund seiner Befunde:

> Il est possible (...) de formuler l'hypothèse selon laquelle les scientifiques (et techniciens) seraient moins sensibles à la qualité de la voix, du rythme et de l'intonation de l'interprétation que d'autres publics, pour qui elle a peut-être une plus grande importance. (Gile 1990, 68)

Meak (1990)
In ihrer Diplomarbeit untersuchte Meak (1990) mit Hilfe eines Fragebogens die Einstellung von zehn italienischen Fachärzten zu verschiedenen Qualitätskriterien betreffend die Dolmetschung und folgert aus ihren Ergebnissen:

> presque tous les médecins ont montré une certaine indulgence à l'égard de l'interprète qui ne connaît pas exactement tous les termes techniques, se révélant plus exigeants quant à ses connaissances globales du sujet traité. (Meak 1990, 13)

Ng (1992)
Ng (1992) untersuchte die Reaktionen von Rezipienten auf die Leistung von Dolmetschstudenten. Er befragte zehn Personen mit japanischer Muttersprache, von denen zu erwarten war, dass sie Dolmetschdienste in Anspruch nehmen würden. Die Kommentare der Befragten betrafen Intonation, Aussprache, Akzent, Grammatik, Terminologie und Sprachebene. Die Befragten nannten Verständlichkeit als das wichtigste Kriterium. Ng konnte Unterschiede zwischen männlichen und weiblichen Befragten feststellen. Weibliche Probanden legten mehr Gewicht auf korrekte Grammatik und Sprachebene, während sich die männlichen Befragten eher auf Aussagen zur allgemeinen Flüssigkeit der Dolmetschung beschränkten. Für alle Befragten war es wichtig, ob der Dolmetscher die Aussage verstanden hatte. Unklarheiten in der zielsprachlichen Aussage wurden nie dem Redner zugeschrieben. Vielmehr wurden die Dolmetscher für eine unklare, nicht eindeutige zielsprachliche Produktion kritisiert. Etwas andere Ergebnisse fand Moser (1995; 1996). Alle Befragten kommentierten die Intonation der Dolmetscher. Auf vermehrte Pausenfüller (mmhs, ähhs) gab es negative Reaktionen.

Marrone (1993)
Marrone erhob in einer Fallstudie mittels Fragebogen an 87 Personen deren Erwartungen an und Reaktionen auf eine Konsekutivdolmetschung eines Vortrags vom Deutschen ins Italienische. Er ließ die Zuhörer sowohl Qualitätskriterien als auch Störfaktoren beurteilen. Die Befragten bezeichneten inhaltliche Kriterien wie korrekte, vollständige Wiedergabe der Information als wichtiger als eine angenehme Präsentation und wohlklingende Stimme. Marrone stellte als erster die Frage, ob der Dolmetscher kulturmittlerisch tätig sein soll. Sie wurde von der Mehrzahl der Teilnehmer bejaht.

Vuorikoski (1993; 1998)
Vuorikoski befragte mittels Fragebogen 173 finnische Teilnehmer an fünf unterschiedlichen Seminaren zu ihrer Rezeption der Simultandolmetschung vom Englischen ins Finnische. Nach dem jeweiligen Seminar wurden mit einer kleineren Zahl von Personen eingehendere Telefoninterviews durchgeführt. Die Fragen bezogen sich sowohl auf die Einstellungen der Teilnehmer zur Dolmetschung als auch auf ihre Bewertung der tatsächlichen Dolmetschung. Die Reihung vorgegebener Kriterien nach ihrer Bedeutung für die Rezipienten ergab folgende Rangordnung:

1. Sachkenntnis des Dolmetschers,
2. Kohärenz (der Zuhörer muss dem Dolmetscher leicht folgen können),
3. Flüssigkeit,
4. Genauigkeit,
5. korrekte Terminologie,
6. angenehmer Sprechrhythmus.

Die zweite Publikation von Vuorikoski (1998) befasst sich ebenfalls mit der vorstehend genannten Umfrage bei fünf Seminaren mit englisch-finnischer Simultandolmetschung. Die jeweiligen Teilnehmergruppen waren keineswegs homogen, und die Bedürfnisse und Erwartungen der einzelnen Teilnehmer wichen stark voneinander ab.
Weiters fand Vuorikoski, dass die Bedürfnisse der Rezipienten im Verlauf eines Seminars wechselten. Kritik an der Simultandolmetschung bezog sich häufig auf Aspekte der kommunikativen Situation, die außerhalb der Einflusssphäre der Dolmetscher lagen, und betrafen oft die ausgangssprachliche Präsentation.

Kopczyński (1994)
Kopczyński (1994) befasste sich in seiner Untersuchung mit Einstellungen zu und Erwartungen an eine Dolmetschung. Er befragte Personen, die auf Grund ihrer beruflichen Tätigkeit an internationalen Konferenzen oder Verhandlungen teilnehmen (20 Vertreter der Geisteswissenschaften, 23 Angehörige naturwis-

senschaftlicher und technischer Berufe, 14 Diplomaten). Kopczyński versuchte erstmals festzustellen, ob für Redner und Zuhörer gleiche oder unterschiedliche Qualitätskriterien gelten. Er untersuchte auch die Rolle des Dolmetschers (ghost vs. intruder).
Für alle befragten Gruppen galt: Inhalt hatte Vorrang vor Form. Die wichtigsten Faktoren waren detailgetreue inhaltliche Wiedergabe und terminologische Genauigkeit. Formale Faktoren kamen erst an dritter Stelle, wobei die Redner Flüssigkeit der Dolmetschung und die Zuhörer Stil und Flüssigkeit als wichtig erachteten.
Fehlerhafte Terminologie wurde sowohl von den Rednern als auch von den Zuhörern als gravierendster Störfaktor bezeichnet. Den Rednern kam es vor allem auf die genaue inhaltliche Wiedergabe ihres Vortrags an, während die Zuhörer unvollständige Sätze und grammatikalische Fehler als störend bezeichneten. Obzwar die Befragten generell der Meinung waren, der Dolmetscher solle das getreue Sprachrohr des Redners sein, gestanden sie ihm doch gelegentliche „Eingriffsrechte" (Kürzungen, Zusätze usw.) zu.

Mack und Cattaruzza (1995)
Mack und Cattaruzza (1995) verwendeten in ihrer Studie die Methode Vuorikoskis (Fragebogenerhebung, mit nachfolgenden selektiven Interviews). Ihre Stichprobe bestand aus 58 italienischen Konferenzteilnehmern, die eine Dolmetschung benötigten. Die Delegierten wurden gebeten, die rezipierte Simultandolmetschung zu bewerten und ihre Wünsche und Erwartungen an eine Simultandolmetschung zu nennen. Nach Aussage der Befragten zeichnet sich eine ‚ideale' Dolmetschleistung durch folgende Charakteristika aus: terminologische Richtigkeit, Genauigkeit, Verständlichkeit, Sachkenntnis des Dolmetschers. Intonation und Flüssigkeit der Dolmetschung wurden als vergleichsweise weniger wichtig erachtet. Erfahrene Konferenzteilnehmer stellten höhere Erwartungen, insbesondere in Bezug auf Sachkenntnis (informedness) der Dolmetscher und richtige Terminologie.

Moser (1995; 1996)
Auch die im Auftrag der AIIC durchgeführte Studie (Moser 1995, 1996), in deren Rahmen 201 Interviews mit Referenten und Zuhörern bei insgesamt 84 verschiedenen Konferenzen stattfanden, beschäftigte sich mit der Frage, was aus der Sicht der Klienten eine gute Dolmetschleistung ausmacht. Vier Konferenztypen wurden unterschieden: große Fachtagung, kleines Fachseminar, große allgemeine Tagung, kleine allgemeine Tagung. Die Fragen bezogen sich sowohl auf inhaltliche Kriterien (Vollständigkeit der Wiedergabe, terminologische Korrektheit, sinngemäße Wiedergabe) als auch auf formale Aspekte (Synchronität, Rhetorik, Stimmqualität).

Bei den Klientenerwartungen an die Dolmetschleistung dominierten die inhaltliche Richtigkeit und Klarheit der Formulierung. Daneben bestand eine deutliche Präferenz für sinngemäße Wiedergabe. Je größer die Konferenz, umso größer der Wunsch nach Konzentration auf das Wesentliche. Je fachlicher die Konferenz, umso größer der Wunsch nach vollständiger, detaillierter Wiedergabe. Auch Faktoren wie unterschiedliche Erfahrungen mit Kongressen, Alter und Geschlecht der Kongressteilnehmer usw. hatten einen Einfluss auf die Erwartungshaltungen: Die Präferenz für das Wesentliche nahm mit steigendem Alter zu. Lange Pausen in der Dolmetschung (während der oder die Vortragende sichtbar weiterspricht) und ein zu langes Nachhinken hinter dem Original wurden von der Mehrzahl der Befragten als störend empfunden. Lebendiges, abwechslungsreiches Sprechen wurde mehrheitlich als wichtig eingestuft, während eine monotone Dolmetschung als störend bezeichnet wurde. Durch einen fremd klingenden oder regionalen Akzent des Dolmetschers hingegen fühlte sich nur eine kleine Minderheit der Befragten irritiert.

Moser untersuchte auch, ob dieselben Klienten bei unterschiedlichen Konferenzen stark unterschiedliche Erwartungen an das Dolmetschen haben. Er fand, dass die zentralen Ansprüche an die Dolmetschung (Klarheit der Formulierung, Vollständigkeit der Wiedergabe und Präzision in der Terminologie) größtenteils konstant blieben.

Collados Aís (1998)
In einer interessanten Laboruntersuchung verglich Collados Aís (1998), wie Zuhörer monotone Dolmetschungen im Vergleich zu Dolmetschungen mit einer ‚melodiösen' Intonation beurteilen. Sie konnte das Ergebnis von Moser (1995; 1996), dass Monotonie in der Dolmetschung als störend empfunden wird, bestätigen: In einige Dolmetschungen wurden absichtlich Fehler eingebaut. Fehlerhafte Dolmetschungen mit angenehmer Intonation wurden im allgemeinen dennoch besser bewertet als fehlerfreie, monoton vorgebrachte Dolmetschungen.

Andres (2000)
Im Rahmen ihrer Dissertation befragte Andres (2000) Beschäftigte von deutschen Bundesministerien zu Evaluierungskriterien für das Konsekutivdolmetschen, da auf Regierungsebene häufig Konsekutivdolmetschen praktiziert wird.
Bei der Bewertung der Inhalte dominierte der Anspruch auf Vollständigkeit, richtige Fachterminologie und Klarheit der Formulierung. Die Konzentration auf das Wesentliche wurde ebenfalls von der großen Mehrheit der Befragten als sehr wichtig oder wichtig bezeichnet. Deutlich gefordert wurden vom Dolmetscher auch das Einhalten der Sprachebene sowie Stimmführung und rhetorische Fähigkeiten. Der Anspruch an die Rhetorik nahm wie in der Untersuchung von Moser (1995; 1996) mit dem Alter der Befragten und ihrer Erfahrung mit Dol-

metschern zu. Die Identifikation mit dem Redner wurde ebenfalls von der Mehrheit als wichtig erachtet. Als Störfaktoren wurden Nervositätserscheinungen und unvollständige Sätze genannt. Selbstkorrekturen, Akzent und grammatikalische Verstöße wurden hingegen als weniger störend empfunden.

Wie dieser kurze Überblick über bisher durchgeführte Rezipientenbefragungen zeigt, wurden in den letzten Jahren von dolmetschwissenschaftlicher Seite vielfältige Daten erhoben. Zwischen den einzelnen Erhebungen ist allerdings keine wirkliche Vergleichbarkeit gegeben, da sich diese sowohl hinsichtlich Fragestellung als auch in Bezug auf Dolmetschmodus (simultan oder konsekutiv), Sprachkombination, Rezipientenpopulation, situative Faktoren usw. unterscheiden. Verschiedene Autoren (Viezzi 1993, Kalina 1994; Pöchhacker 1994; Moser-Mercer 1996) haben auf die methodologischen Schwierigkeiten von Studien zur Qualitätsbeurteilung hingewiesen, eine bessere Koordinierung oder Harmonisierung bei der Durchführung derartiger Untersuchungen gefordert (Mack/Cattaruzza 1995) bzw. die Entwicklung eines Standardfragebogens angeregt (Marrone 1993).

4. Rezipientenzufriedenheit als Qualitätsmaßstab

Im Folgenden wird – der Marketing-Terminologie entsprechend – die Dolmetschung als Dienstleistung/Produkt gesehen und der Rezipient als Kunde/ Konsument dieses Produkts/dieser Dienstleistung definiert.
Ein unbestrittener Marketing-Grundsatz lautet: „Quality must begin with customer needs and end with customer perceptions" (Kotler/Armstrong 1994, 568).
Die European Organization for Quality Control definiert Qualität als „the totality of features and characteristics of a product or service that bear on its ability to satisfy a given need" (Wenger 1981, 63). Dies ist eindeutig eine kundenorientierte Definition, aus der sich ableiten lässt, dass ein Produzent/Dienstleistungsanbieter dann Qualität liefert, wenn er/sein Produkt/seine Dienstleistung die Bedürfnisse, Anforderungen und Erwartungen seiner Kunden erfüllt oder übertrifft.
Ein Anbieter, dem es gelingt, die Mehrzahl der Bedürfnisse seiner Kunden konstant zu erfüllen, kann sich zu Recht als Qualitätsanbieter bezeichnen.
Nach Aussage von Marketing-Fachleuten hängt die Kundenzufriedenheit mit einem Produkt/einer Dienstleistung davon ab, inwieweit dadurch die Erwartungen des Kunden erfüllt werden:

> Quality is evaluated by customers in terms of what they actually receive in relation to what they expected. (Heskett/Sasser/Hart 1990, 6)

> Customer satisfaction with a purchase depends upon the product's/service's performance relative to a buyer's expectations. (Kotler/Armstrong 1994, 553)

> The key is to exceed the customers' service-quality expectations. (...) The service provider needs to identify the expectations of target customers concerning service quality. (Kotler/Armstrong 1994, 646)

Akzeptiert man die obige Definition, so lässt sich Qualität (als Kundenzufriedenheit verstanden) durch nachstehende Formel ausdrücken:

Qualität = tatsächliche Leistung – erwartete Leistung

Bleibt die tatsächliche Leistung hinter der erwarteten Leistung zurück, wird der Kunde unzufrieden sein. Entspricht die gebotene Leistung der erwarteten Leistung, so bedeutet das Kundenzufriedenheit. Übertrifft die erbrachte Leistung die Erwartungen, so wird der Kunde hoch zufrieden sein:

> A customer may experience various degrees of satisfaction. If the product's/service's performance falls short of expectations, the customer is dissatisfied. If performance matches expectations, the customer is satisfied. If performance exceeds expectations, the customer is highly satisfied or delighted. (Kotler/Armstrong 1994, 553)

Da Bedürfnisse und Erwartungen je nach Zielgruppe und Situation variieren, ist Qualität naturgemäß in hohem Maße subjektiv. Somit ist es nicht überraschend, dass sich die Qualitätsansprüche verschiedener Zielgruppen nicht völlig decken und dass ein und dieselbe Zielgruppe in unterschiedlichen Situationen unterschiedliche Anforderungen stellen kann. Das gilt auch für das Dolmetschen: So meinten beispielsweise die Befragten in der Studie von Ng (1992), dass die Verwendung der richtigen Sprachebene (speech level) beim Konferenz- und Geschäftsdolmetschen äußerst wichtig sei, beim „community interpreting" jedoch weniger stark ins Gewicht falle. Die Erwartungen eines Mediziners an eine gute Dolmetschung bei einem Fachkongress müssen nicht unbedingt identisch sein mit den Erwartungen desselben Arztes, der beispielsweise im Krankenhaus für ein Gespräch mit einem fremdsprachigen Patienten die Hilfe eines Dolmetschers beansprucht.

Vielfach wurde natürlich argumentiert, dass die Rezipienten von Dolmetschleistungen die Qualität derselben nicht wirklich beurteilen können, da ihnen die wesentliche Voraussetzung – das Verständnis der ausgangssprachlichen Aussage – fehlt (Seleskovitch 1986; Ng 1992;Viaggio 1997).

Nach Gile (1991, 198) können die Rezipienten nicht zuverlässig beurteilen, ob eine Dolmetschung tatsächlich dem Original entspricht. Sie konzentrieren sich mitunter zu sehr auf die „Verpackung":

> Conference participants may listen to only part of the conference, both because they feel that many segments are not relevant or interesting and because the required degree of concentration is very high. Their assessment of segments they are not interested in

will tend to be biased towards the packaging rather than the content, which may lead to a surprisingly favourable assessment of quality in conferences in which the interpreters themselves feel that they have done a poor job.

Shlesinger gibt zu bedenken, dass eine flüssige Präsentation des Dolmetschers beim Rezipienten u.U. einen falschen Eindruck vermittelt: Der Zuhörer könnte dazu neigen, die Dolmetschung als gut zu bewerten, auch wenn inhaltliche Fehler vorliegen. Umgekehrt könnten aber auch Unzulänglichkeiten, die dem ausgangssprachlichen Text anzulasten sind, der Dolmetschung zugeschrieben werden:

> Smooth delivery may create the false impression of high quality when much of the message may in fact be distorted or even missing. On the other hand, listeners may misjudge a faithful rendering as flawed when in fact it is the source text that accounts for its shortcomings. (Shlesinger 1997, 127)

Die letztere Vermutung wurde von Ng (1992) und Moser (1995; 1996) bestätigt, die feststellten, dass Rezipienten z.T. dazu neigen, die Schuld für unzulängliche Klarheit eher dem Dolmetscher als dem Redner zu geben. Ebenso legen die Befunde von Collados Aís (1998) nahe, dass eine angenehme, lebhafte Vortragsweise des Dolmetschers den Rezipienten Fehler übersehen lässt und in seinem Urteil positiv beeinflusst.

Bei der Konferenz in Turku stellte Shlesinger (1997, 126) die Frage: „Quality according to what criteria? Quality for whom?" und formuliert provokativ: „Do our clients know what's good for them?"

Ohne die Berechtigung von Shlesingers Bedenken in Abrede stellen zu wollen, ist jedoch festzuhalten, dass wir unsere Rezipienten nicht daran hindern können, Erwartungen an die Dolmetschleistungen zu hegen. Erwartungen bezeichnen die an das Verhalten eines Rollenträgers gerichteten Verhaltensanforderungen. Sie fungieren als Wahrnehmungsfilter, die die tatsächliche Wahrnehmung der Rezipienten beeinflussen (Koschnick 1987, 211). Als Dienstleistungsanbieter müssen die Dolmetscher an der Zufriedenstellung ihrer Klienten interessiert sein und sich daher nach besten Kräften bemühen, deren Anforderungen und Erwartungen zu erfüllen.

> Clearly, the customer defines quality. Consequently, absolute measurements of service quality that do not include customer expectations miss the point. (Heskett/Sasser/Hart 1990, 6)

Sollten sich diese Erwartungen/Anforderungen als unvernünftig oder unerfüllbar herausstellen, ist es Aufgabe der Translationswissenschaft und der Standesvertretung, ihre Unbegründetheit und Unvernünftigkeit aufzuzeigen bzw. klarzustellen, welche Bedingungen geschaffen werden müssen, damit die Dolmetscher ihrem Auftrag gerecht werden können. „Mediators should educate their clients the way physicians educate their patients" (Viaggio 1997, 70).

Literatur

Andres, D. (2000): *Konsekutivdolmetschen und Notizen. Empirische Untersuchung mentaler Prozesse bei Anfängern in der Dolmetscherausbildung und professionellen Dolmetschern.* Dissertation, Universität Wien.
Bühler, H. (1986): „Linguistic (semantic) and extra-linguistic (pragmatic) criteria for the evaluation of conference interpretation and interpreters." In: *Multilingua* 5-4, 231-235.
Cartellieri, C. (1983): „The inescapable dilemma - Quality and/or quantity in interpreting." In: *Babel* 29/4, 209-213.
Chernov, G. (1985): „Interpretation Research in the Soviet Union: Results and Prospects." In: H. Bühler (ed.): *Translators and their Position in Society. Proceedings of the Xth World Congress of FIT*, 169-177, Vienna, Braumüller.
Collados Aís, A. (1998): *La evaluación de la calidad en interpretación simultánea. La importancia de la comunicación no verbal.* Granada, Editorial Comares.
Déjean le Féal, K. (1990): „Some Thoughts on the Evaluation of Simultaneous Interpretation." In: D. Bowen/M. Bowen (eds.): *Interpreting - Yesterday, Today, and Tomorrow*, 154-160, Binghamton NY, SUNY.
Gerver, D. (1972): *Simultaneous interpretation and human information processing.* Social Science Report, HR 566/1. London.
Gile, D. (1989): *La communication linguistique en réunion multilingue. Les difficultés de la transmission informationnelle en interprétation simultanée.* Thèse de doctorat, Université Paris III.
- (1990): „L'évaluation de la qualité de l'interprétation par les délégués: une étude de cas." In: *The Interpreters' Newsletter* 3, 66-71.
- (1991): „A Communication-Oriented Analysis of Quality." In: M. L. Larson (ed.): *Translation: Theory and Practice*. ATA Scholarly Monograph Series, Vol. 5, 188-200, Binghamton NY, SUNY.
Gold, D. L. (1973): „On Quality in Interpretation." In: *Babel* 19(4), 154-155.
Herbert, J. (1952): *The Interpreter's Handbook. How to Become a Conference Interpreter.* Geneva, Librairie de l'Univiersité.
Heskett, J. L./Sasser, W. E./Hart, Ch. W. L. (1990): *Service Breakthroughs. Changing the Rules of the Game.* New York, The Free Press.
Kahane, E. (2000): „Thoughts on the Quality of Interpretation."
http://www.aiic.net.ViewPage.cfm/page197.htm.
Kalina, S. (1994): „Analyzing interpreters' performance - methods and problems." In: C. Dollerup/A. Lindegaard (eds.): *Teaching Translation and Interpreting 2. Insights, aims, visions.* Amsterdam/Philadelphia, John Benjamins, 225-232.
Kopczyński, A. (1994): „Quality in conference interpreting: Some pragmatic problems." In: M. Snell-Hornby/F. Pöchhacker/K. Kaindl (ed.): *Translation Studies. An interdisciplinne*, 189-198, Amsterdam/Philadelphia, John Benjamins.
Koschnick, W. J. (1987): *Standard-Lexikon für Marketing, Marktkommunikation, Markt- und Mediaforschung.* München, K. G. Saur.
Kotler, P./Armstrong, G. (1994): *Principles of Marketing*, 6th ed., Englewood Cliffs NJ, Prentice-Hall, Inc.

Kurz, I. (1989): „Conference Interpreting - User Expectations." In: D. L. Hammond (ed.): *Coming of Age. Proceedings of the 30th Annual Conference of the American Translators Association*, 143-148, Medford NJ, Learned Information, Inc.
- (1993): „Conference Interpretation: Expectations of Different User Groups." In: *The Interpreters' Newsletter* 5, 13-21.
- (1994): „What Do Different User Groups Expect from a Conference Interpreter?" In: *The Jerome Quarterly* 9(2), 3-7.
- (1996): *Simultandolmetschen als Gegenstand der interdisziplinären Forschung*. Vienna, WUV-Universitätsverlag.
Mack, G./Cattaruzza, L. (1995): „User Surveys in Simultaneous Interpretation: A Means of Learning about Quality and/or Raising some Reasonable Doubts." In: J. Tommola (ed.): *Topics in Interpreting Research*, 51-68, Turku, University of Turku.
Mackintosh, J. (1994): „User expectation survey. Interim report." In: *AIIC Bulletin* XXII/2, 13-17.
Marrone, S. (1993): „Quality: A Shared Objective." In: *The Interpreters' Newsletter* 5, 35-41.
Meak, L. (1990): „Interprétation simultanée et congrès médical: attentes et commentaires." In: *The Interpreters' Newsletter* 3, 8-13.
Moser, P. (1995): *Simultanes Konferenzdolmetschen. Anforderungen und Erwartungen der Benutzer. Endbericht im Auftrag von AIIC*. Vienna, SRZ Stadt + Regionalforschung GmbH.
- (1996): „Expectations of users of conference interpretation." In: *Interpreting* 1/2, 145-178.
Moser-Mercer, B. (1996): „Quality in interpreting: Some methodological issues." In: *The Interpreters' Newsletter* 7, 43-55.
Ng, B. C. (1992): „End Users' Subjective Reaction to the Performance of Student Interpreters." In: *The Interpreters' Newsletter*, Special Issue 1, 35-41.
Pöchhacker, F. (1994): „Quality Assurance in Simultaneous Interpreting." In: C. Dollerup/A. Lindegaard (eds.): *Teaching Translation and Interpreting 2: Insights, Aims and Visions*, 233-242, Amsterdam/Philadelphia, John Benjamins.
Reiss, K./Vermeer, H. (1984): *Grundlegung einer allgemeinen Translationstheorie*. Tübingen, Niemeyer.
Seleskovitch, D. (1986): „Who Should Assess an Interpreter's Performance?" In: *Multilingua* 5-4, 236.
Shlesinger, M. (1994): „Intonation in the Production and Perception of Simultaneous Interpretation." In: S. Lambert/B. Moser-Mercer (eds.): *Bridging the Gap: Empirical research in simultaneous interpretation*, 225-236, Amsterdam/Philadelphia, John Benjamins.
- (1997): „Quality in Simultaneous Interpreting." In: Y. Gambier/D. Gile/C. Taylor (eds.): *Conference Interpreting: Currrent Trends in Research*, 123-131, Amsterdam/Philadelphia, John Benjamins.
Snell-Hornby, M. (Hg.) (1986): *Übersetzungswissenschaft - eine Neuorientierung. Zur Integrierung von Theorie und Praxis*. Tübingen, Francke (= UTB 1415).
Snelling, D. (1989): „A Typology of Interpretation for Teaching Purposes." In: L. Gran/J. Dodds (eds.): *The Theoretical and Practical Aspects of Teaching Conference Interpretation*. Udine, Campanotto, 141-142.
Stenzl, C. (1983): *Simultaneous Interpretation - Groundwork towards a Comprehensive Model*. M. A. Thesis, University of London.
Thiéry, Ch. (1990): „The Sense of Situation in Conference Interpreting." In: D. Bowen/M. Bowen (eds.): *Interpreting - Yesterday, Today, and Tomorrow*, 183-188, Binghamton NY, SUNY.

Viaggio, S. (1997): „Do Interpreters Have the Right to Improve upon the Original? The Eternal Tug-of-War Between Professional and Expectancy Norms." In: *The IIIrd Meeting of Interpreters and Translators from the Countries of Central and Eastern Europe*, Budmerice/Prague 1997, 69-73.

Viezzi, M. (1993): „Considerations on Interpretation Quality Assessment." In: C. Picken (ed.): *Translation - the vital link. Proceedings of the XIIIth FIT World Congress*, Vol. 1, 389-397, London, Institute of Translation and Interpreting.

Vuorikoski, A.-R. (1993): „Simultaneous interpretation - User experience and expectation." In: C. Picken (ed.): *Translation - the vital link. Proceedings of the XIIIth World Congress of FIT*, Vol. 1, 317-327, London, Institute of Translation and Interpreting.

- (1998): „User Responses to Simultaneous Interpreting." In: L. Bowker/M. Cronin/D. Kenny/J. Pearson (eds.): *Unity in Diversity? Current Trends in Translation Studies*, 184-197, Manchester, St. Jerome Publishing.

Wenger, L. (ed.) (1981): *Glossary of Terms Used in the Management of Quality*. 5th ed., Berne, EOQC Secretariat.

MEHRSPRACHIGKEIT UND KLEINE SPRACHGEMEINSCHAFTEN IN DER EUROPÄISCHEN UNION

Peter Hans Nelde, Brüssel

1. Mehrsprachigkeit heute

Die längst fällige Konfliktanalyse sämtlicher europäischer Minderheitssprachen unter dem Titel „Euromosaic - Produktion und Reproduktion der Minderheiten-Sprachgemeinschaften in der Europäischen Union" aus den Jahren 1996 und 1999 befasste sich mit 45 Minderheitssprachen der Europäischen Union (EU), stellte besonders gründlich untersuchte Sprachgruppen wie die Sorben und die Ladiner in den Mittelpunkt der Studie und bereicherte die Mehrsprachigkeitsforschung um wesentliche – vor allem zukunftsgerichtete – Aspekte. Damit haben Sprachplanung und Sprachpolitik – nunmehr auch nach außen sichtbar – Eingang in die Kulturplanung der Mitgliedsländer der EU gefunden. Neu dürften zudem einige kontaktlinguistische Perspektiven sein, die sich auf die Mehrsprachigkeit der nächsten Jahre auswirken werden.
- Mehrsprachigkeit ist nicht länger eine Ausnahmeregelung für sprachlich-kulturell gemischte Länder Europas, sondern wird – ähnlich wie in Afrika und Asien – Allgemeingut und in der Bildungspolitik der meisten Mitgliedsländer bereits selbstverständlich.
- Während die kontaktlinguistische Literatur der sechziger Jahre noch von der Annahme ausging, dass Minderheiten, die zunehmend zweisprachig werden, Gefahr laufen, ihre Erstsprache zu verlieren, dient Mehrsprachigkeit heute häufig als wirtschaftlicher und beruflicher Motor, um den Lebensstandard zu erhöhen – man denke nur an den grenzüberschreitenden Verkehr, Translationsberufe oder supranationale Arbeitgeber.
- Wirtschaftsfaktoren wie die Globalisierung, die offensichtlich die großen Sprachen fördern, sind nicht denkbar ohne starke Regionalisierungsbestrebungen, die den kleinen und mittleren Sprachen in einem mehrsprachigen Kontext auf vielen Ebenen neue Überlebenschancen vermitteln.
- Die jüngsten Entwicklungen haben von der Jahrzehnte alten Dauerdefensivhaltung kleiner und kleinster Sprachen – charakteristische Beispiele liefern Sorben, Bretonen und Walliser – zu einem neuen Argumentationsverständnis geführt, das die Vorteile des mehrprachigen Minderheitssprechers im neuen europäischen Diskurs betont und somit in die Offensive geht. Der mehrsprachige Kleinsprachensprecher muss seine Identität nicht mehr verleugnen und sich nicht mehr ausschließlich den Mehrheits- und Prestigesprachen anpassen, sondern sein Widerpart, der Einsprachige, hat gegenwärtig viel mehr

Schwierigkeiten als in der Vergangenheit, in einem vielsprachigen und multikulturellen Europa seine Ansichten einsprachig durchzusetzen.

2. Minderheitssprachen als Europasprachen?

Um die Politisierung und Ideologisierung von Sprachenbewertung und Sprachenhierarchisierung besser zu verstehen, stelle man sich für einen Augenblick vor, dass wir, Kontaktlinguisten, versuchen würden, eine Verkehrssprache für Europa vorzuschlagen, ohne Rücksichtnahme auf politische Regelungen und Gesetze, auf Bürokratie und Nationalismus, kurz, ohne Rücksicht auf die politische Realität. Sicherlich würden wir unseren Vorschlag an einige Voraussetzungen und Vorbedingungen knüpfen und vorzugsweise eine bereits vorhandene, lebende Mehrheits- oder Minderheitssprache eines der Mitgliedsländer der Europäischen Union zum Favoriten küren. Demnach würden wir eine Sprachgemeinschaft bevorzugen

1) mit offenen Grenzen, ähnlich einem „Schengen"-Land;
2) mit einer sozial progressiven Sprachgemeinschaft;
3) mit einer prosperierenden Wirtschaft;
4) die militärisch nicht dominiert;
5) ohne eine peinliche Kolonialvergangenheit;
6) mit einer parlamentarischen Demokratie ohne imperialistische Neigungen;
7) mit einer pro-Maastricht-, pro-Amsterdam-, pro-Nizza-, pro-Barcelona-Einstellung;
8) die kulturell offen und kosmopolitisch ausgerichtet ist;
9) mit einer höchstens mittelgroßen Sprache in einer mehrsprachigen und multikulturellen Umgebung;
10) mit einem den Nachbar- und anderen europäischen Sprachen verwandten Idiom;
11) mit einer standardisierten Sprache, die auch in anderen Ländern verstanden wird.

Eine mögliche Antwort auf diesen eklektischen Bedingungskatalog könnte zum Beispiel Sorbisch, Friesisch oder irgendeine andere Minderheitssprache sein, die somit zur europäischen Verkehrssprache erhoben zu werden verdient, da diese Sprachen die theoretischen Bedingungen für eine Europasprache deutlich besser erfüllen als die gegenwärtigen Hauptsprachen der Union. Leider sind jedoch nicht Kontaktlinguisten, Idealisten oder Kulturpolitiker, sondern ausschließlich nationale Politiker für die europäische Sprachplanung zuständig, so dass die kontaktlinguistische Verkehrssprachenlösung – z. B. Sorbisch als internationale Sprache – keinerlei Aussicht auf Erfolg hat und somit die Frage nach einer internationalen Sprache für alle Europäer auch weiterhin offen bleiben muss.

3. Gegenwärtige Sprachenpolitik Europas

Und doch verdienen sich anbahnende Änderungen in der europäischen Sprachenpolitik unsere verstärkte Beachtung. Die ersten Jahre des neuen Jahrhunderts stellen offensichtlich erhöhte Anforderungen an die Sprecher, sich stärker als in der Vergangenheit in Richtung einer „Neuen Mehrsprachigkeit" zu bewegen. Das Experiment der Europäischen Union, 11 Amts- und Arbeitssprachen anzuerkennen und einzusetzen, ist in der Geschichte der Menschheit einmalig und hat sich bereits seit Einführung dieser Sprachenstruktur bewährt. Sprachliche und kulturelle Diskriminierung hat im Bereich der Union seither eher ab- als zugenommen. Dies unterstreichen eine Reihe von sozioökonomischen und gesellschaftspolitischen Entwicklungstendenzen, die die Notwendigkeit einer Neuen Mehrsprachigkeit für die nächsten Jahrzehnte noch verdeutlichen:
- Die Bedeutung der Nationalstaaten und die Souveränität ihrer Regierungen hat in den letzten Jahren deutlich abgenommen. Nationalstaatliche Befugnisse in den meisten gesellschaftlichen Domänen werden von „Brüssel" bzw. „Straßburg" oder „Luxemburg" übernommen, wodurch sich die Zuständigkeiten der EU-Mitgliedstaaten und ihrer Regierungen reduzieren.
- Neoliberalismus und Internationalisierung begünstigen Tendenzen der Globalisierung, die die spezifisch nationalen wirtschaftlichen und kulturellen gesetzgeberischen Möglichkeiten der Einzelstaaten weiterhin aushöhlen und ihre Wirksamkeit verringern.

Vielleicht lässt sich die Mehrsprachigkeit Europas vereinfachender und übersichtlicher wie folgt einteilen: Gesamteuropa spricht mehr als 150 Sprachen (Europa I); in der Europäischen Union werden neben den 11 Amts- und Arbeitssprachen noch ca. 45 Minderheitssprachen gesprochen, also insgesamt mindestens 56 eigenständige Sprachen (Europa II); nach der voraussichtlichen Erweiterung in Richtung Osten und Südosten wird die EU vermutlich zwischen 80 und 90 Amts- und Minderheitssprachen umfassen (Europa III).

Wenn überhaupt, dann kann ein solch unübersichtliches Knäuel von Sprachen und Kulturen, bei dessen zahlenmäßiger Schätzung die millionenstarken allochthonen Sprachgemeinschaften für diesen Fall unberücksichtigt bleiben, wohl nur von einer ausgereiften Sprachplanung und Sprachenpolitik administrativ bewältigt werden.

Allerdings wollen wir darauf hinweisen, dass die gegenwärtigen Sprachkonflikte in Europa nicht nur historischen Charakter haben, sondern von europäischen Sprachpolitikern bereits für die Zukunft vorprogrammiert sind. Es gibt neben den traditionellen Sprachkonflikten mit historischen Bezügen, wie wir sie von den zahlreichen autochthonen Minderheiten kennen, zudem die gegenwärtigen Konflikte zwischen Migranten und einheimischer Bevölkerung, die für oder gegen ihre Assimilation, Integration etc. kämpfen. Hier handelt es sich um „natür-

liche" Konflikte, die ich von den „künstlichen" und durch die Schaffung neuer (sprach)politischer Strukturen selbst erzeugten Konflikten unterscheiden möchte.
Gerade letztere führen zu einem Vergleich des alten Babel mit dem modernen Brüssel: 4000 Übersetzer und Dolmetscher, die im Europa II in – augenblicklich – elf Amts- und Arbeitssprachen arbeiten, häufig beeinflusst und bedrängt von ein paar Dutzend Minderheitssprachen, von denen viele um ihr Überleben kämpfen. Fast ein Zahlenspiel: Wenn es zehn Möglichkeiten gibt, elf Sprachen zu verwenden, dann ergeben sich daraus einhundertundzehn Kombinationen, eine Vielzahl, die der flämische Maler Pieter Breughel bei der Anfertigung seines im Kunsthistorischen Museums Wiens zu bewundernden berühmten Gemäldes „Der Turmbau zu Babel" wohl noch nicht berücksichtigen konnte, da die Fensterhöhlen seines Gebäudes nicht die ausreichende Zahl von Simultandolmetscher-Kabinen – als die man diese Nischen interpretieren könnte – enthält, die die gegenwärtige EU-Kommission zur sprachengerechten Kommunikation benötigt.
Es dürfte deutlich sein, dass auch die Schaffung eines einheitlichen Europas keine automatische Lösung für natürlich gewachsene oder künstlich geschaffene Konflikte garantiert. Welche Lösungsmöglichkeiten bieten sich als gemeineuropäischer Sprachenkanon demnach an?
- die Einführung einer Plansprache (Esperanto, Neolatein, Gebärdensprache u.ä.);
- die Übernahme einer starken internationalen Verkehrssprache als lingua franca (Englisch);
- die Bevorzugung von wenigen Leitsprachen (Deutsch, Französisch, Englisch und eventuell Italienisch oder Spanisch);
- die Beibehaltung des Status quo (elf Amts- und Arbeitssprachen).
Kann der gegenwärtige Zustand, der der letztgenannten Lösungsmöglichkeit entspricht, also die Akzeptanz der Sprachenvielfalt, weiter ausgebaut und fortgesetzt werden? Zur Vermeidung babylonischer Verhältnisse werden sicher Einschränkungen der großzügigen Sprachenfreiheit in Kauf genommen werden müssen. Die Erweiterung der EU wird das Schema der automatischen Anerkennung von Nationalsprachen als Gemeinschaftssprachen durchbrechen müssen und statt der vierten Lösung die dritte oder eine weitere ins Gespräch bringen.
Bis heute gibt es weder eine Einigung über die genaue Zahl der Minderheitssprachen und ihrer Sprecher im Europa II (unzuverlässigen Schätzungen zufolge handelt es sich um 30 bis 55 Millionen Sprecher bei 380 Millionen Einwohnern), noch über ihre Bezeichnung. Etwas hilflos und künstlich klingt der im Deutschen aus dem Französischen übernommene Terminus „weniger verbreitete Sprachen" („langues moins répandues"), die allerdings im Englischen zu den terminologisch und semantisch keineswegs deckungsgleichen „lesser used languages" mutieren. Zudem fehlen noch stets gemeinsame sprachpolitische Richt-

linien für diese wegen ihrer historisch gewachsenen Sozialstrukturen wohl unvergleichlichen und unvergleichbaren Sprachgemeinschaften. Ohne die beispielhafte Zurückhaltung der meisten Minderheitensprachpolitiker wären neue Konflikte mit den Mehrheitssprachen kaum vermeidbar.

4. Bildungspolitik und Schule

Da in Zentraleuropa die Bildungspolitik mit der Schulpolitik häufig kongruent ist, sollte Mehrsprachigkeit im Unterricht einen höheren Stellenwert als in der Vergangenheit erhalten. Bildungspolitische Maßnahmen spielen mit ihren sprachpolitischen Auswirkungen auch im Falle der jüngst so häufig diskutierten sogenannten Revitalisierung kleiner Sprachen (vgl. J. Fishman – so in Fishman 1991 und 1996 – mit seinen wiederholt überarbeiteten Fassungen seiner Studie „How to reverse language shift?") eine bedeutende Rolle. Hierbei wird jedoch gelegentlich vergessen, dass erstens Revitalisierungsmodelle ein soziales Funktionieren der Minderheitssprache im Alltag voraussetzen und zweitens, dass die Schule als alleinige und damit isolierte Revitalisierungsmaßnahme schwerlich erfolgreich sein kann. Es sei in diesem Zusammenhang nur an Misserfolge im mehrsprachigen Unterricht erinnert, die von einer subtraktiven Mehrsprachigkeit, das heißt dem ungenügenden Vertrautsein mit der Basisstruktur ausgehen, die eine ungenügend als Wahlfach oktroyierte sogenannte Regionalsprache und -kultur im Unterricht förderte, welche einseitig volkskundliche Besonderheiten (z. B. Bräuche, Trachten und Feste) in den Vordergrund stellten. Dieses *Folkloremodell* hat deshalb auf die Revitalisierung einer Minderheit genauso wenig positive Auswirkungen wie die sogenannten *Universalmodelle* („English worldwide", „Deutsch für alle"), die die Besonderheit von Sprache und Kultur in ihrem natürlichen Kontext („Biotop") nicht berücksichtigen.

Wenn allerdings die Sozialfunktion von Sprache im Alltag gewährleistet ist, kann die Schule mit ihrer Bildungs- und Sprachplanung gewissermaßen als Netzwerk konzertierter Revitalisierungsmaßnahmen die Sprachentwicklung des Minderheitennachwuchses nachdrücklich positiv beeinflussen.

1) Im *Schulsprachenidentifikationsmodell*, wie wir es von der kroatischen Minderheit in Fünfkirchen (Ungarn) oder der dänischen Minderheit in Deutschland kennen, ist das Prestige des Unterrichtssystems der kleinen Sprachgemeinschaften so groß, dass die Schulsprache über die Kinder wiederum die Familiensprache beeinflusst, dort gepflegt wird und damit zur sprachlich-kulturellen Wiederbelebung der Minderheitssprache beiträgt.
2) Teilerfolge erzielte das in Nordgriechenland, den Balkanstaaten und auf der iberischen Halbinsel versuchsweise eingeführte *Remigrationsmodell*, wobei die aus Deutschland zurückkehrenden Gastarbeiter das Prestige des Deutschen als internationale Sprache nutzten und ihre zuvor in Deutsch unterrichteten Kinder in ihrem Heimatland im Deutschunterricht aktiv mit dem

Fremdsprachenlehrer zusammenarbeiteten, um „Partnersprachen" so natürlich wie möglich zu erlernen.
3) Ein gutes Beispiel für den Netzwerkcharakter liefern die synergetischen und konzertierten *Partizipationsmodelle*, wie sie in Walisien und Irland wegen des übergroßen Impakts des Englischen zur Anwendung gelangen und sich dabei vor allem auf ökonomische (Produktwerbung), informationstechnologische (Telematik) und mediale (Werbung) Mehrfachkonzepte stützen. Hierbei wird als besonders positiv erfahren, dass die Minderheit sich auch der öffentlichen Domänen bedient, was die dringend erforderliche Sozialfunktion von Sprache bedeutend erhöht.
4) Das *Belgienmodell*, das in leicht abgewandelter Form auch in Ungarn, Finnland und der Schweiz zum Einsatz gelangt, orientiert sich in Nachfolge des amerikanischen Modells der „affirmative action" an den Grundsätzen der positiven Diskriminierung mit dem Ziel der Prestigeerhöhung der Minderheitssprache (etwa durch eine geringere Klassenstärke im Unterricht der Minderheitsschüler, ein angepasstes, auf die kulturellen Bedürfnisse der Minderheit Rücksicht nehmendes Curriculum oder durch unterschiedliche Gehalts- und Ferienregelung für die mehrsprachigen Lehrer). Ein solches Modell geht allerdings von der grundsätzlichen Einsprachigkeit von Minderheitsschulen aus.
5) Alle europäischen Hauptstädte mit einem hohen Anteil an Mehrsprachigkeit und Multikulturalismus experimentieren mit *Elitemodellen*. „Auswahlschüler begüterter Klassen" finden wir in sogenannten internationalen und Europaschulen. Hier ist die hohe Motivation der Schüler, deren Eltern regelmäßig in andere Länder und damit andere Bildungssysteme umziehen, nicht verwunderlich, da Mehrsprachigkeit hier zum beruflichen Bedingungsgefüge gehört. Besonders erfolgreich (und überaus aufwendig) ist dieses Modell, wenn Zweisprachigkeit intensiver dadurch gefördert wird, dass unterschiedliche Muttersprachler dasselbe Fach in derselben Klasse unterrichten (z.B. Englisch und Deutsch am Kennedygymnasium in Berlin).
6) *Immersionsmodelle* (etwa als Total- oder Teilimmersion) sind unter anderer Bezeichnung weltweit vertreten und scheinen, wie das bekannte kanadische Modell zeigt, vor allem bei einer „starken" Muttersprache und einer gesicherten sozioökonomischen Stellung von Sprache und Kultur zu funktionieren. So ist das ursprünglich aus dem französischen Montreal (Québec) stammende Modell im anglophonen Toronto (Ontario) sehr viel erfolgreicher als in Quebec, da hier der verspätete Einsatz des Englischen wegen seiner gefestigten Rolle als Muttersprache nach der Schulerstsprache Französisch anscheinend den anglophonen Schülern nicht zum Nachteil gereicht.
7) Das *ABCM-Zweisprachigkeitsmodell* Elsaß-Lothringens zielt auf eine quantitative Unterrichtssymmetrie, wobei die Hälfte des Unterrichts der Minderheitssprache vorbehalten sein sollte. Da die soziale Wirklichkeit jedoch

nicht von der Schulwirklichkeit reflektiert wird – die Muttersprache ist „sozial degradiert", das gesamte soziale Umfeld französisch und die nicht standardisierten Mundarten als Unterrichtssprache untauglich – setzt sich die Asymmetrie der Alltagsdomänen im Bewusstsein der Schüler fort, so dass die dauerhaften Erfolge dieses Modells sich noch nicht in überzeugender Deutlichkeit abzeichnen.

8) Das didaktisch gut vorbereitete *Baskische Modell* geht einen Schritt weiter, indem es neben die Mehrheitssprachenklassen als Zielvorstellung Minderheitsklassen stellt, die über sogenannte Transitklassen erreicht werden können. Auch hier liegt der Erfolg in dem größeren sozialen Umfeld der Minderheitssprache, die für ihre Schüler zahlreiche Berufsanreize in der Verwaltung und der Lokalregierung der Minderheit bietet.

9) Für europäische Minderheiten weniger tauglich ist das *Afrikamodell*, das zwar im Grundschulbereich für autochthone Minderheiten hervorragende Ergebnisse zeitigt (so z.B. für die kleinen Sprachgemeinschaften in Namibia und Südafrika), jedoch in Ermangelung eines strukturellen Oberbaus im Bildungssystem (fehlende Sekundarschulen und Universitäten in den Minderheitssprachen) viel zu früh auf die Mehrheitsstrukturen (üblicherweise die ehemaligen Kolonialsprachen) zurückgreifen muss.

Bleiben wir bei unserem Europasprachenvorschlag und wählen aus dem umfangreichen Katalog europäischer Minderheitssprachen für unseren Zweck das in Deutschland zur Zeit intensiv diskutierte Beispiel des Sorbischen.

10) Sollten sich aus den vorangegangenen Überlegungen Folgerungen beispielsweise für ein *Sorbisches Modell* ergeben? Die zahlreichen Mehrsprachigkeitsmodelle zeigen, dass der bildungspolitischen Phantasie hierbei keine Grenzen gesetzt sind: So stellt sich die Frage, ob die schrittweise Erhöhung der Stundenzahl im Sorbischen nicht im Gleichklang mit weiteren Revitalisierungsmaßnahmen erfolgen müsse – so in der Wirtschaft, der Werbung, der Verwaltung, der durchgehenden Zweisprachigkeit sämtlicher Ämter, eigenen „minderheitsspezifischen" Institutionen mit Sorbisch als Verkehrssprache? Kann die Attraktivität des Sorbischen durch eine verstärkte Mehrsprachigkeit in der Schule erhöht werden, wobei neben dem Englischen und Französischen auch das Sorbische als Brückensprache zum Polnischen, Tschechischen oder – im Sinne der Erweiterung der EU nach Osten – zum Russischen eine Rolle spielen könnte? Auf den sozioökonomischen Prüfstand gehören dann allerdings auch die Berufsmöglichkeiten in den sorbischen Regionen und vor allem die Lehrerausbildung, die wenigstens zum Teil in den sorbischen „Hauptstädten" Cottbus und Bautzen stattfinden könnte. Eine gründliche Machbarkeitsstudie zur tatsächlich möglichen Revitalisierung des Sorbischen ist offensichtlich vonnöten.

Ähnliche Überlegungen ließen sich ohne weiteres am Beispiel anderer europäischer Minderheitssprachen anstellen.

5. Neubewertung und Ausblick

Kann eine europäische Sprachpolitik im Blick auf die Zukunft – vor allem im Blick auf die Erweiterung der EU – für ein friedliches Nebeneinander von kleinen, mittleren und großen Sprachen sorgen? Hierzu drei Vorüberlegungen und drei Vorschläge:

1) EU-Minderheiten sind gemeinschaftspolitisch schwer zu (er)fassen. Der Anteil der Minderheitssprecher unter den 380 Millionen Unionsbürgern im Jahre 2003, wie bereits angedeutet, wird auf ein Zwölftel bis ein Siebtel der Gesamteinwohnerzahl geschätzt – eine so erstaunliche Diskrepanz, ein so vager Schätzwert, dass nur ideologische, nationalistische und allgemein politische Gründe für die unterschiedlichen Zählungen haftbar gemacht werden können (Nelde 2001a, 27). Zu den Minderheitssprechern gehören innerhalb der EU völlig emanzipierte und den Mehrheitssprachen zuweilen gleichrangige Sprachgemeinschaften wie die Katalanen in Spanien, die Schweden in Finnland und die Deutschen in Belgien neben nur schwer nachweisbaren und sich im sprachpolitischen Leben Europas sehr viel weniger profilierenden Gruppen wie den Okzitaniern in Frankreich, den Aromunen in Griechenland oder den Griechen in Italien. Wie sehr sich die sprachpolitische Wirklichkeit vom Wunschdenken kleiner Sprachgemeinschaften entfernt, zeigen Hans Goebls jüngste Arbeiten (Goebl 2002) zu den Geister- und Traumsprachen („Langues fantasmagoriques et orniques", „Ghost and dream languages"). Die Bedürfnisse kleiner Sprachgemeinschaften, ihre Wünsche und Forderungen an Europa und eine europäische Sprachpolitik sind deshalb völlig unterschiedlich und schwerlich auf einen Nenner zu bringen.

2) Von der nationalen Presse und den europäischen Medien bisher wenig beachtet, kommt allmählich eine Europäisierung der Gesetzgebung zum Tragen, die eine schleichende Machtreduktion der Nationalstaaten – mit deutlichen Auswirkungen auf den Kulturbereich – zur Folge hat. Europäische Politiker schätzen, dass über ein Fünftel der nationalstaatlichen Befugnisse inzwischen auf die europäische Ebene übertragen und somit der Obhut Brüssels übergeben wurden. Blair, Schröder und Raffarin haben deshalb bereits deutlich weniger Spielraum bei nationalen Entscheidungen als ihre Vorgänger Major, Kohl und Juppé (Nelde 2001b, 200-201). Es käme sicherlich den kleinen Sprachgemeinschaften zugute, wenn das im Entstehen begriffene nationale Machtvakuum – eine derartige Entwicklung beginnt sich stets deutlicher abzuzeichnen – durch Verknüpfung einer supranationalen (europäischen) mit einer regionalistischen (föderalistischen) Sprach- und Kulturpolitik aufgefüllt werden könnte. Eine solche Entwicklung könnte vielen peripheren und Grenzminderheiten durch Aufwertung ihres Territoriums bei gleichzeitiger Aufgabe der Grenztrennungsfunktion zugute kommen.

3) Die im neuen Jahrtausend noch existierenden europäischen Minderheiten unterscheiden sich nachdrücklich von ihrer Vorgängergeneration, die zum Teil bis in die siebziger Jahre des vorigen Jahrhunderts noch einsprachig in ihrer Minderheitssprache war. Heute sind längst alle europäischen Minderheitssprecher mehrsprachig und nichtsdestotrotz oft stärker motiviert als in der Vergangenheit, ihre Erstsprache als Mutter-, Schul- und Verkehrssprache beizubehalten und ihr die Sozialfunktion im Alltag zu geben, die ihr die Mehrheit aus pragmatischen, ökonomischen oder nationalistischen Motiven allzu gern absprechen will. Dank des neuen mehrsprachlichen Bewusstseins haben sich Überlebenswillige kleiner Sprachgemeinschaften aus dem Diskurs der Nachkriegszeit befreit, der durch eine einseitige Kulturförderung seitens der Mehrheit im Sinne eines Folklorismus gekennzeichnet war. Damit haben sich die zuvor angesprochenen Prognosen der Kontaktlinguistik der sechziger und siebziger Jahre – Zweisprachigkeit bzw. Mehrsprachigkeit sei zwangsläufig der Anfang vom Ende der Minderheitssprache – nicht bewahrheitet.

Was könnten – angesicht dieser Situation – die vorrangigen Aufgaben einer europäischen Sprachpolitik im Blick auf die Erweiterung der EU nach Nordosten und Osten für die kleinen Sprachgemeinschaften sein?

1) Die Entwicklung eines sprachpolitischen *Trainingskonzepts für Mehrsprachigkeit*, das allen Europäern den Gebrauch ihrer Sprachen in möglichst vielen Kontexten gestattet, das beim (Mehr-)Sprachenlernen die Minderheitssprachen – statt ausschließlich die Mehrheits- und Prestigesprachen – in den Domänen, in denen sie der sozialen und ökonomischen Kommunikation zugute kommen, fördert. Vielleicht sollte in der Bildungsplanung Europas der Begriff Fremdsprache eingeschränkter verwendet und durch Begriffe wie etwa Nachbar-, Europa- oder internationale Verkehrssprachen ersetzt werden.

Hierzu eine Bemerkung zur Verwendung des Englischen in den europäischen Sprachencurricula: Selbstverständlich gehört Englisch auf den Lehrplan aller Schulen, jedoch nicht als Englisch „only" und keineswegs auf Kosten des Erwerbs einer anderen Sprache, kurz, Englisch nicht als glottophagische Verdrängungssprache, sondern als sinnvolle Ergänzungssprache für alle Europäer.

Hieraus folgt, dass die Beherrschung der Muttersprache und der schulische Erwerb des Englischen schwerlich bereits als europäische Mehrsprachigkeit bezeichnet werden kann. Fügen wir dem hinzu, dass es längst vorbildliche Lehrpläne in Europa gibt, die jedoch, wie das Luxemburger Beispiel zeigt, von den Nachbarnationen (in diesem Falle: Belgien, Frankreich, Deutschland) wenig geschätzt werden und – aus der Sicht der Nachbarn – vermeintlich nationalpolitischen Interessen unterworfen sind.

2) Ein *Dezentralisierungskonzept* auf der Grundlage des Subsidiaritätsprinzips stellt neben die nationale Sprachpolitik der Mitgliedsländer eine wichtige Regionalsprachpolitik, die sich offensichtlich demokratischer als eine hierar-

chisierende nationale Sprachgesetzgebung aus der Sprachgemeinschaftsbasis speist. Jüngste Entwicklungen wie die in Belgien und Großbritannien, teilweise auch in Skandinavien, scheinen einer zunehmenden Tendenz in Richtung Subsidiarität und damit einer weiteren europäischen Dezentralisierung im Sprach- und Kulturbereich nicht ablehnend gegenüber zu stehen.

3) Ein Konzept *positiver Diskriminierung*, das auch in EU-Erweiterungsländern wie Ungarn – zumindest theoretisch – in Form von Minderheitsverfassungen bereits existiert, dient kleinen und mittleren Sprachen (beispielsweise Kaschubisch und Litauisch in Polen, Deutsch in sämtlichen östlichen Erweiterungsländern, Italienisch und Ungarisch in Slowenien, Slowenisch in Ungarn) in globalisierenden und grenzüberschreitenden Zeiten als Überlebenshilfe: Minderheitssprachenförderung nicht so sehr abhängig von der Sprecherzahl, sondern Minderheiten ausgestattet mit zusätzlichen Rechten und Erleichterungen im Blick auf eine Verringerung der Diskriminierung von schwachen und/oder kleinen Sprachgemeinschaften.

Auf diese Art und Weise können Frustrationen und psychologische Gruppenkomplexe („Kollektivneurosen" wie M.-P. Quix sie nennt, Quix (1981, 231)) von Minderheitssprechern reduziert und die eingangs beschriebene, in der Vergangenheit so typische defensive Sprachattitüde in ein positives und kooperatives Überlebenskonzept für europäische Sprachen und Kulturen gewandelt werden. So ließe sich zudem die soziale Funktion von Minderheitssprachen im Alltag erhöhen, der Minderheitendiskurs bereichern und sich obendrein durch die freiwillige Kooperation der Betroffenen im sozioökonomischen Bereich – wie François Grin (2001) überzeugend nachgewiesen hat – das Sozialprodukt peripherer europäischer Regionen steigern.

Wenn man die Ergebnisse der jüngsten Studien zur Minderheitenproblematik in Europa (vor allem die zitierten Studien Euromosaic I und II) und die emanzipatorischen Teilerfolge einiger europäischen Minderheiten in Augenschein nimmt, dann liegt der Gedanke nahe, aus Eigenbelang erfolgreiche Strategien, wie sie aus Katalonien, Ladinien, von den Åland- und Faröerinseln zu uns kommen, zu übernehmen. Diese erfolgreichen Strategien und die aus dem Projekt Euromosaic hervorgegangenen Nachfolgeprojekte und Analysen (Atlantis I und II) weisen vor allem auf die Notwendigkeit der Stärkung des Selbstbewusstseins und des Prestiges von kleinen Sprachgemeinschaften hin. Neben diesem psychologischen Ansatz steht die dringend erforderliche Erweiterung der Sozialfunktion von Sprache im Alltagsleben. Beispielsweise ein sozioökonomischer Ansatz, der die Alltagsfunktion von Sprache erhöht, die Einstellung der Eltern bei den Schulsprachenwahl der Kinder beeinflusst und – im Sinne der Regionalisierungsbestrebungen der EU – Sorbenland als Grenz- und Übergangsgebiet im Dreiländereck (Polen, Tschechien, Deutschland) aufwertet, wird gerade aus Brüsseler Sicht im Sinne eines Europas der Regionen stark in den Vordergrund gerückt. So könnte, ähnlich wie bei anderen Minderheiten, ein sorbischer Initiativrat mit unorthodoxen Ideen und mithilfe eines in zahlreichen empirischen Untersuchungen erworbenen Erfahrungsschatzes auswärtiger Berater gebildet werden, der ein schlüssiges Konzept zur Revitalisierung vorzulegen hätte. Eine Jahrzehnte alte frustrationsbeladene Defensivattitüde könnte einer realistischen Denk- und Argumentationsoffensive der klugen Köpfe eines solchen Initiativrats Platz machen. Sicherlich würden dann die Resultate der Mehrsprachigkeitsforschung für einen großzügigeren Einsatz der positiven Diskriminierung bei europäischen Minderheiten plädieren, wobei die Vorteile für das jeweilige Minderheitenbildungssystem für sich sprechen dürften: Sprachplanung und Sprachpolitik von und für kleine europäische Sprachgemeinschaften können nicht von Brüssel aus oktroyiert werden, sondern bedürfen einer spezifischen, auf die lokalen und regionalen Besonderheiten zugeschnittenen Mehrsprachigkeitsplanung.

Literatur

Fishman, J. (1991): *Reversing Language Shift. Theoretical and Empirical Foundations of Assistance to Threatened Languages, Multilingual Matters*. Clevedon.
- (1996): „Language Revitalization". In: H. Goebl/P. Nelde/W. Wölck/S. Stary (eds.): *Kontaktlinguistik. Ein internationales Handbuch zeitgenössischer Forschung*, Bd. I. Berlin, 902-906.
Goebl, H. (2002): „Sprachpolitik: auch für und mit Geister- bzw. Traumsprachen?" In: P. Nelde (ed.): *Sprachpolitik und kleine Sprachen (Sociolinguistica 16)*. Tübingen, 1-15.
Grin, F. (2001): „L'économie des politiques linguistiques: vers un bilan critique." In: C. de Bot/S. Kroon/P. Nelde/H. van de Velde (eds.): *Institutional Status and Use of National Languages in Europe (Plurilingua XXIII)*. Bonn, 41-58.
Hinskens, F. e.a. (2000): „Merging and Drifting Apart. Convergence and Divergence of Dialects Across European Borders." In: *International Journal of The Sociology of Language* 145, 1-28.
Labrie, N./Nelde, P./Williams, C. (1993): „The Principles of Territoriality and Personality in the Solution of Linguistic Conflicts." In: *Journal of Multilingual and Multicultural Development* 13-5, 387-406.
Nelde, P. (1979): *Volkssprache und Kultursprache*. Wiesbaden.
- (2001a): „Mehrsprachigkeit in Europa – Überlegungen zu einer neuen Sprachpolitik." In: *Deutschunterricht für Ungarn 16/1-2*, 23-41.
- (2001b): „Sprache im Spannungsfeld zwischen nationalem Selbstverständnis und wirtschaftlicher Integration." In: O. Panagl/H. Goebl/E. Brix (eds.): *Der Mensch und seine Sprache(n)*. Wien u.a., 191-210.
Nelde, P./Strubell, M./Williams, G. (1996): *Euromosaic I - Produktion und Reproduktion der Minderheitensprachgemeinschaften in der Europäischen Union*, Luxemburg.
- (1999): *Euromosaic II* (unveröffentlichtes Manuskript).
- (im Druck): *Atlantis Observatory – Academic Training Languages and New Technology in the Information Society I*.
- (in Planung): *Atlantis Observatory II*.

Nelde, P./Weber, P. (2001): „Minderheitenforschung in der Europäischen Union – Euromosaic als Konfliktanalyse kleiner Sprachgemeinschaften." In: P. Canisius e.a.(eds.): *Sprache – Kultur – Identität*. Fünfkirchen, 255-276.

Quix, M.-P. (1981): „Altbelgien-Nord." In: S. Ureland (ed.): *Kulturelle und sprachliche Minderheiten in Europa*. Tübingen, 225-236.

Rutke, D. (2002) (ed.): *Europäische Mehrsprachigkeit: Analysen – Konzepte – Dokumente*. Aachen.

Weißbuch zur allgemeinen und beruflichen Bildung (Europäische Kommission) (1996). Luxemburg.

Neue Mehrsprachigkeit in der Sprach- und Übersetzerausbildung:

EuroCom und EuroComTranslat

NEUE WEGE ZUR MEHRSPRACHIGKEIT IN EUROPA: EUROCOMPREHENSION

Horst G. Klein, Frankfurt/Main

1. EuroCom im Kontext der Europäischen Union

In der Folge der EU-Postulate nach rezeptiven Texterschließungsmodulen, die das kognitive Nutzen intra- und interlingualen Transferwissens in nahverwandten Sprachen fordern, sind in Frankreich die Projekte GALATEA, EUROM4 und in Deutschland die Projekte um EUROCOM entstanden. Diese dienen der bedarfsorientierten und lernökonomischen Entwicklung der europäischen Mehrsprachigkeit.

EuroCom steht für *EuroComprehension*, ein Akronym für *Europäische Interkomprehension in den drei großen Sprachengruppen Europas*, der romanischen, slawischen und germanischen. An diesen Sprachengruppen partizipieren fast alle Europäer mit einer Erst- oder Zweitsprache. Mit der romanischen Gruppe allein sind weltweit nahezu 1 Milliarde Menschen zu erreichen.

Das Konzept EuroCom hat eine sprachpolitische, eine sprachdidaktische und eine linguistische Dimension. Die sprachpolitische Dimension, nämlich europäische Mehrsprachigkeit modular und berufsorientiert und im Hinblick auf eine europäische Flexibilität möglichst breit gestreut zu erreichen, beeinflusst dabei die sprachdidaktischen Konzepte (Vermittlung rezeptiver Kompetenzen nach Prinzipien einer konstruktivistisch arbeitenden Transversaldidaktik) und benötigt zur Umsetzung linguistische Grundlagenforschung zur Nutzung von Verwandtschaftsbeziehungen in Sprachgruppen (Interkomprehensionsforschung) Eine Europäische Mehrsprachigkeit soll nach den Absichtserklärungen der Europäischen Kommission (1996[1], 1997[2]) drei Perspektiven aufweisen:

1. Eine differenzierte Betrachtung von Kompetenzen und damit die Unterstützung der Entwicklung *rezeptiver Mehrsprachigkeit* (Lese- und Hörverstehen).
2. Die Realisierung des *gezielten Erwerbs von Teilkompetenzen* mit modularen Aufbaumöglichkeiten (z.B. fachsprachlicher modularer Zugang zur rezeptiven Lesekompetenz).
3. Die kognitive *Nutzung von Verwandtschaftsbeziehungen* zwischen Sprachen (die romanische, slawische und germanische Interkomprehensionsforschung).

---

[1] Europäische Kommission (1996).
[2] Slodzian/Souillot (1997).

2. Die Forschergruppe EuroCom

An diesen Desideraten orientiert, hat die Forschergruppe EuroCom, zunächst ausgehend von der Frankfurter Romanistik (Klein und Stegmann), eine Sprachvermittlungsmethode zum Erreichen rezeptiver Kompetenzen in *allen* romanischen Sprachen entwickelt, die mittlerweile schon mit einigen tausend studentischen Testpersonen evaluiert wurde.[3] Bereits vor dem Erscheinen des ersten deutschsprachigen Referenzwerks zur romanischen Interkomprehension[4] erwies es sich als notwendig, das Konzept didaktisch zu fundieren, es auf die anderen beiden großen Sprachengruppen Europas, die slawische und die germanische Gruppe, auszudehnen und eine Umsetzung auf interaktive Medien anzustreben. Auf dem von der FernUniversität Hagen organisierten Workshop „Wege zur Mehrsprachigkeit im Fernstudium"[5] erweiterte sich die Forschergruppe EuroCom u.a. um Fachvertreter aus der romanistischen Didaktik, der Slawistik, der Germanistik und der praktischen Informatik[6]. Bis 2004 umfasst die Forschergruppe kooperierende Wissenschaftlerinnen und Wissenschaftler an zwölf europäischen Universitäten in sechs Ländern.

3. Ziele der Methode EuroCom

Ziel der Methode EuroCom ist es, den Europäern in *realistischer* Weise Mehrsprachigkeit zu ermöglichen. Realistisch erscheint der Erwerb *rezeptiver Kompetenzen* in einer Sprachen*gruppe*, beginnend mit interlingualer Lesekompetenz in allen Sprachen einer Familie (oder auch Teilen davon). EuroCom beweist dem Lerner, dass er durch die Kenntnis seiner Muttersprache und nur einer einzigen erlernten Fremdsprache der Sprachenfamilie bereits unerwartet viel

---

[3] S. die Beiträge zu Tests und Evaluationen in: Klein/Rutke (2004).
[4] Klein/Stegmann (2000).
[5] Kischel/Gothsch (1999).
[6] Die EuroCom-Forschergruppe umfasst zur Zeit zwölf Universitäten in 6 europ. Ländern: Universität Frankfurt: Horst G. Klein, Romanische Sprachwissenschaft, Tilbert D. Stegmann, Rom. Literaturwissenschaft/Katalanistik; Universität Gießen: Franz-Joseph Meißner, Didaktik der romanischen Sprachen; Universitat Pompeu Fabra, Barcelona: Esteve Clua, Katalanische Linguistik; Université de Louvain: Costantino Maeder, Italianistik; Universitatea din București: Sanda Reinheimer, Romanische Philologie/Rumänistik; Universidade Aberta de Lisboa: Katja Göttsche und Elke da Silva, Lusitanistik; TU Darmstadt, Sprachenzentrum: Britta Hufeisen, Angewandte Sprachwissenschaft/Germanistik; TU Darmstadt, httc, Christoph Rensing, (Informatik); FernUni Hagen: Eberhard Heuel, Praktische Informatik I; Universität Halle-Wittenberg: Peter J. Weber (Arbeitsbereich Erwachsenenbildung – Allg. u. Kult. Bildung und Neue Medien) Uni Kassel: Marcus Reinfried, Didaktik der romanischen Sprachen; Universität Leipzig: Gerhild Zybatow, Slawische Sprachwissenschaft; Universität Innsbruck: Lew N. Zybatow, Translationswissenschaft; die Koordination der Arbeiten wird von Frau Dorothea Rutke, München, organisiert.

Kenntnisse mitbringt. Das für die romanische Sprachengruppe entwickelte Lehrwerk EuroCom*Rom* filtert mit den „*sieben Sieben*" aus den nahverwandten Sprachen so viel an Bekanntem heraus, dass man sich einer rezeptiven Mehrsprachigkeit schon allein dadurch mühelos nähert. Schon nach wenigen Übungssitzungen wird der Lerner in die Lage versetzt, nicht literarische Texte (z.B. Nachrichten-, Infotexte im Internet oder Fachtexte) in allen verwandten, aber noch nicht erlernten Sprachen in kürzester Zeit zu *verstehen*. Der Lerner entwickelt hierbei spielerisch eine *allgemeine Sprachlernkompetenz*, die ihn dabei unterstützt, die kognitiven Vorgänge multipel zu vernetzen und damit auch entferntere Idiome oder Dialekte der Gruppe zu erschließen.

Weitere, über das Leseverständnis hinausgehende Kompetenzen lassen sich daraus später mit lernökonomischem Anspruch und an beruflichem Bedarf orientiert beschleunigt entwickeln. Die Eurocomprehension hat sich zunächst auf die *rezeptive Kompetenz des Lesestehens* konzentriert, wurde aber mittlerweile durch multimedialen Einsatz (CD und Internet) auch auf das Hörverstehen ausgedehnt.

EuroCom*Rom* vermittelt *transferbasierte Erschließungsstrategien*, um unter optimaler Nutzung der knappen, zum Sprachenlernen verfügbaren Zeit vielsprachige rezeptive Kompetenzen zu ermöglichen. EuroCom*Rom* schöpft mit den „*sieben Sieben*" (eine metaphorische Bezeichnung für die interlingualen Transferbasen) aus den verwandten, aber dem Lerner angeblich unbekannten Sprachen so viel an Transferierbarem heraus, dass die Beschränkung der sprachlichen Ausbildung der Europäer auf den traditionellen Unterricht in einer Sprache sich als unökonomisch erweist. Die Methode unterstützt dadurch progressiv den Erwerb einer Sprachlernkompetenz.

Als Zusatzeffekt wird dem Lerner dabei ein Stück *Europabewusstsein* vermittelt, das es ermöglicht, die kulturelle Vielfalt Europas in ihren Zusammenhängen zu begreifen und dabei Profilhaftes zu erkennen.

Ein erwünschter Zusatzeffekt besteht darin, dass die Methode ohne zusätzlichen Spracherwerbsaufwand auch das verstehende Wahrnehmen der Sprachen der oft benachteiligten so genannten *kleineren Sprachen* und der *Minderheitensprachen* fördert, die in ihrem Verbreitungsgebiet oft Mehrheitssprachen sind, aber von einem historisch gewachsenen Zentralismus und den künstlichen Wertigkeiten eines *marché linguistique* benachteiligt werden. EuroCom*Rom* hat deshalb konsequent neben den geläufigeren Sprachen Französisch, Spanisch, Italienisch auch das Portugiesische, Katalanische und Rumänische integriert und macht es möglich, auf dieser Basis auch okzitanische, korsische, sardische, galicische, bünderromanische oder ladinische Texte zu erschließen.

4. Arbeiten der Forschergruppe EuroCom

Um diese Ansprüche rechtfertigen zu können, hat die Forschergruppe EuroCom eine Reihe von *Adaptationen* des Referenzwerks auf verschiedene Ausgangssprachen erarbeitet und dadurch ein internationales Netzwerk entwickelt, das als virtuelle Lernplattform in einem europäischen Netzwerk verbunden ist, dem vom Bundesland Hessen unterstützten EuroComCenter:
www.eurocomcenter.com.

4.1 Wissenschaftliche Reihe Editiones EuroCom

Zunächst wurde eine wissenschaftliche Reihe gegründet (*Editiones EuroCom*, Shaker Verlag)[7], in deren Rahmen die Forschungsergebnisse und Manuale zur Eurocomprehension publiziert werden. Mittlerweile umfasst die Reihe 22 Bände (Stand 2004). Das Referenzwerk für die romanische Interkomprehension (Klein/Stegmann 2000) existiert bereits in einer englischen (Bd. 5), französischen (Bd. 6), italienischen (Bd. 4), spanischen (Bd. 13), portugiesischen (Bd. 11) und katalanischen (Bd. 12) Adaptation. Bis zum Jahr 2005 erscheint eine polnische, russische, griechische, niederländische und galicische Version. In der Reihe sind ferner verschiedene Tagungsbände wie z.B. der zum EU-finanzierten Internationalen Fachkongress EuroCom 2001 in Hagen erschienene Band 8 und verschiedene Grundlagenarbeiten wie der Band 2 (Stoye 2000), der die Quellen analysiert, aus denen sich die romanische Interkomprehension speist, Band 3 (Rutke 2002), der die Konzepte und Wege zur Europäischen Mehrsprachigkeit anhand von europäischen und deutschen Dokumenten skizziert, erschienen. Band 10 (Klein/Reissner 2002) analysiert die historischen Grundlagen zur romanischen Interkomprehension und Band 18 (Bär 2004) stellt die Konsequenzen rezeptiver Methoden für eine Sprach- und Bildungspolitik dar. Der Band 19 (Klein 2004) bietet eine Einführung ins Leseverstehen romanischer Sprachen (mit verschiedenen CDs für Mehrsprachigkeitslehrer) und der Band 21 (Klein/Rutke 2004) resümiert die Neueren Forschungen zur Europäischen Interkomprehension.

Es gehört zu den Prinzipien der Forschergruppe EuroCom, alle wissenschaftlichen Beiträge im Internet zu publizieren und damit international verfügbar zu machen.

---

[7] Informationen zur Reihe mit Verlinkungen zum Verlag, Möglichkeiten zur online-Lektüre aller Publikationen sowie online-Bestellungen beim Verlag über die EuroCom-Website: www.eurocomresearch.net/editiones.htm

4.2 Neue Medien zum Training der Eurocomprehension

Die Forschergruppe beabsichtigte schon zum Zeitpunkt ihrer Gründung, die Neuen Medien für die Eurocomprehension zu nutzen. Dies erwies sich vor allem aus folgenden Gründen als notwendig:
Ein Arbeiten im Internet oder mit CD ermöglicht es, die Hypertextarchitektur für die notwendigen Assoziationshilfen beim Erschließungsprozess optimal zu nutzen und dem Lerner die Transferinventare ohne Aufwand, sozusagen per Mausklick, zur Verfügung zu stellen. Dank der Hypertextarchitektur gelingt es, die verschiedenen Speicherebenen der Kompetenzen im Gehirn in der notwendigen assoziativen Verknüpfung, die zu Verbahnungsverstärkungen führt, miteinander in Beziehung zu setzen.
Für die Abbildung des Lernfortschritts beim Texterschließen und die Entwicklung einer Hypothesengrammatik auf Seiten des Lerners, deren Korrektur und Systematisierung ist das Medium Buch nur sehr eingeschränkt geeignet.
Eine Internationalisierung der Eurocomprehension ist nur auf dem Wege öffentlich zugänglicher Kurse zum Erwerb rezeptiver Kompetenzen im Internet möglich. Gleichzeitig erleichtert diese Vorgehensweise die wissenschaftliche Kritik und die künftigen Adaptationen der Internetkurse an andere europäische Ausgangssprachen unter Berücksichtigung neuerer Erkenntnisse.
In Zusammenarbeit mit der FernUni Hagen und mit Unterstützung des Landes NRW wurde bis 2002 eine erste interaktive CD zum Referenzwerk „Die Sieben Siebe" entwickelt, die über die FernUni erhältlich ist[8]. Eine weitere Kooperation ist im Rahmen des ROGER-Projekts (EU-Projekt 2004-2006) für die Entwicklung einer romanischen Interkomprehensions-Lernsoftware für D- und NL-Nutzer mit Englischkompetenzen in Vorbereitung.

Das Land Hessen finanziert der Forschergruppe EuroCom 2002-2005 (Horst G. Klein, Uni Frankfurt, in Kooperation mit dem httc, TU Darmstadt) einen Internetkurs zum Erwerb rezeptiver Kompetenzen (Lese- und Hörkompetenz) der romanischen Zielsprachen *Italienisch, Spanisch* und *Rumänisch* (Projekt EuroCom-online). Der Projektfortschritt mit zehn in der  Entwicklung befindlichen Probelektionen ist im Internet ab 2004 unter der nachfolgenden Adresse nachzuvollziehen: http://eurocom.httc.de/index.php.
Ferner hat das Land Hessen die Entwicklung des zuvor erwähnten EuroCom-Centers gefördert, das als virtuelles Zentrum mit Standort in Hessen den europaweiten Austausch von wissenschaftlichen Informationen und Internetkursen,

---

[8] http://pi1.fernuni-hagen.de/cbt/info/7siebe.html

zu einem späteren Zeitpunkt auch Studiengängen ermöglichen soll. Die deutschen und französischen Seiten stehen seit Ende 2003 bereits zur Verfügung, die übrigen Sprachseiten ab Mitte 2004: www.eurocomcenter.com. Zum EuroCom-Grundkurs wurde eine CD zum Hörverstehen entwickelt, die sämtliche Texte des Referenzwerks (und der Adaptationen) von Muttersprachlern gesprochen zur Verfügung stellt. Die CD erscheint im März 2004 im Shaker-Verlag[9]. Die gesprochenen Texte zum deutschen Referenzwerk sind ab 2004 im Internet nutzbar[10].

Zur Einführung ins Leseverstehen der romanischen Sprachen (Ed. EuroCom Bd. 19), wurde eine CD zum Hörverstehen entwickelt, deren Erscheinen für Ende 2004 vorgesehen ist. Ferner wurde für die in Band 19 enthaltenen italienischen und spanischen Transfertexte, die als schulisches Lernmaterial für den Tertiärsprachenunterricht auf der Basis von EuroCom genutzt werden, je eine Trainings-CD[11] (mit in PowerPoint simulierten Hypertextkommentaren) für den Unterricht entwickelt.

4.3 Lehrerfortbildung in europäischer Mehrsprachigkeit

Bei zahlreichen erfolgreichen Schulversuchen[12] zur Nutzung der Eurocomprehension als Basis für den Tertiärsprachenunterricht in Spanisch und Italienisch hat sich die Notwendigkeit einer gezielten Lehrerfortbildung in Mehrsprachigkeitslinguistik und Didaktik erwiesen. Das EuroComCenter bietet zu diesem Zweck seit 2003 regelmäßig Veranstaltungen und Seminare an[13].

4.4 Akademie für Mehrsprachigkeit und Training

Die bisherige Erprobung europäischer Interkomprehensionsprogramme und ihre Verwendung im schulischen und universitären Kontext, sowie in der Erwachsenenbildung verdeutlichen die Nachfrage nach Entwicklung linguistischer Ressourcen zum Erwerb rezeptiver Kompetenzen, die im beruflichen Bedarfsfall produktiv aktivierbar sind. Die 2003 gegründete *Akademie für Europäische Mehrsprachigkeit und Training* unter der Leitung des Romanisten Franz Josef

---

[9] http://www.eurocomresearch.net/editiones.htm unter Band 1.
[10] http://www.eurocomcenter.com/index2.php?lang=de&main_id=2&sub_id=3
[11] http://www.eurocomresearch.net/editiones.htm
[12] vor allem durch F.-J. Meißner, EuroComDidact, Uni Gießen, s. in: Klein/Rutke (2004).
[13] http://www.eurocomcenter.com/index2.php?lang=de&main_id=2&sub_id=4

Knapstein bietet für die Industrie und Wirtschaft seit 2004 Trainingsmodule zur Interkomprehension an[14].

4.5 Die slavische und die germanische Interkomprehension

Die slavische Interkomprehension wurde im Hinblick auf die Osterweiterung der EU in jüngster Zeit zu einem vorrangigen Forschungspostulat. Nach mehreren Studien, die zunächst die Übertragbarkeit des EuroCom-Konzepts der *Sieben Siebe* auf die slavische Sprachengruppe thematisierten[15], entsteht unter der Leitung des Innsbrucker Translationswissenschaftlers und Slavisten Lew N. Zybatow in Kooperation mit seinem Team[16] und der Universität Leipzig (Gerhild Zybatow) das slavische Referenzwerk zur Eurocomprehension in der slavischen Sprachengruppe: EuroCom*Slav*. Die Publikation des Transferinventars zu EuroCom*Slav* ist für 2004 vorgesehen.

Die germanische Sprachenfamilie und ihre Interkomprehension ist Gegenstand der Arbeiten von EuroCom*Germ* unter der Leitung von Britta Hufeisen (TU Darmstadt) und ihrem Team[17]. Die Machbarkeitsstudien sind mittlerweile abgeschlossen[18] und die Projekte befinden sich in der Aufbauphase. EuroComGerm wird auf dem Englischen als Brückensprache aufbauen.

5. Wie funktioniert EuroComRom?

EuroCom fußt auf der multikulturellen Rolle der Schrift bei der Interkomprehension und der Wirkung der Transferbasen. Die mit dem geschriebenen Text verbundenen Grapheme dokumentieren ältere Sprachzustände, aber auch Reformbestrebungen und Kultismen. Die Schrift *bewahrt* dadurch verwandtschaftliche Zusammenhänge und *maskiert* sie zugleich. In der sich ungleich schneller entwickelnden gesprochenen Sprache ist dies nicht immer unmittelbar nachvollziehbar.

Gerade diese Zusammenhänge – unterstützt von inter- und intralingualen strukturellen Kenntnissen – dienen dem kognitiven Dekodieren. Beim Lesen steht zudem noch vermeintlich die Zeit still, was die komparative Kognition erleichtert.

Madeline Lutjeharms verweist in ihrem jüngsten Beitrag zu den Lesesestrategien[19] auf die unterschiedlichen Verarbeitungsebenen – automatische und bewusste Verarbeitung beim Texterschließen. Das heute aktuelle konnektionistische Modell geht von einer großen Anzahl parallel funktionierender und mitein-

---

[14] http://www.eurocomcenter.com/index2.php?lang=de&main_id=2&sub_id=5
[15] z.B. Zybatow/Zybatow (2002).
[16] http://www.eurocomresearch.net/linkslav.htm
[17] http://www.eurocomresearch.net/linkger.htm
[18] Duke/ Hufeisen/Lutjeharms (2004).
[19] Verarbeitungsebenen beim Lesen in Fremdsprachen, in: Klein/Rutke (2004).

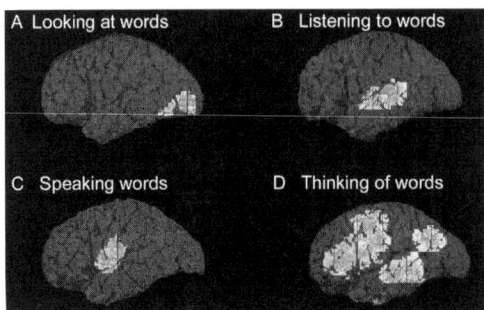

Eric R. Kandel (1995): „Gehirn und Verhalten". In: E. R. Kandel/J. H. Schwartz/Th. M. Jessell (Hgg.): *Neurowissenschaften. Eine Einführung.* Heidelberg: Spektrum Akademischer Verlag, 5-19.

ander verbundener Erschließungsprozesse aus, wie sie auch EuroCom mit seinen verschiedenen Sieben als multilinguales Transferinventar zur Verfügung stellt. EuroCom*Rom* ist darum bemüht, dem Lerner die aktuellen romanischen Schriftkonventionen so transparent zu machen, dass sie interkomprehensiv werden. Hierbei ergibt sich ein Zusammenspiel mit möglichst allen anderen Transferfaktoren, die einer sprachgruppenspezifischen Interkomprehension dienlich sind. Auch die Gedächtnisforschung hat gezeigt, dass ein Zusammenspiel von verknüpftem Wissen besser memoriert wird. In der Eurocomprehension findet das Phänomen der *Verbahnungsverstärkung* zwischen verschiedenen Verknüpfungen, die für das Speichern des inter- und intralingualen Wissens von Relevanz sind, statt. Verschiedene Einzelsprachen werden nach Auffassung der heutigen Kognitiven Linguistik nicht notwendigerweise getrennt voneinander abgespeichert. Einzelsprachen lassen sich auf der Landkarte des Gehirns nur schwer lokalisieren. Die Muttersprache scheint im Kortex lokalisiert zu sein, vermutlich etwas tiefer als die später erworbenen Sprachen. Auf jeden Fall wird deutlich, dass die verschiedenen Kompetenzen lokal unterschiedlich gespeichert werden und unterschiedlich starke Gehirnaktivitäten hervorrufen. Die obenstehenden CT-Bilder dokumentieren dies auf eindrucksvolle Weise. Eine deutlich gesteigerte Gehirnaktivität zeigt sich bei Bild D (*Thinking of words*). Genau dieser Prozess spielt sich beim rezeptiven Erschließen während des kognitiven Leseverstehensprozesses ab. Die Zeit, die man beim Leseerschließen zur Verfügung hat, ermöglicht ein intensives *Thinking of words*. Das Zusammenspiel der verschiedenen Siebe, die Bildhaftes mit Hörvorstellungen (Graphophonische Siebe) und Interlexemen (Lexikalische Siebe) kombinieren und dabei morphosyntaktische und syntaktische Transferleistungen nutzen, bewirkt eine intensive Verbahnungsverstärkung zwischen den verschiedenen speicherrelevanten Synapsen. Diese auffallend starke Gehirnaktivität beim kognitiven Erschließungsvorgang (*Thinking*

of words) gilt es, für das Erschließen kognater Sprachen zu nutzen. In der Rezeption spielen Erschließungsstrategien eine wichtigere Rolle als in der Produktion, bei der ein Anhalten der Zeit nicht möglich ist. Hieraus resultieren Konsequenzen für eine mögliche Neubewertung der rezeptiven Kompetenzen im Rahmen des Spracherwerbsprozesses[20].

5.1 Lexikalische Siebe

Neben dem im Deutschen ungefähr 5000 Interlexeme umfassenden *Internationalen Wortschatz* (IW), der hochgradig von Parametern wie Alter und Bildungsgrad abhängig ist, wird beim innerromanischen Transfer vor allem der nach Graden strukturierbare *panromanische Wortschatz* (PW) bei den Strategien des erschließenden Lesens als Transferbrücke aktiviert. Dieser panromanische Wortschatz repräsentiert ein Minimum von 500 hochfrequenten Elementen, die in der gesamten Romania vorkommen. Dabei ist hier nur der Erbwortschatz repräsentiert und damit sozusagen die genetische Grundlage der Sprachengruppe. Alle zwischen dem 16. und 20. Jahrhundert in die Sprachengruppe aufgenommenen Elemente stellen größtenteils gräko-lateinische Kultismen dar, die durch ihr geringes sprachgeschichtliches Alter keine großen Veränderungen erfahren haben und zu den Interlexemen zu zählen sind. Interlexeme gehören beim Texterschließen zu den am schnellsten gelesenen und rezipierten Elementen. Häufig genügt – etwa beim überfliegenden Lesen, bei *skimming* und *scanning* – die Sukzession markanter Interlexeme, um bereits eine inhaltliche Vorstellung vom Text zu erhalten.

5.2 Graphophonische Siebe

Neben dem mentalen Lexikon, das vermutlich wie ein Netzwerk die parallelen Interlexemrealisierungen in den verschiedenen Sprachen, die mit einem sprachspezifischen *tag* versehen sind, speichert, werden bei der Texterkennungsprozedur auch davon getrennte graphophonische auditive und visuelle Merkmale in Relation zu dem Netzwerk gespeichert. Diese werden bei EuroCom*Rom* durch das *Lautentsprechungssieb* (LE) und das Sieb zur Interdependenz von *Graphien und Aussprache* (GA) aktiviert. Beispiele aus der Romania verdeutlichen, wie eine Vermittlung zwischen Aussprache der Brückensprache(n) oder einer Ausgangssprache und graphischer Realisierung in verwandten Sprachen bewusst gemacht wird.

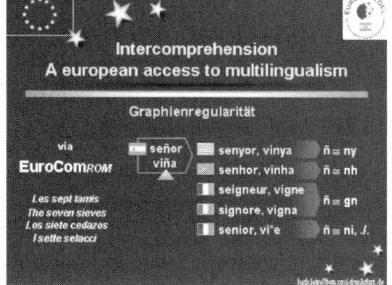

---

[20] Vgl. Bär (2004).

Das Schriftbild von frz. *campagne* – unabhängig von verschiedenen Bedeutungsrealisierungen, die kontextueller Klärung bedürfen – entspricht einem interkomprehensiven Eurolexem, das nicht nur in der Romania vorkommt. Hierbei kommt es auf das Vermitteln der graphischen Entsprechungen des palatalisierten n-Lauts in der Romania wie bei dem Beispiel *seigneur* und *vigne* an: Die hierzu aufgestellten Entsprechungsregeln stellen auf der Oberfläche intergraphematische Bezüge zu den verschiedenen romanischen Schreibkonventionen her, die es ermöglichen, auch bei Wörtern, die einen weniger hohen internationalen Kurswert als *campagne* haben, über panromanische Interlexeme erschließen zu können.

Die zu Regelmäßigkeiten in der Divergenz neigenden sprachgruppenspezifischen Schriftsysteme erleichtern das Bewusstmachen der intergraphematischen Ebene und verstärken damit die Fähigkeit zu individueller interlingualer Assoziationskongruenz auf einer strikt synchronen Basis.

Da die Diachronie schon allein aus lernökonomischen Gründen methodisch ausgeklammert bleiben muss, bedarf die intergraphematische Ebene oft mehrerer oder gekoppelter Entsprechungsregeln, um die adäquate Assoziationskongruenz herzustellen. Dies ist beispielsweise dann der Fall, wenn etwa eine Graphie aus mehreren historisch unterschiedlichen entwickelten Lauten entstanden ist. Statistisch ist dieser Fall zwar nicht extrem häufig, er kann aber dennoch sprachenspezifisch von besonderer Relevanz wie hier im Portugiesischen (und auch im Spanischen) sein:

Trifft beispielsweise ein interkomprehensiv vorgehender Leser eines portugiesischen Textes auf ein mit *ch-* [ʃ] anlautendes Wort, so muss er in die Lage versetzt werden, gleich **drei** Bezüge zu romanischen Konsonantengruppen herzustellen, nämlich zu den Gruppen [kl], [pl] und [fl]: In den Musterworten pg. *chave* [lat. CLAVEM], pg. *cheio* [lat. PLENUM] und pg. *chama* [lat. FLAMMA] hat das Initialgraphem *ch-* drei unterschiedliche historische Ausgangsformen und daher unterschiedliche Entsprechungen:

ch-[ʃ] *chave, chamar*	≅	cl chi [kʲ] cl che [kʲ] ll [lʲ]	fr. *clef (clé), [ac]clamer* it. *chiave, chiamare* kat. *clau, clamar* rum. *cheie, a chema* sp. *llave, llamar*

ch-[ʃ] *cheio, chão*	≅	pl pi [pʲ] pl pl ll [lʲ] fl fi	fr. *plein, plan* it. *pieno, piano* kat. *ple, pla* rum. *plin, plan* sp. *lleno, llano* fr. *flamme* it. *fiamma*

ch-[ʃ]	≅	fl	kat. *flama*
chama		fl	rum. *fl-* [*flaut, fluviu*]
		ll [lʲ]	sp. *llama*

Da im romanischen Grundkurs für die Interkomprehension, den sieben Sieben, ständig die Bezugssprachen gewechselt werden, erfährt der kognitiv arbeitende Lerner die Entsprechungsformen jeweils aus dem Blickwinkel einer anderen Zielsprache, wiederholt den Erkennungsprozess dadurch mehrfach und ist daher sehr schnell in der Lage, die intergraphematischen Besonderheiten der verwandten Idiome miteinander in Bezug zu bringen. Mit dem Einsatz neuer Medien in der Präsentation wird es möglich, die Entsprechungsformeln animiert zu gestalten und hypertextuell nutzbar zu machen.

Oft reicht es auch aus, Aussprache und Schreibkonvention miteinander in Kongruenz zu bringen, wie im Falle der rumänischen Lexeme *meci, chelnerul, ţaitungul, maşingheveṛ*.

Erst durch die Information, daß *-ci* eine Schreibkonvention für -[tʃ] ist, ch- für [k], gh- für [g], ţ für [ts] und ş für -[ʃ] kommt man zu den Kongruenzen mit *Match, Kellner, Zeitung, Maschin(en)gewehr.*

Diese Verknüpfung wird durch das Sieb zu den Kongruenzen von Graphien und Aussprachen bei EuroCom erreicht.

Zusammen mit den graphophonischen Sieben erreicht man in kognaten Sprachen beim Erschließungsprozess einen wesentlich erweiterten und beschleunigten lexikalischen Zugriff. Dies mag mit den gemeinsamen Wortrepräsentationen, die sprachübergreifend wirksam sein können, zu tun haben.

5.3 Morphosyntaktische und syntaktische Siebe

Lerner mit der Erfahrung einer deutschen Muttersprache (mit sehr flexibler Wortfolge) und einer romanischen Brückensprache transferieren die weitgehend solidarisch funktionierende panromanische Morphosyntax meist von der Brückensprache unreflektiert in die zu erschließende Sprache. Diese Erkenntnis nutzt EuroCom im *morphosyntaktischen Sieb* (ME). Dabei kommt es darauf an, dass man die Gemeinsamkeiten der panromanischen Struktur des morphosyntaktischen Elements herausfiltriert und das Profilhafte dadurch bewusst werden lässt. Im nebenstehenden Beispiel des unbestimmten romanischen Artikels liegt folgendes gemeinsames Profil vor: Das *Nasalelement* /n/ oder /m/, das in der unmittelbaren lautlichen Umgebung eines vorangehenden u-Lauts und der nachfolgenden vokalischen

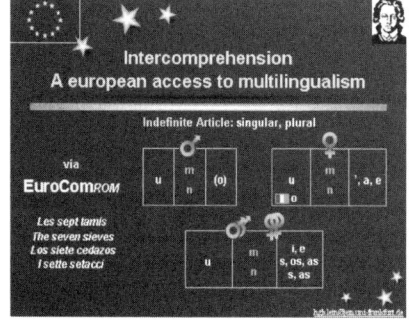

Geschlechtsmarkierung vorkommt, die auch eine Nullmarkierung sein kann, ist der eigentliche *Strukturmarker* des unbestimmten Artikels. Zusammen mit der syntagmatischen Abfolge in der Nominalgruppe macht er den unbestimmten Artikel panromanisch sofort erschließbar. Auch hier ist eine farblich differenzierte und animierte Darstellung des Phänomens über PowerPoint oder Flash – wie wir es im Zusammenhang mit dem EuroComOnline-Projekt vorgenommen haben – der Darstellungsweise im Medium Buch überlegen[21].

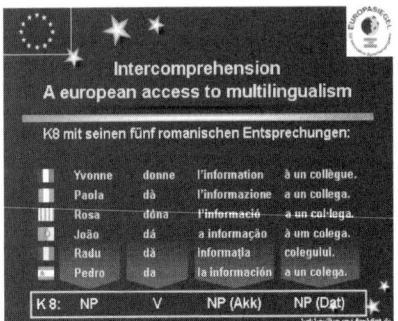

Beim *panromanischen syntaktischen Sieb* (PS) lässt sich dasselbe Phänomen beobachten. Weitgehend automatisiert werden panromanische Strukturen transferiert wie in dem nebenstehenden Beispiel im Falle eines von neun identischen romanischen Kernsatztypen. Lediglich bei den sehr wenigen sprachspezifischen Abweichungen spielt die aktive kognitive Leistung eine Rolle. Offensichtlich hängt das Auslösen des Transfers von der strukturellen Ähnlichkeit entweder der Muttersprache oder wie hier bei Kognaten von der Brückensprache ab.

Auf der Basis kognater Strukturen transferiert der Lerner Informationseinheiten, die, gelenkt durch kognitive Erkenntnisse aus oberflächenorientierten Laut- und Schreibkonventionen, durch empfangene Stimuli von Internationalismen, Panromanismen und „Eurofixen", schrittweise in einem mentalen Lexikon zu neuen Einheiten amalgamieren. Zur Ergänzung sind lediglich die (erstaunlich wenigen) Informationen nötig, die *Sprachprofilhaftes* hervorheben und *systematisieren*. Dabei entwickelt der Lerner völlig autonom eigene Hypothesen über das Funktionieren der Zielsprache[22], die er im Textfortschritt autokorrektiv nutzt. Hypertextgestützte Lernarchitekturen (wie EuroComOnline) geben dem Lerner hier die Möglichkeit, die eigenen Erkenntnisse zur Hypothesengrammatik per Mausklick zu überprüfen und entsprechende Systematisierungslinks zu nutzen.

6. Der Texterschließungsablauf nach EuroComRom

Die Technik des optimierten Erschließens der Methode EuroCom berücksichtigt alle verfügbaren Erkenntnisse des außertextuellen Informationskomplexes (u.a. Weltwissensbasis), verarbeitet die Leseerwartung (Erwartungshaltung über Gesamtinhalt) und textrelevantes Vorwissen (Gattung, fachspezifische Einordnung)

---

[21] Einen Eindruck von den mit den Animationen verbundenen Möglichkeiten der Darstellung vermittelt die Website http://teletud.httc.de/kooperationen/eurocom/animationen/ im Rahmen unseres Online-Projekts.
[22] Meißner (2002), S. 53.

und erbringt nach dem Überfliegen des Textes (*receptive reading*) bereits eine oberflächliche textuelle Gesamtinformation.

Das Vorwissen wird dem Lerner durch die beiden Wortschatzsiebe (internationaler und panromanischer Wortschatz, Siebe 1 und 2) bewusst gemacht, die anschließend bei der ersten Lektüre spontan angewandt werden.

Auf dieser Basis werden die zu erschließenden Elemente des Textes gefiltert nach solchen, die zur Sinnerfassung unbedeutend erscheinen und solchen, die „wichtig" erscheinen. Hieraus entwickelt sich in der Regel eine spontane Erschließung über den internationalen Wortschatz (Sieb 1), den panromanischen Wortschatz (Sieb 2) und über die Interrelation von Graphien und Aussprachen (Sieb 4).

Bei nicht gelungener Erschließung helfen weitere Prozesse der reflektierten Erschließung, die mit Hilfe der Lautentsprechungsformeln (Sieb 3) die vorherigen Siebe noch einmal aktivieren und/oder dann kontextuell den Erschließungsprozess über einen syntaktischen Transfer (Sieb 5), einen morphosyntaktischen (Sieb 6) oder Prä- und Suffix-Transfer (Sieb 7) ergänzen.

Es hat sich gezeigt, dass der spielerische Umgang mit fremd- und muttersprachlichen Assoziationen zwar eingeübt werden muss, er aber gleichzeitig als kontinuierliche Motivationsquelle wirkt. Die Lerner bedienen sich dabei einer kunst- und fremdwortgestützten *Interlanguage*, um ein mentales Lexikon für die Zielsprache aufzubauen.

Unsere Untersuchungen haben ergeben, dass die Elemente, an denen die Probanden, in Abhängigkeit von ihrer *langue dépôt*, anfangs Erschließungsprobleme haben, voraussagbar sind.

Wir haben deshalb im Rahmen der Methode zwei wichtige Ergänzungen vorgenommen: eine lexikalische Ergänzung über die *Profilwörter* und eine strukturelle Ergänzung über die *Miniporträts.*

Profilwörter sind die wenigen Elemente, die nach Anwenden der sieben Siebe als einzelsprachenspezifisch übriggeblieben sind. Es sind dies Wörter, die eine unterschiedliche Distribution in den Lexika der Gruppe aufweisen.

Diese erklärt sich aus der Tatsache, dass in einer früheren Sprachperiode gelegentlich verschiedene (nahezu) synonyme Ausdrücke nebeneinander bestanden, von denen sich in der Einzelsprache später nur jeweils einer durchgesetzt hat. Wir finden solche Divergenzen sogar innerhalb einer einzigen Sprache. Man denke an die verschiedenen Verbalstämme, auf die in der Konjugation des französischen Wortes für *gehen, aller*, Präsens *je vais*, Futur *j'irai* zurückgegriffen wird. Damit ist die Divergenz der Romania sogar in einem „Wort" dokumentierbar. Auch die rumänische Variante für gehen, *a merge*, ist im Französischen und in der übrigen Romania vorhanden, allerdings in den Komposita für *eintauchen*: fr. *submerger, immerger.*

Wir bezeichnen als Profilwort also die Wörter, die weder von der jeweiligen romanischen Ausgangssprache noch vom internationalen Wortschatz her erschließbar sind oder deren Bedeutung sich so stark verändert hat, dass der Bezug auf das verwandte Wort nicht mehr zur Erschließung beiträgt. Es hat sich herausgestellt, dass es – unter textorientierten Frequenzgesichtspunkten – nur wenig mehr als zwei bis drei Dutzend solcher Profilwörter pro Einzelsprache gibt: ein gewichtiger lernökonomischer Faktor! Die strukturelle Ergänzung durch die Miniporträts in einer zweiten Phase der EuroCom-Strategie bietet dem Lerner an, sich stärker seinen persönlichen Motivationen zu überlassen und in der mit den sieben Sieben erschlossenen Sprachengruppe Schwerpunkte zu setzen. Die Miniporträts systematisieren das mit Hilfe der Siebe mobilisierte sprachliche Wissen und ergänzen es strategisch. Die Einzelsprache wird damit von den anderen verwandten Sprachen scharf geschieden, so dass beim Lerner auf dem Hintergrund der in den „sieben Sieben" hervorgehobenen Verwandtschaft und Ähnlichkeit sich nun die jeweils eigene Besonderheit *jeder* Sprache zu konturieren beginnt und dadurch Partikularismen transparent werden: Die Einzelsprachen gewinnen in der Gruppe ihr Profil. Die Textrezeption wird einzelsprachlich nach kognitiver Einbeziehung der Inhalte der einzelnen Sprachporträts (Partikularismen, Strukturübersichten und Profilwörter) deutlich weiter beschleunigt.

7. Rezeptive Kompetenzen

Ein wesentliches Merkmal der Methode EuroCom ist die *Abkehr vom maximalistischen Prinzip* des Sprachenlernens und der Verzicht auf das gleichzeitige Erwerben *aller* Kompetenzen. Die schulische Realität hat gezeigt, dass ein paralleler Erwerb aller Kompetenzen einer neuen Sprache nur äußerst selten zu einem adäquaten Erfolg führt. Im Rahmen eines rezeptiven Tertiärspracherwerbs führt die Methode EuroCom in nur 15 universitären Seminarsitzungen zur Lesekompetenz B2 nach dem europäischen Referenzrahmen. Gleichzeitig entwickelt sich auch das Hörverstehen (etwa auf A2-Niveau). Diese Lesekompetenz gilt aber nicht nur für *eine* kognate Sprache, sondern für die *gesamte Gruppe*. Im schulischen Kontext des romanischen Tertiärsprachenunterrichts von Italienisch und Spanisch unter Verwendung der Brückensprachenkenntnis des Französischen, wurde in mehreren Schulversuchen in den beiden Zielsprachen Italienisch oder Spanisch die B2-Kompetenz in etwa einem halben Jahr erreicht. Entsprechende Erfahrungsberichte und Evaluationen sind in den Neueren Forschungen[23] enthalten. Ein

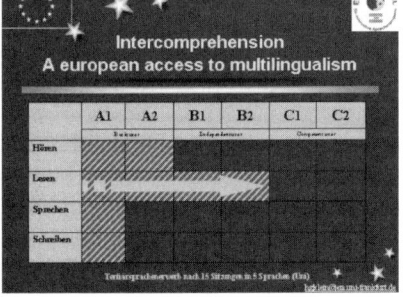

---

[23] F.-J. Meißner, in: Klein/Rutke (2004).

Aufbauen auf dieser Kompetenzleistung führt schnell zu einer adäquaten Leistung im Hörverstehen und bei entsprechender Trainingsbegleitung oder einem Auslandsaufenthalt zu einem akzelerierten (und bedarfsorientierten) Erwerb weiterer Kompetenzen. Dem Französischen als Brückensprache kommt dabei eine neue Wertigkeit zu. Die Schulsprache Französisch als Ressource für Transferbasen kann rezeptiv die gesamte romanische Sprachenwelt erschließen. Die Neuorganisation des Spracherwerbsprozesses im Tertiärsprachensektor auf der kognitiven Basis rezeptiver Methoden bringt die Europäer nicht nur im Hinblick auf eine effektive Mehrsprachigkeit einen Schritt weiter, sie kann auch gravierende Konsequenzen für die Sprach- und Bildungspolitik[24] in Europa haben. Die jüngsten neurolinguistischen Erkenntnisse zur Vermittlung von Mehrsprachigkeit auf der Basis rezeptiver Kompetenzen harren noch der Rezeption in den sprach- und bildungspolitischen Systemen der EU-Länder.

Kein junger Europäer kann vorhersagen, in welches Sprachgebiet ihn Leben und Beruf einmal bringen werden. Breitgestreute rezeptive Kompetenzen sind deshalb eine hervorragende Voraussetzung, um im Bedarfsfall schnell produktive Kompetenzen in einer neuen Sprachenumgebung zu entwickeln.

EuroCom möchte, dass Sprachenlerner zu Europäern werden, die Gemeinsamkeiten im Europabewusstsein sprachlich erfahren lernen und im Bewusstsein kultureller Vielfalt und dem Zugang dazu ihr Recht auf Freizügigkeit souverän nutzen können.

Die Europäische Mehrsprachigkeit durch Lese- und Hörkompetenz in Sprachfamilien versteht sich als Baustein für diese Zukunft.

Literatur

Bär, M. (2004): *Europäische Mehrsprachigkeit durch rezeptive Kompetenzen: Konsequenzen für Sprach- und Bildungspolitik*, Aachen (Ed. EuroCom vol. 18).
Duke, J./Hufeisen, B./Lutjeharms, M. (2004): „Die sieben Siebe der Methode EuroCom für den multilingualen Einstieg in die Welt der germanischen Sprachen." In: H.-G. Klein/D. Rutke [Hg.] (2004).
Europäische Kommission (1996): *Weißbuch zur allgemeinen und beruflichen Bildung. Lehren und Lernen – Auf dem Weg zur kognitiven Gesellschaft*, Luxemburg, Amt für amtliche Veröffentlichungen der Europäischen Gemeinschaften.
Kandel, E. R. (1995): „Gehirn und Verhalten". In: E. R. Kandel/J. H. Schwartz/Th. M. Jessell (Hgg.): *Neurowissenschaften. Eine Einführung*. Heidelberg, 5-19.
Kischel G./Gothsch, E. [Hg.] (1999): *Wege zur Mehrsprachigkeit im Fernstudium*, Hagen (Fernuniversität).
Klein, H. G. (2002 ff): *EuroComResearch – Informations- und Publikationsforum zur EuroCom-Methode* (Internetpublikation): www.eurocomresearch.net.
- (2003): *EuroComCenter* (Internetpublikation): www.eurocomcenter.com.

---

[24] Bär (2004).

- (2004): *Europa International. Einführung ins Leseverstehen romanischer Sprachen.* EuroCom Stufe I, Aachen (Ed. EuroCom vol. 19).
Klein, H. G./Galinska-Inacio/Rutke/Stahlhofen/Wegner (2004): *EuroComOnline – Internetkurs zum Erwerb rezeptiver Kompetenzen in Italienisch – Rumänisch – Spanisch,* http://eurocom.httc.de/index.php.
Klein, H. G./Reissner, C. (2002): *EuroComRom – Historische Grundlagen der romanischen Interkomprehension,* Aachen (Ed. EuroCom vol. 10).
Klein, H. G./Rutke, D. (Hg.) (2004): *Neuere Forschungen zur europäischen Interkomprehension,* Aachen (Ed. EuroCom vol. 21).
Klein, H. G./Stegmann, T. D. (2000): *EuroComRom - Die sieben Siebe: Romanische Sprachen sofort lesen können,* Aachen (Ed. EuroCom vol.1).
Lutjeharms, M. (2004): „Verarbeitungsebenen beim Lesen in Fremdsprachen." In: H. G. Klein/D. Rutke [Hg.] (2004).
Meißner, F.-J. (2002): „EuroComDidact." In: D. Rutke (Hg.) (2002).
Meißner, F.-J./Meissner, C./Klein, H. G./Stegmann, T. D. (2004): *EuroComRom – Les sept tamis: lire les langues romanes dès le départ; avec une esquisse de la didactique de l'eurocompréhension,* Aachen (Ed. EuroCom vol. 6).
Rutke, D. [Hg.] (2002): *Europäische Mehrsprachigkeit: Analysen – Konzepte – Dokumente,* Aachen (Ed. EuroCom vol. 3).
Slodzian, M./Souillot, J. (Hg.) (1997): *La compréhension multilingue en Europe,* Actes du Colloque des 10 et 11 mars 1997, tenu à Bruxelles, sous l'égide de la Commission européenne (DG-XXII) Paris.
Zybatow, L. N./Zybatow, G. (2002): „Die EuroCom-Strategie als Weg zur europäischen Mehrsprachigkeit: EuroCom*Slav*." In: D. Rutke (Hg.) (2002), 65-96.

Bibliographien zur *Interkomprehension* (Klein/Stegmann) und zur *Mehrsprachigkeitsdidaktik* (Meißner/Reinfried) im Internet: http://www.eurocomresearch.net/intercomp.htm.

Publikationen der Reihe *Editiones EuroCom*: http://www.eurocomresearch.net/editiones.htm.

MODELLING PLURILINGUAL PROCESSING AND LANGUAGE GROWTH BETWEEN
INTERCOMPREHENSIVE LANGUAGES

Franz-Joseph Meissner, Giessen

1. Towards the analysis of plurilingual language processing

Mental multi- or plurilingual processing must be considered as a special case of language processing. It is generally characterised by the fact that an individual has of two or more foreign languages at its disposal in addition to its mother tongue. In this constellation, three or four languages – and their learning related experiences – will automatically infer and interfere in a different manner. This description naturally reduces the notion of plurilingualism so far as plurilingualism cannot be restricted to three, four or even five languages. We are all by now familiar with polyglots who speak, write or have reading or listening comprehension in more than five idioms.
Numerous linguistic and didactical studies focalise on interference phenomena (*false friends*). In the past, inference and pre-knowledge, however, have rarely been discussed in relation to third or fourth language acquisition (for example Thorndike 1923; Ausubel 1963; Carton 1966; 1971).
There are at least two reasons why psychological and psycholinguistic research have not paid much attention to plurilingual mental processing. The first is due to the uncertain status of a third or fourth language in a non-native speaker's mental lexicon. Whereas we have some concrete ideas about what makes up prototypical native language competence – its procedural lexical knowledge, its articulation programs, its syntactic patterns, its culture related dimension etc. – it is difficult to describe competence in languages of which the mental status of procedural and declarative knowledge remains quite unclear. So we can actually ask the question: What sense would it make to analyse the mental processing of individuals in languages they don't really possess? In language acquisition theory the term 'foreign language' is often synonymous to an 'unaccomplished state of language proficiency', of which the most outstanding characteristics are dynamic, systematicity and overgeneralisation, as we learn from the large survey about the learners' *interlanguage* offered by Vogel (1995). The second reason was the lack of externally scaled validation-tools for measuring language proficiency. This changed recently when the European Framework for Language Testing (Milanovic 2001) was created. Henceforward researchers can indeed measure the mental processing of individuals who have clearly defined levels of proficiency in several foreign languages at their disposal. Thus it would make sense to apply psychological and experimental methods to the analysis of foreign language acquisition, which up to now, were reserved for the analysis of

the mother tongue.
There is no doubt that the invention of the term *interlanguage* (Selinker 1972) gave way to a better understanding of individual foreign language growth. Thus studies turned their attention to the proceedings of language acquisition. Researchers like Dechert, Möhle/Raupach count, as far as German research has been concerned, between the first to analyse the interactions of a third and a fourth foreign language in individuals:

> We assume the existence of more subtle processes, concerning the affectation of minimal features, induced by the activation of languages or sublanguages other than the one overtly used in the given situation and promoted by the confrontation of those different representational systems. (Möhle/Raupach 1989, 179).

Analysing speech production both authors could prove that German students with the main subject French regularly refer to this Romance language when producing Spanish, whereas students with the main subject English could not make use of such advantages which in 1975 induced French researchers to outline a special didactics for target languages belonging to the same family as the learners' mother tongue (Dabène 1975). Since then, the *didactique des langues proches* was taken up by various intercomprehensive multi-language learning projects like *Eurom4*, *Galatea* or *EuroCom* (Dabène 1992; Blanche-Benveniste et al. 1997; Klein 2003; Meissner 2003; Zybatow 2003).
Internationally inference-phenomena are relatively well known all over the world. It is widely reported that African or Asian students of a second Western language regularly use the European idiom they already know – mostly English or French – when approaching a new European target language. For the same reason, international learning arrangements for German, French or Italian as Foreign Languages often refer to English as an intermediate idiom to facilitate the acquisition of these languages (Hufeisen 1994). In a comparable context, Alsatian teachers of English use the Germanic dialect as well as the standard French of their pupils (NCA 1999). In Austria, the hypothesis that it is easier to learn a language which is typologically nearer to the language of departure than one which is more distant was empirically proved by Sigott (1993). This author found out that German speaking pupils need more time to attain certain levels of proficiency in (Romance) French than in English. Empirical pedagogical studies confirm the hypothesis too: So the Max Planck Institute for Educational Research proved that German students of Spanish with some knowledge of French learn the Romance language significantly quicker than those who refer to Latin (Stern/Haag 2000).
Studies of the growth of competence in bilingual children also show the fundamental role of interlanguage processing and inter-lingual comparison. If both languages are not too distant, the procedure sometimes show similar activities which can be observed in the field of acquisition of a third or fourth language

(for example Voorwinde 1981; Wenzel 2000).

2. Towards a pedagogical definition of multilingualism

Whereas psycholinguistic models of bilingualism generally distinguish between the compound and the co-ordinated type, empirically proven and comparable models of multilingual acquisition do not yet exist. Nevertheless, sociolinguistic studies reflect the large variety of multilingual situations which can be found all over the world. As the main criteria of compound and co-ordinated bilingualism are to the fundamental questions at what age and in what language environment an individual acquired its both languages, we can apply the same criteria to individual plurilingualism which we distinguish from social multilingualism. Here we find some studies in which authors consider the plurilingual growth in children who are brought up in situations where more than two languages are in use. Whereas plurilingualism appears as the result of organised learning and, to a certain extent, of didactical monitoring, multilingualism is the product of incidental and uncontrolled exposure to the target language. However this distinction is quite artificial as in reality guided learning and exposure to the target language and culture alternate.

At the same time literature does not give evidence of what bilingualism really means. Whereas older studies require an equal and maximal native like level of proficiency in both languages – we speak of symmetric competences in L1 and L2 –, we now encounter a wide variety of definitions which are provided by different contexts, disciplines and interests. In the following synopsis, Ellis (1994, 208) takes up the distinction between additive and subtractive bilingualism. His model corresponds to second language contexts whereby a near native speaker language level in the language of the environment is demanded for social and professional reasons.

	Attitudes towards	
	Native culture	Target culture
Additive bilingualism	+	+
Subtractive bilingualism	-	+
Semilingualism	-	-
Monolingualism	+	-

Ellis finds the condition for developing symmetric bilingualism in the "willingness (of the learner) to be a valued member of the (second) language community." In this interpretation, the degree of competence in both languages acquired appears as determined by the learner's linguistic self concept, his social roles desired in both language-communities and its exposure to the target language as well as its loyalty to the language of departure.

But the question of successful bilingualism does not only depend on what the individual can do. The problem of social acceptance in relation to language behaviour is a matter of how a community defines its linguistic norms and puts them to practice. We know from classical immigrants' and from multilingual societies that linguistic norms are treated quite differently from what is the habit in monolingual surroundings. In regard to the European context, we have to remember that the national norms of English, French, German or Spanish have been taken up by the peoples in their overwhelming majority only during the last two hundred years. Before general alphabetisation and urbanisation reached their current extent, most members of European national linguistic communities were speakers of 'patois', dialects or (often oppressed) regional languages. This quality alone, was one of the main obstacles to social success. That's why the great majority of Europeans had to make considerable efforts to correspond to their national linguistic norm. This explains why these norms are nowadays so highly valued in European societies.

Whereas this situation was typical for the European monolingual societies of the past, conditions are changing. It is a matter of fact that national European states will no longer be able to achieve their traditional fundamental aims as far as national defence, ecological protection, prosperity, economic guidance, well-fare of their citizens are concerned. Social life will, in many ways and for many reasons, become more and more international and multilingual. This will not only change the role of the national states and of their societies, but also that of their national languages. When more people get acquainted with more highly valued languages in their everyday life, this will also increase their multi-language awareness and change their attitude towards linguistic norms as well as their multilingual practice. Finally the new situation will induce people to re-define their linguistic self-concepts which cannot exclusively be made up by the national mother tongue, but rather by several languages. This includes experiences with different degrees of proficiencies in different languages, with individual language growth and decrease as well as with changing social roles in languages, and with language learning in general.

What does this mean for the definitions of individual plurilingualism and social multilingualism? Whereas bilingualism had very often been negatively portrayed as long as bilinguals did not achieve the symmetric type, this criterion had hardly been applied to individual plurilingualism. In Europe, even states with several official languages, such as Spain (Castilian, Catalan, Basque, Gallego), do not expect their officials to have full competence in more than two languages, i.e. the national and one regional one. Obviously symmetric plurilingualism is rather seldom and in monolingual societies even plurilingualism of the non-symmetric type often becomes an object of admiration. That is why multilingualism has rarely received the recognition or profile of native lingual competence. Social experiences in multilingual non-European societies regularly

show that plurilingualism differs from individual to individual. Very often, individuals practise (only) one or two languages together whereas although they have knowledge of other idioms.
All definitions of bi- and multilingualism have in common that their fundamental criteria are socially determined, often by evident 'communicative needs'. This leads to the question of the kind of definition we really require when we use the words (social) multilingualism and (individual) plurilingualism in our actual European context.
In our opinion, definitions of plurilingualism must correspond to the communicative needs. In our 21st century European societies with their challenge of multilingualism, these definitions should be pedagogical. This means that they have to imply individual growth of at least two foreign languages which correspond to the language politics of the European Union (1995). Such a pedagogical definition of plurilingualism was developed by an international experts' group in 1989:

> ... plurilingualism does not mean that an individual dominates various languages to the same extent. A person can be considered as plurilingual if they have limited knowledge in two further languages, in addition to their mother tongue, in several areas of discourse, so that they can build social contacts in these languages when writing or reading, speaking or listening. (Bertrand/Christ 1990)

As far as multi-language processing is concerned, this definition allows the application of models of language processing related to various levels of language competence in various idioms. This quotation can be related to the official level-definitions of the European Framework of Reference, or in portfolio-projects.

3. Processing studies and modelling plurilingual acquisition based upon intercomprehension

Every model of multilingual processing has to take into account the main differences in plurilingual acquisition and its social conditions. We distinguish between the following fundamental types:
1. *Acquisition in multilingual contexts with more or less intensive exposure to the spoken and/or written target languages.* We find this model in numerous social contexts outside Europe. Often the social status of the languages concerned differs significantly, including the cultural practices of the different languages. Thus only oral practices can be related to some languages whereas written communication is reserved to others. There are various forms of diglossia, and in the same contexts we find the development of the creoles.
2. *Acquisition in bilingual contexts with intensive exposure to the spoken and written registers of (only) two languages.* Furthermore, foreign lan-

guages are learnt under school-guided conditions. Within Europe we can study this situation in bilingual regions like Catalonia, South Tyrol or the Aosta-Valley. On the other hand, numerous examples, from Switzerland or Belgium, prove that socially wide spread bilingualism does not develop automatically. In some regions, like Alsatia, bilingualism was hindered by a policy which favoured national monolingualism. – Generally, some bi-cultural families in monolingual environments succeed in bringing up their children using the languages of both parents; in this case the pedagogical result is linguistically similar. In all of these situations, multilingalism is based upon a socially practised bilingualism.

3. *Acquisition of several foreign languages in a monolingual context*. The social exposure to the target languages is minimal and its input is restricted. Whereas in the types 1 and 2 the knowledge acquired in at least two languages is procedural and primarily developed on the basis of social contact and the spoken language, acquisition of foreign languages in a monolingual school context does not lead automatically to communicative skills or to face to face dialogical competence. During the 19th century and partially up to the 1970's, foreign language education was generally regarded as a part of formal education . The focus then was not on developing listening-comprehension and speaking, but rather on formal grammar and on declarative knowledge. Even when the focus was communication, this meant, however, much more reading and writing and sometimes translating, instead of listening to and speaking with native speakers of the target language and culture. Nevertheless, since then the situation has changed profoundly because European languages are present in our every day life in their spoken (and written) form(s).

In addition to these three fundamental types of plurilingual acquisition, it is important to consider the age of the individual when the acquisition takes place. Learners' biographies show furthermore, that various types of acquisition are combined reciprocally and/or consecutively. Often, a plurilingual biography which started with a type 3 acquisition situation is accomplished by type 1. It goes without saying that all factors which are subsumed under the types 1 to 3 are archetypal. In reality, we find infinitely more subtle ways of plurilingual acquisition. As far as we can see, in the field of research into the acquisition of individual plurilingualism, much work remains to be done. This concerns, in particular, the mental dimensions of constructing multilingualism depending on the acquisition types described.

The lack of empirical foundation explains why it does not seem appropriate to develop a general and detailed model of the acquisition of plurilingualism. At the moment, this could not be based on longitudinal studies referring to the different acquisition contexts.

Nevertheless some empirical research has been done in the domain of the acquisition of new third or fourth languages by polyglot adult learners. For these studies, plurilingual subjects (whose L1 was German) were confronted with written and spoken texts of a more or less intercomprehensive Romance language they have never formally learnt. We believe that the results of these studies can serve as a model of an adults' plurilingual processing as well as plurilingual acquisition. The models are restricted in so far as they can not include all factors that influence multilingual acquisition. In our case, target languages were Italian, Portuguese or Spanish. The subjects who tried to decode one of these idioms were plurilingual in the sense of one of the types indicated above.

The model is based upon empirical research described by Meissner/Burk (2001). Data gathering and elicitation were concerned with the following activities effectuated by university students of all subject areas:

1. listening of original news texts in the unknown Romance language that up to that moment had not been learnt. Description of the content and examination of the rough or content comprehension,
2. note taking of content language characteristics (simultaneous protocolisation),
3. second taking of notes of content characteristics,
4. comment making,
5. re-playing of 'difficult' text areas and their protocolisation,
6. sentence for sentence playing of the text, with emphasis on the grammatical dimension with aloud thinking protocol,
7. re-interpretation of the own aloud thinking comments and further explanation of own reception-guidance.

The researcher's task did not only consist of the construction of the datagathering design, but also of the interpretation of data as well as of the observation (protocoling) of subjects' behaviour during the target language processing. Whereas the indicated research concerned mental foreign language processing when listening, Meissner (1997) described the results of aloud-thinking protocols which stem from reading activities in intercomprehensive languages.

4. Some results of multilingual processing research in the area of Romance languages

Firstly, all our data confirmed the results of the quoted investigations made by Möhle/Raupach: All students who had operable procedural knowledge in one Romance language at their disposal, referred to it when trying to decode the 'unknown' target idiom and its lexical or morpho-syntactic dimensions. On the other hand, students who only had some knowledge of English and Latin referred to German or English when listening; they only weakly activated Latin when reading.

Secondly, we could prove that subjects with operable and solid knowledge in one Romance language achieved significantly better results when decoding the target language than those who could only refer to German, English or sometimes Latin. Whereas English turned out to be relatively helpful in the lexical field, it did not enable the identification of the fundamental morphemic and syntactical structures of the Romance target language. This was crucial for listening comprehension. The question 'which languages are activated for the comprehension of a Romance target language' revealed that the typologically (and often geographically) nearest languages to the target tongue serve regularly at their best for inter-lingual transference. We can therefore say that one Iberian language is most often activated to understand another Iberian tongue. In the same sense, we found out that the Southern Romance languages offer more evident bases for inter-lingual transferring than it is the case between French and Spanish or French and Italian. At the same time, subjects who (apart from their German mother tongue) had only procedural knowledge in English and Spanish showed great difficulty understanding spoken or even written French. The assumed reason is that pan-romanic forms are less present in the most frequently used French lexicon than the so called 'profile forms'. In the terminology of Klein/Stegmann (2001), a profile form can be found in only one romanic language and therefore cannot be transferred to other idioms (type: f. *beaucoup*, sp. *alfombra* 'carpet'...). According to lexicological studies of spoken French, Klein underlines that especially frequent words of substandard spoken French are not comprehensible in other romance languages (type: *bagnole, bouffe, toubib*...). Thirdly, phonetic features of French make listening comprehension difficult. This concerns particularly its *liaison* phenomena.

5. Bases of transfer and plurilingual processing

Generally, intercomprehension is the result of successful inter-lingual transferring. This concerns all parts of language architecture as well as some metalinguistic and didactical monitoring. In the field of lexicon, bases of transfer are delivered by inter-lexemes as well as inter-morphemes (Meissner 1993), in regards to syntax, Klein/Stegmann (2001) speak of pan-romanic sentential patterns, and in the area of culture, the Romance languages have a lot of phenomena in common – such as the Mediterranean influence, the catholicism or the strong influence of Latin heritage.
When analysing lexical understanding and access in language reception, as well as production within the empirical frame as described above, we recognise that word processing refers to all parts of lexical composition.
Following some schemes which had been developed by L1-related psycholinguistics, inter-lexicological representation models of word forms and word contents, were proposed by Meissner (1996; 1998). In 1993, this author took up

the inter-lexicological terminology which roughly distinguishes between formal congruency (i. *CD-Rom*, s. *CD-Rom*...; e. *humour*, f. *humour/humeur*, i. *umore*) and semantic adequacy (i. *cucchiere*, e. *spoon,* g. *Löffel...*). Regarding interlingual processing, we can summarise that (form congruent and semantic adequate) cognates or interlexemes literally activate identical or analogue mental markers in all languages concerned. This explains why foreign language speakers and interpreters very frequently use inter-synonymy (Zimmermann 1990). The advantages of such processing can be visualised by form-congruent and semantically adequate inter-lexemes. Thus, the Spanish noun *demolición* differs from the Catalan *demolició* only in one grapheme and phoneme whereas significantly more than five formal graphematical and phonematical markers (or more) are identical in both languages. Semantically both types of the inter-lexeme are completely adequate or inter-synonymous. Finally, we can say that, on the idiom level too, the Spanish and the Catalan types of the inter-lingual set e. *demolition,* f. *démolition*, i. *dimolizione*, g. *demoliert/Demolieren...* show widely identical co-occurrences and other morpho-syntactic characteristics. They have the same gender (feminine), belong to the same grammatical class (noun) and can perform the same syntactical functions. As far as we can see, inter-lingually identical markers go far beyond the word-unit. Inter-lingual markers trigger all kinds of mental activations in language structures. This explains the enormous rapidity of language processing which can not only be observed when people listen to a perfectly comprehensive idiom, such as their mother tongue, but also when they listen to intercomprehensive languages.

The idiom principle (co-occurrences) which works in language structures along side the frequency phenomena and culturally fixed themes, explains why one word and one association triggers the activation of another one. The idiom principle does not only work within the mental processing of one language, but also between languages, especially when they belong to the same linguistic family. This underlines the important role of idiomatic pre-knowledge for several kinds of retrieval procedures.

We may not forget that the same lexical markers (which trigger our bases of inter-lingual transfer) activate undesired interference phenomena. These are not audibly or visibly present as long as subjects do not produce language. But several tragic accidents occurred and were observed as stemming from inter-lingual misunderstanding and false friends. Language learning methods will have to develop special prophylactic programmes to increase awareness of false friends. This means that plurilingual didactics works in two directions. On the one hand, it tries to increase competence in new target languages, and on the other it should stabilise and expand procedural knowledge in already acquired foreign languages. That's why intercomprehensive language learning works bi- or even pluri-directionally in the pro- and the retroactive way.

6. Model of intercomprehensive language processing

During the last decades, psycho- and neuro-linguistics progressed considerably in explaining native language processing. On a scientific and empirical foundation, this allows the modelling of its neuronal bases as well as of psychic representation of lexical forms and lexical contents including the mental processing of syntactic structures. Multilingual studies can now adapt these models to plurilingual processing.
To give an example, we draw attention to the analysis of syntactic patterns in listening comprehension which underlines the importance of sentential frames (Hahne 1998). Its identification allows the anticipation and construction of an assumed word order, i.e. the order of arguments and ideas. The quicker a sentential frame can be constructed, the more comprehensive oral language processing is. In a multilingual perspective, Meissner/Burk (2001) confirmed the importance of sentential-structures recognition, when their empirical investigations left no room for doubt that subjects who are familiar with pan-romanic sentential patterns succeed much better in understanding an unknown romance language than subjects without this procedural knowledge.
All subjects who had contact with an intercomprehensive 'unknown' foreign idiom for the first time always showed more or less the same processing scheme when decoding the target language. This activity takes place automatically at the very moment when an individual succeeds in understanding contents and lingual structures. As Lutjeharms (2001) points out, the moment of phonologisation is when language acquisition or language stabilisation takes place.
We can differ between three steps.

The first step: the construction of the target-lingual hypothetical or spontaneous grammar
The creation of the hypothetical grammar can be subdivided as follows:
- identification of the target pattern on the basis of an inferred scheme known from a mentally disposable language (language of transfer). This leads to the phonologisation (recognition/construction of the formal side of the word) as well as to its grammatical categorisation (word class, co-occurrences, syntactic function...).
- semantic plausibility control concerning the contents decoded from the target language. This produces the identification of the semantic shape of the word.
- formal plausibility control and identification of the syntactic structure of the target language (morphemes, mode...).
- formal plausibility control concerning the structure decoded from the target language in regard to the activated language of transfer.

The spontaneous grammar is created at the very moment of (sufficient) comprehensive encounter with the target language and its lexical, morphological and syntactical transfer-bases. Its construction leads the individual to recognise **intra-lingual target language regularities** according to the well known language acquisition research-patterns of systematicity and (over-)generalisation. As these regularities are not only compared to the bases of transfer activated in the language(s) of departure, the learner discovers a kind of **intersystem** located in the confirmed or rejected and modified (hypothetical) correspondances between the languages activated in order to understand the target language. The quality of mental processing of the intersystem seems to be decisive for the phonologisation in the target language. By phonologisation we understand the formal, semantic and functional identification of the linguistic structure of the verbal message. Phonologisation leads to comprehensible input and to the integration of a given structure into the mental lexicon (Ellis 1994, 349). It concerns declarative knowledge as well as procedural skills.

Processing between languages often goes far beyond the concrete operations initiated by a given text or linguistic surface. Obviously the declarative knowledge activated in the domain of the transfer-language invites the subject to put forward new hypotheses about all areas of the target language and its architecture. As this concerns the target language as well as the language of departure and often other pre-learnt languages, multi-language processing leads to **multi-language awareness**.

The creation of spontaneous grammar is not primarily a result of explicit instructions, but rather of the procedural ability to understand the unfamiliar target language. Spontaneous grammar is (as the name indicates) ephemeral; in other words, subject to continuous change. It is a product of permanent construction and deconstruction, and vice-versa.

Target language regularities are fixed through an ad-hoc analysis of target language systematicity. In addition to this, the 'bridge language' provides the comparison subjects (e.g. "it is however different in French, namely...").
This shows the construction of a permanent **interim-knowledge** which is modelled in the second step.

The second step: the plurilingual correspondence grammar
Evidently, the construction of a **plurilingual correspondence grammar** or plurilingual inter-system is generated by the comparison of functional, correspondingly appearing subsystems between languages with inter-lingual correspondence rules or plurilingual inter-grammars. Since the inter-lingual correspondence grammar is fed by the hypothetical grammar, it is very dynamic too. However, in contrast to spontaneous-grammar, the contents of the plurilingual correspondence grammar attain a high degree of mental stability. For inter-lingually correspondent rules or regularities are stored when a plausibility vali-

dation has taken place. The plurilingual correspondence grammar contains positive transference experiences as well as negative transference knowledge, productive rules as well as rules of prohibition.

The third step: the didactical monitor
All linguistic processing is accompanied by **learner experiences**. This explains the construction of a **didactical strategic memory**. This is where the learner files away his or her experiences with language acquisition and language learning related knowledge. They centrally refer to the meta cognitive level of **learn guidance** (e.g. in the sense of Baumerts 1993) and the **transfer-types** described by Selinker (1972) and modified by Meissner/Senger (2001). There is no doubt that this didactical memory can hardly be separated from verbal data. As different languages offer different linguistic schemes and therefore different learning experiences, we can say that plurilingualism is at the same time the objective and the method. A good language learning competence can hardly be achieved on the basis of only one foreign language experience.

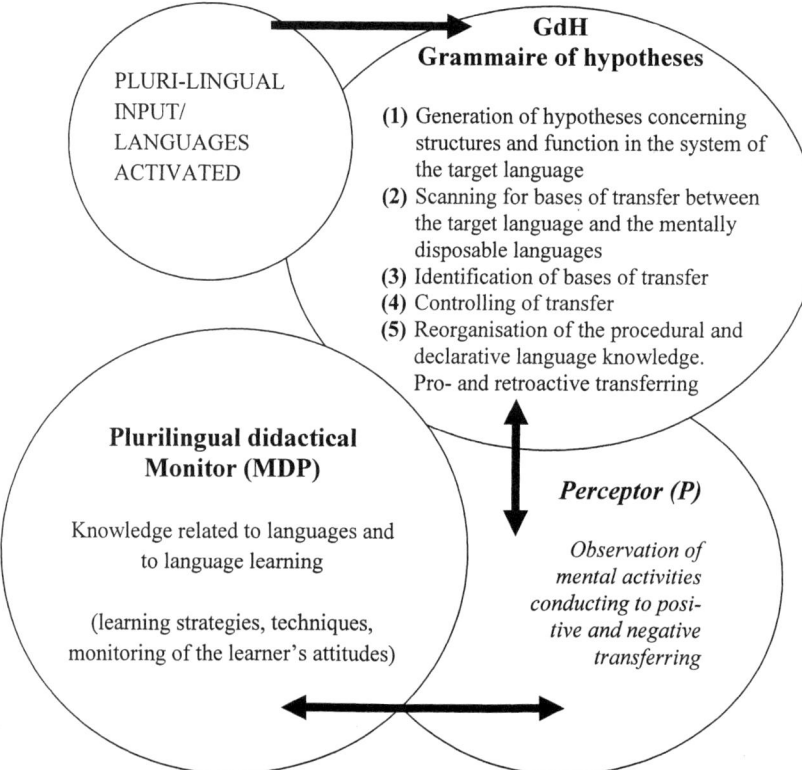

7. Typology of transfer in didactics of intercomprehension

Obviously, competence increase in a third or fourth foreign language highly depends on plurilingual and didactical pre-knowledge. That's why language-growth can be modelled as a quantification of the potential of transfer. This model of transfer is largely different from that developed by Selinker (1972) which distinguishes between language transfer, transfer of training, strategies of language learning, strategies of second language communication, overgeneralization of the target language material.

From the point of view of the plurilingual didactics, the following five transfer areas are furthermore relevant for the creation of a criteria matrix:

- **(nLintraT) Native language intra-lingual transfer:** In his native language, the learner discovers numerous transfer bases that can serve for interlingual transference. The nLintraT creates an awareness for language bridges, which the mother tongue can provide for foreign language growth. This transfer area should especially be activated in the first years of language tuition.

- **(BLintraT) Bridge language intra-lingual transfer:** A polyglot individual does not only construct trans-lingual operations on the basis of the mother tongue. Operative knowledge in further languages often delivers better and more useful transfer bases. Even within the bridge or transfer-language (intra-lingual) awareness creating procedures should be activated which prepare the trans-lingual transfer.

- **(TLintraT) – Target language intra-lingual transfer**: Because of its systematicity the target language itself offers numerous transfer-bases which can be used for the construction of target language competence.

- **(InterT) – Interlingual transfer**: This type of transfer aims towards the positive and negative correlation of different languages (*bricolage > bricolaje; voyage > viaggio > viaje; occasion, occasione, Okkasion;* this also refers to adequacy of meaning: *progrès, vooruitgang, Fortschritt* or *rabbit* and *Kaninchen/rabbit* (Playmate) or the analogue perfect form: *j'ai donné, ho dato, he dado, I have given, ich habe gegeben* [auxiliary verb + perfect participle) in other words *il a divorcé, ha divorziato, er ist geschieden; la chatte est morte, la gata ha muerto...*

- **(DidT) – Didactical transfer or transfer of learner's experiences**: Although this deals with the transfer of learners' experiences in general, it is definitely not independent of languages. It should instead be assumed that every language develops a learning object of its own. Firstly it must be said that the individual typological characteristic features of the target language demand their own individual methodological access. Besides this but of equal importance appears the previous experience of the learner, in other words: their world knowledge, their multilingual as well as their didactical knowledge which guides their language acquisition process. There is no doubt that individuals categorise the same input in a different way. Input is not identical with intake and intake never stops. There is much evidence to prove that didactical transfer on the basis of experience with only one foreign language cannot be adequately elaborated on.

The following models can illustrate the role of transferring for the growth of plurilingual growth. They can contribute to a better understanding of the dependency of plurilingual processing and language growth which can be of some importance for didactical guidance in the field of language learning and teaching.

8. Language growth depicted mathematically

The inter-lingual processes, which can already be seen here, are comprehensible in the mathematical formula:

$$\sum_{i=1}^{n} = x_i [L_{(1...n)}] < L_1 + L_2 + L_3 ... L_n$$

Σ represents the processing, L1 the mother-tongue, L... the subsequently learned languages. The coefficient x indicates the 'intensity factor of mental activation'. $L_{(1...n)}$ expresses the input variables (from a L1 or Lx to Lx_n). Thus L_3 means the lingual and didactical potential of transfer related to the L_3.
The transfer potential of L_n depends upon the activation factor, that is minimally x=0 (without activation), and maximally x=1 (greatest activation).
Therefore we write: $0 = x_i = 1$
The above described learner experiences 'E' are included in L1 (to be brief). One can also write:

$$\sum_{i=1}^{n} x_i L_i \quad < \quad \sum_{i=1}^{n} L_i$$

The formula becomes all the more powerful the more intensified and targeted the efforts of a learner are towards his or her learning task.

9. Language growth and growth of language learning competence modellised

A_3 B_3 Z_3

A_2 B_2 Z_2

A_1 B_1 Z_1

This figure shows very shortly the increase of individual languages' and language learning related knowledge from the beginning of the acquisition of the first foreign language to that of a third or fourth foreign language. (A1) reflects the linguistic knowledge of the monolingual child possessing nothing more than its mother tongue. When it gets in contact with its first foreign language, it develops a knowledge (B1) as described in relationship to the didactical monitor and to the interlingual system. It is evident that foreign language learning provokes language and learning awareness raising effects. (Z1) designs the individual mental lexicon which is enriched by the first foreign language knowledge. The experience visualised at level 2 must be interpreted as the result of the encounter of the second target language (Z2)... For the growth of language learning competence (B1 to Bn) seem to be decisive. It seems that traditional didactical guidance has not sufficiently been sensible to this matter.

10. Conclusion

It can be said that both types of grammar, explicitly or latently, accompany the learning of a foreign language in all stages of the acquisition process. Nevertheless, monolingual operating procedures only focalise the construction of systematicy in the target language. They risk not taking into account the mental activities of the learners themselves, who can only refer to their disposable knowledge and skills. Monolingual procedures reduce, in this way, the depth and width of the mental processing of the target language at the point of first contact with lingual data. Since conventional methods overlook the existence of the intersystem, they do not therefore pursue an inter-lingual error prophylaxis, and there is much evidence to show that they even hinder this.

The permanent interaction of the hypothetical grammar, the plurilingual correspondence grammar and the didactical monitor, explains why Naiman et al. noticed, coincidentally, language growth:

> Each language learned makes the next one easier, because you are more detached from your native language, you have more knowledge about structure, about meta-language. (Naiman et al. 1996, 25).

Literature

Ausubel, D. P. (1963): *The Psychology of Meaningful Verbal Learning*. New York: Grune & Stratton.
Baumert, J. (1993): „Lernstrategien, motivationale Orientierung und Selbstwirksamkeitsüberlegungen im Kontext schulischen Lernens." In: *Unterrichtswissenschaft. Zeitschrift für Lernforschung* 21 (4), 327-354.
Bertrand, Y./Christ, H. (coord.) (1990): „Vorschläge für einen erweiterten Fremdsprachenunterricht." In: *Neusprachliche Mitteilungen* 43, 208-212.

Blanche-Beveniste, C./Mota, M. A./Simone, R./Bonvino, E./Uzcanga-Viva, I. (red.) (1997): *Eurom4. Método de ensino simultâneo das línguas românicas. Método para la enseñanza simultánea de las lenguas románicas. Metodo di insegnamento simultaneo delle lingue romanze. Méthode d'enseignement simultané des langues romanes*. Firenze: La Nuova Italia

Carton, A. (1966): *The Method of Inference in Foreign Language Study*. New York: The Research Foundation of the City of New York.

- (1971): "Inferencing: a process in using and learning language." In: P. Pimsleur/T. Quinn (eds.): *The psychology of second language learning: Papers from the second international congress of applied linguistics. Cambridge 8-12 sept. 1969*. Cambridge: Cambridge UP, 45-58.

Dabène, L. (1975): "L'enseignement de l'espagnol aux francophones (pour une didactique des langues voisines." In: *Langages* 39, 51-64.

- (1992) : "Le projet européen GALATEA: pour une didactique de l'intercompréhension en langues romanes." In: *Etudes hispaniques* 22, 41-45.

Dechert, H./Möhle, D./Raupach, M. (1984): *Second Language Productions*. Tübingen: Narr.

Dentler, S./Hufeisen, B./Lindemann, B. (eds.) (2000): *Tertiär- und Drittsprachen. Projekte und empirische Untersuchungen*. Tübingen: Stauffenberg.

Ellis, R. (1994): *The Study of Second Language Acquisition*. Oxford: University Press.

European Union (ed.) (1995): *Teaching and Learning in the cognitive society. Whitebook of the European Union*. Strasbourg: Council of Europe.

Hahne, A. (1998): *Charakteristika syntaktischer und semantischer Prozesse bei der auditiven Sprachverarbeitung. Evidenz aus ereigniskorrelierten Potentialstudien*. Leipzig: Max-Planck-Inst. of Cognitive Neuroscience.

Hufeisen, B. (1994): *Englisch im Unterricht Deutsch als Fremdsprache*. München: Klett.

Klein, H. G. (2003): "EuroCom – European Intercomprehension." In: L. N. Zybatow (Hg.) (2003), 3-16.

Klein, H. G./Stegmann, T. D. (2001): *EurocomRom. Die sieben Siebe. Romanische Sprachen sofort lesen können*. Aachen: Shakert (2nd ed.). (English translation will appear in 2002).

Levelt, W. (ed.) (1993): *Lexical Access in Speech Production*. Cambridge/Oxford: Blackwell.

Lutjeharms, M. (2001): „Lesestrategien und Interkomprehension in Sprachfamilien." In: G. Kischel (ed.): *EuroCom - Mehrsprachiges Europa durch Interkomprehension in Sprachfamilien. Tagungsband des internationalen Fachkongresses zum Europäischen Jahr der Sprachen 2001. Hagen, 9.-10. November 2001*. (Editiones EuroCom 8). Aachen: Shaker, 119-135.

Meissner, F.-J. (1993): „Interlexis - ein europäisches Register und die Mehrsprachigkeitsdidaktik." In: *Die Neueren Sprachen* 92, 532-554.

-(1996): "Palabras similares y palabras semejantes en español y en otras lenguas y la didáctica del plurilingüismo." In: C. Segoviano (ed.). *La enseñanza del léxico español como lengua extranjera*. Frankfurt: Vervuert, 70-82.

- (1997): „Philologiestudenten lesen in fremden romanischen Sprachen. Konsequenzen für die Mehrsprachigkeitsdidaktik aus einem empirischen Vergleich." In: F.-J. Meissner (ed.): *Interaktiver Fremdsprachenunterricht. Wege zu authentischer Kommunikation. Ludger Schiffler zum 60. Geburtstag*. Tübingen: Narr, 25-44.

- (1998): „Transfer beim Erwerb einer weiteren romanischen Fremdsprache: das mehrsprachige mentale Lexikon." In: F.-J. Meissner/M. Reinfried (eds.): *Mehrsprachigkeitsdidaktik. Konzepte, Analysen, Lehrerfahrungen mit romanischen Fremdsprachen*. Tü-

bingen: Narr, 45-69.
- (2003): „EuroComDidact: Learning and Teaching Plurilingual Comprehension." In: L. N. Zybatow (Hg.) (2003), 33-48.
Meissner, F.-J./Burk, H. (2001): „Hörverstehen in einer unbekannten romanischen Fremdsprache: Methodische Implikationen für den Tertiärsprachenerwerb." In: *Zeitschrift für Fremdsprachenforschung* 12 (1), 63-102.
Meissner, F.-J./Senger, U. (2001): „Vom induktiven zum konstruktiven Lehr- und Lernparadigma. Methodische Folgerungen aus der mehrsprachigkeitsdidaktischen Forschung." In: F.-J. Meissner/M. Reinfried (ed.): *Bausteine für einen neokommunikativen Französischunterricht: Lernerzentrierung, Ganzheitlichkeit, Handlungsorientierung, Interkulturalität, Mehrsprachigkeitsdidaktik.* Tübingen: Narr, 21-50.
Milanovic, M. (2001): „The Association of Language Testers in Europe (ALTE) - working towards a Framework of European Language Examinations." In: *Fremdsprachen Lehren und Lernen* 30, 28-45.
Möhle, D./Raupach, M. (1989): „Multilingual interaction in foreign language production." In: H. W. Dechert/M. Raupach (eds.): *Interlingual Process.* Tübingen: Narr, 180-184.
Naiman, N./Fröhlich, M./Stern, H. H./Todesco, A. (1996): *The Good Language Learner.* Foreword by Christopher Brumfit. Cleveland/Philadelphia/Adelaide: Multilingual Matters.
NCA = Nouveaux Cahiers d'Allemand (1999): *Approche épistémologique des contenus interculturels des enseignements bilingues en Alsace. Nouveaux Cahiers d'Allemand* 1/17.
Selinker, L. (1972): „Interlanguage." In: *International Review of Applied Linguistics* 10, 219-231.
Sigott, G. (1993): *Zur Lehrbarkeit von Englisch und Französisch für deutsche Muttersprachler. Eine exploratorische Pilotstudie.* Tübingen: Narr.
Stern, E./Haag, L. (2000): „Non vitae sed scholae discimus. Das Fach Latein auf dem Prüfstand." In: *Forschung & Lehre* (11), 591-593.
Thorndike, E. L. (1923): „The influence of first-year Latin upon the ability to read English." In: *School and Society* 17, 165-168.
Vogel, K. (1995): *L'interlangue. La langue de l'apprenant.* Toulouse: P.U. du Mirail.
Voorwinde, St. (1981): „A lexical and grammatical study in Dutch-English-German trilingualism." In: *ITL Review of Applied Linguistics* 52, 2-30.
Wenzel, V. (2000): „Ich sag allebei: Strategien beim frühen Erwerb einer verwandten Zweitsprache." In: *International Review of Applied Linguistics* 38, 247-260.
Zimmermann, R. (1990): „Lexikalische Strategien: Perspektiven für die Wortschatzarbeit?" In: *Die Neueren Sprachen* 89, 426-452.
Zybatow, L. N. (2003): "The Foundations of EuroComSlav." In: L. N. Zybatow (Hg.) (2003), 17-31.
- (Hg.) (2003): *Europa der Sprachen: Sprachkompetenz – Mehrsprachigkeit – Translation.* Akten des 35. Linguistischen Kolloquiums in Innsbruck 2000. Teil 1: Sprache und Gesellschaft.

MEHR MEHRSPRACHIGKEIT IN DER ÜBERSETZERAUSBILDUNG IN EUROPA:
EUROCOM*TRANSLAT*

Lew N. Zybatow, Innsbruck

0. Eine etwas persönliche Einstimmung oder der Übersetzer als idealer Nutzer von EuroComTranslat

Zum Rüstzeug eines jeden Translators (= Übersetzers und/oder Dolmetschers) gehört seine Mehr- oder zumindest Zweisprachigkeit verbunden mit verschiedenen berufsspezifischen Transferkompetenzen. Dass diese besondere Ausstattung ihn zu mehr Mehrsprachigkeit wenn nicht verpflichtet, so doch prädestiniert, scheint mir naheliegend, zumal ich auch aus eigener Erfahrung weiß, dass man leicht solch einer Idee verfallen kann. Denn seinerzeit habe ich mir als Übersetzer- und Dolmetscherstudent für Deutsch und Englisch in Moskau etwas tollkühn vorgenommen, mir eine weitere germanische Sprache autodidaktisch anzueignen. So zog ich eines schönen Feriensommers aus an die Gestaden des Schwarzen Meeres, das kleine Büchlein *Wir lernen Schwedisch sprechen* von Gerhard Worgt zunächst im Strandrucksack, und später im Kopf. Und so trug es sich zu, dass ich am Ende dieses Weges – nachdem mich meine Moskauer Alma mater zu allen erforderlichen Schwedisch-Prüfungen zugelassen hatte – unversehens ein Diplom nicht nur mit den damals üblichen z w e i, sondern mit d r e i Fremdsprachen mein Eigen nannte, in dem geschrieben stand: „Übersetzer, Dolmetscher und Referent für Deutsch, Englisch und Schwedisch" (übersetzt aus dem Russischen – L.Z.). Später habe ich aus dem Schwedischen ins Russische übersetzt und noch später literarische Übersetzungen aus von mir interkomprehensiv erlernten slavischen Sprachen ins Deutsche veröffentlicht. Deshalb weiß ich, dass interkomprehensives Sprachenlernen beinahe märchenhaft rasch gehen und auch großen Spaß machen kann. Und deshalb ließ mich bei der Mitarbeit am EuroCom-Projekt, dessen innovatives Potential u.a. in seiner Lernökonomie und Lerneffizienz liegt, von Anfang an der Gedanke nicht los, dass sich die Lernökonomie des Ansatzes durch Anwendung in der Übersetzer- und Dolmetscherausbildung noch potenzieren ließe.

Denn erstens sind es gerade Übersetzer und Dolmetscher, die von Berufs wegen über die für die EuroCom-Strategie so wichtigen mentalen Prozeduren wie „interlanguage processing and interlingual comparison" (vgl. Meißner in diesem Band) als routiniertes, prozedurales Wissen verfügen und dadurch schneller in der Lage sind, unbekannte, aber den bekannten Sprachen verwandte Sprach- bzw. Textmuster zu erschließen. Und zweitens sind es gerade die Übersetzer und Dolmetscher, die sich im Studium translatorische Kompetenzen für den Transfer eines Ausgangstextes – zu einem situations- und verwendungsadäquaten Zieltext aneignen, weshalb es für sie (in höheren Semestern) nur eine Frage der professionellen Routine sein dürfte, den mittels der EuroCom-Strategie erschlossenen Textinhalt aus einer neuen Sprache in einen funktionsadäquaten Zieltext einer bekannten Sprache, z.B. ihrer Muttersprache, „umzugießen". Damit müsste ein angehender Übersetzer in den mit seinen Arbeitssprachen verwandten Sprachen schnell rezeptive Kompetenzen entwickeln und aus diesen Sprachen Herübersetzungen erstellen können.

Das sind in etwa die Ausgangshypothesen für den Entwurf eines EuroCom*Translat* – eines flexiblen, an die oben beschriebenen Kompetenzen anknüpfenden Moduls für eine individuell wählbare Dritt- oder Viertsprache in der Übersetzer- und Dolmetscherausbildung mittels der EuroCom-Strategie.

Nun sind solche Annahmen an Übersetzer- und Dolmetscherinstituten bisher weder üblich noch besonders willkommen, aber dennoch ergeben bereits die ersten Tests mit Studierenden der Translationswissenschaft ein optimistisch stimmendes Bild: wie sehr Skepsis oder Unsicherheit über die eigenen interkomprehensiven Fähigkeiten vor dem Versuch überwogen, so sehr wichen diese Bedenken gleich nach den ersten praktischen Erfahrungen mit EuroCom*Translat* beinahe einer Euphorie über die eigenen, erstmalig entdeckten und freigesetzten interkomprehensiven Leistungspotenzen. Ein beredtes Beispiel dafür ist das Zitat aus der Diplomarbeit einer Studentin (s. S. 258), die „eurocomgeleitet", Schritt für Schritt über die ihr bekannte Brückensprache Spanisch eine längere Annonce in der ihr völlig unbekannten Sprache Portugiesisch erschloss und zum Schluss eine druckreife Übersetzung dieser Annonce ins Deutsche vorlegte. Eine andere Studentin hat mit ihrer gesamten Diplomarbeit „Portugiesisch via Spanisch verstehen lernen" (vgl. Innerhofer 2002) ein leidenschaftliches Bekenntnis für eine innovative, mehrsprachige Übersetzerausbildung mit Hilfe von EuroCom*Translat* abgelegt. (Noch nicht wissend, dass sie kurz nach Abschluss des Studiums auf einem Schiff arbeiten würde, auf dem sie sehr schnell ihre rezeptiven Kenntnisse durch produktive erweiterte und begann, sich mit den Portugiesen – und zwar nicht nur rezeptiv, sondern auch durchaus produktiv – über verschiedene Themen zu verständigen!)

Solche Beispiele – sie ließen sich fortsetzen – haben mich keineswegs überrascht, und ich bin ziemlich sicher, dass sich die obigen Hypothesen zugunsten von EuroCom*Translat* weitestgehend verifizieren lassen werden.

In diesem Beitrag möchte ich gemeinsam mit dem Leser den Weg von EuroCom über EuroCom*Slav* zu EuroCom*Translat* – zugegebenermaßen etwas im Galopp – zurücklegen und nachweisen, dass es gerade der Übersetzer und Dolmetscher ist, der für interkomprehensive Textarbeit in besonderem Maße prädestiniert ist. Gleichzeitig sollen damit aber die vorhandenen, ungenutzten Potenzen des interkomprehensiven Mehrsprachigkeitsansatzes für die Übersetzerausbildung sichtbar gemacht werden, die die dringend erforderlichen innovativen Antworten auf die aktuellen sprachpolitischen Herausforderungen in Europa zu geben und da-

bei die einzuführenden modularisierten konsekutiven BA-/MA-Studiengänge zu nutzen imstande sind. Dazu möchte ich erstens zeigen, dass die Idee des Euro-Com und die damit verbundene und an den romanischen Sprachen erprobte Strategie sich auch auf die Sprachen der Slavia hervorragend anwenden lässt, und zweitens werde ich meine ersten Vorstellungen zu EuroCom*Translat* skizzieren.
Dazu gehe ich im Folgenden auf drei Punkte ein:
- Interkomprehension und die slavischen Sprachen
- Die 7 Siebe der EuroCom-Strategie und die Sprachen der Slavia
- Skizzen zu EuroCom*Translat*.

So wie EuroCom*Didact* den EuroCom-Ansatz durch ein Konzept der Mehrsprachigkeitsdidaktik ergänzt, soll EuroCom*Translat* – unter Berücksichtigung der spezifischen Translationskompetenzen – den Übersetzern und Dolmetschern den Weg zu einer dritten oder vierten Fremdsprache eröffnen.

2. Interkomprehension und die slavischen Sprachen

Interkomprehension ist in Europa weit verbreitet und gut bekannt. Wissenschaftlich dominieren Arbeiten und Projekte zum romanischen Sprachzweig. In der Praxis lässt sich die Interkomprehension sehr gut in Skandinavien beobachten, wo z.B. ein Norweger mit einem Schweden Norwegisch spricht, der ihm Schwedisch antwortet und alle sich bestens verstehen (vgl. die Beschreibung der *Inter-Scandinavian Communication* von Warter 2002). Auch die Polen, Tschechen, Slovaken, Ukrainer und Jugoslaven haben nach meinen eigenen Beobachtungen bei ihrer gemeinsamen Arbeit auf den Baustellen – z.B. in Ostdeutschland nach der Wende – sich gegenseitig bestens verstanden.
In der Theorie und in den Arbeiten der Forschergruppe EuroCom dominieren unter den bisher fertig gestellten Arbeiten und Projekten die romanischen Sprachen, aber – wie Horst Klein in diesem Band berichtet – steht EuroCom*Slav* kurz vor dem Abschluss und auch EuroCom*Germ* ist in Arbeit. Während es in der Romanistik bereits eine lange Tradition in der Interkomprehensionsforschung gibt und auch die kleineren germanischen Sprachen interkomprehensiv verbreitet wurden (vgl. z.B. die interkulturellen Lesekurse Dänisch und Niederländisch an der Fernuniversität Hagen in Kischel/Gothsch 1999), herrscht in Bezug auf die slavischen Sprachen in der deutschen Slavistik, aber auch in Europa in dieser Hinsicht große Abstinenz bis Ablehnung. Ja, es gibt sogar Stimmen, die behaupten, dass die EuroCom-Strategie möglicherweise mit den romanischen Sprachen funktioniere, aber ein EuroCom*Slav* könne es nicht geben, weil die slavischen Sprachen eben ganz anders wären.
Ich hoffe, mit dem Erscheinen des EuroCom*Slav*-Referenzwerkes in diesem Jahr, an dessen Erarbeitung sich 12 Slavisten aus 6 Ländern beteiligen, den Gegenbeweis antreten zu können und den vielen Anfragern, die sich speziell für die slavischen Sprachen und EuroCom*Slav* interessieren, den Weg zu den slavi-

schen Sprachen zu ebnen, die bis jetzt im deutschsprachigen Raum als sehr schwierig und sehr exotisch gelten, obwohl sie ja – wie die germanischen und romanischen Sprachen – zur indoeuropäischen Sprachfamilie gehören und z.B. von asiatischen Muttersprachlern – wie Meißner in diesem Band erläutert – als dem Deutschen, Englischen oder Französischen sehr ähnlich angesehen werden. So lernten z.b. die Vietnamesen, Japaner oder Chinesen, die mit mir an der heutigen Moskauer Linguistischen Universität ihr Übersetzer- und Dolmetscher-Studium absolvierten, neben Russisch meist gleich noch Englisch oder Deutsch, da sie ja dem Russischen so ähnlich seien. Wären sie mit anderen slavischen Sprachen in Berührung gekommen, hätten sie gewiss bemerkt, dass diese dem Russischen noch wesentlich ähnlicher sind als Englisch oder Deutsch.

Und obwohl meine Studienzeit bereits 30 Jahre zurückliegt, gibt es bis heute weder in einem slavischsprachigen noch in einem deutschsprachigen Land ein entsprechendes interkomprehensives Lehrwerk für die slavischen Sprachen. Diese Lücke wie auch die ablehnende Haltung einiger deutscher Slavisten zur slavischen Interkomprehension ist bedauerlich, da es der Slavistik viel besser zu Gesicht stünde, sich der Frage zu stellen, wie die Slavistik unter den neuen europäischen Rahmenbedingungen zu einer besseren europäischen Präsenz, Zugänglichkeit und Lernbarkeit der Sprachen der Slavia in Europa beitragen könnte. Denn hätten die europäischen Slavisten mal nach Übersee geschaut, so hätten sie feststellen können, dass dort seit den achtziger Jahren umfangreiche Werke zur slavischen Interkomprehension erschienen sind, s.:

- De Bray, R. G. A. (1980): Guide to the South Slavonic Languages (Giude To The Slavonic Languages, Part 1);
- De Bray, R. G. A. (1980): Guide to the West Slavonic Languages (Giude To The Slavonic Languages, Part 2);
- De Bray, R. G. A. (1980): Guide to the East Slavonic Languages (Giude To The Slavonic Languages, Part 3);
- Townsend, Ch. E. (1981): Czech through Russian;
- Gribble, Ch. E. (1983): Reading Bulgarian through Russian.

Townsend und Gribble gehen – wie die Titel bereits verraten – vom Russischen als Brückensprache aus. De Bray (1980 Bd. 1, 15) lässt die Lerner von einer beliebigen slavischen Sprache ausgehen:

> This book is an attempt to simplify the task of learning the Slav languages as a group for those who know one of them already. ... It is intentionally an effort at popularisation, as the writer believes that all those knowing any one Slavonic language can with profit widen their linguistic horizon by the relatively easy method of learning other Slavonic Languages.

Wodurch unterscheiden sich diese Bücher nun von den nicht-interkomprehensiven Überblickswerken über die slavischen Sprachen wie z.B. Panzer (1996), Rehder/Fiedler (1986; 1999), Comrie/Corbett (1993)?
Zum einen durch den aufbereiteten Vergleich, d.h. die behandelten phonetischen, morphologischen usw. Erscheinungen werden immer in den behandelten slavischen Sprachen explizit miteinander verglichen und es wird nicht dem Leser überlassen, sich diesen Vergleich auf der Grundlage der Einzeldarstellungen der Sprachen selbst zu erarbeiten.
Zweitens sind die Bücher anwendungsfreundlich aufbereitet und dienen wirklich dem praktischen Kennenlernen und Verstehen der slavischen Gegenwartssprachen und nicht der rein philologischen Darstellung. So heißt es bei Gribble (1983, 11):

> This book has a single and well-defined purpose: to teach the user to read normal contemporary literary Bulgarian.

Drittens werden als Objektsprache Originaltexte verwendet und dadurch die oft seltsame Kluft in Anfängerlehrbüchern zwischen der Primitivität des Textes und dem Verstand des Lerners überwunden. Es sind also Originaltexte, die für den Lerner auch inhaltlich interessant sind. So schreibt Gribble (1983, 12):

> From the very beginning the student is reading Bulgarian which was not written for a textbook, but which is intended for native speakers of the language and is interesting for the message conveyed, and not just because of the grammatical material presented.

Und viertens nutzen diese stattlichen Lehrwerke der Pioniere der slavischen Interkomprehension unreflektiert bereits vieles von dem, was seit Mitte/Ende der 90er Jahre mit der EuroCom-Strategie theoretisch begründet und praktisch verfolgt wird.

Die EuroCom-Methode stützt sich auf die kognitiv basierte spracherwerbstheoretische Annahme, dass – hier etwas vereinfacht ausgedrückt – beim Lernen einer zweiten, dritten, vierten usw. Fremdsprache nicht alle anderen bereits beherrschten Sprachen einfach abgeschaltet werden, sondern dass diese den Lernprozess unterstützen können, wenn das bereits vorhandene Wissen besser mit dem Wissen über die zu lernende Fremdsprache verknüpft wird. In einem fremdsprachigen Text soll unter Rückgriff auf die schon bekannten Sprachen das Bekannte im Fremden aufgespürt werden, indem „die menschliche Fähigkeit zur Übertragung gemachter Erfahrungen und bekannter Bedeutungen und Strukturen auf neue Kontexte" genutzt wird. (s. Klein/Stegmann 2000, 13) D.h., die Übertragung bereits vorhandenen Sprachwissens auf neue Kontexte soll durch vergleichende Bewusstmachung gefördert werden. Es geht um eine effiziente

Nutzung des Vorwissens des Lerners, der – dank EuroCom – staunen soll, was er schon alles weiß, aber nicht weiß, dass er es weiß. Dazu nutzen wir die Strategie der 7 Siebe, die das Bekannte aus jeder neuen Sprache heraussiebt, indem der Lerner „in sieben Aussiebevorgängen – wie der Goldsucher, der aus dem Wasser das Gold heraussiebt – aus der neuen Sprache all das heraussiebt, was ihm bereits gehört, weil er es aus einer Sprache schon zu eigen hat." (s. Klein/Stegmann 2000, 14)

3. Die sieben Siebe der EuroCom-Strategie für die Sprachen der Slavia

3.1 Das 1. Sieb: Internationaler Wortschatz
Beim internationalen Wortschatz handelt es sich um Wörter überwiegend griechischen und lateinischen Ursprungs sowie Eigen- und geografische Namen, die – mit einigen Abwandlungen – in fast allen europäischen Sprachen vorkommen. Dass diese auch in slavischen Sprachen zu finden sind, zeigt der folgende weißrussische Text, der eine Menge von Internationalismen enthält, die leicht erschließbar sind.

Нашыя музыканты пераспявалі Depeche Mode
16 беларускіх гуртоў і выканаўцаў запісалі трыб'ют "Personal Depeche" вядомых Depeche Mode. Сама ідэя гэтага праекту не новая: напрыклад, амерыканцы, рускія, палякі, эстонцы выпусцілі ўжо па дзве кружэлкі "дэпешаў". Затое беларусы пайшлі далей за ўсіх – на адным дыску будуць прадстаўленыя ўсе папулярныя жанры – ад фолька ды этна да электроннай музыкі. "Так, як беларусы, Depeche Mode не выконваў яшчэ ніхто", – упэўнены выконваючыя прадзюсеры праекту, мінскія дзі-джэі Адам Старповіч і Андрэй Халадзінскі. Дар'я Амальковіч, Культура, 22 – 28 чэрвеня 2002 г., с. 13 (Text aus Hurtig 2002)

Übersetzungshilfen aus dem ersten Sieb

Lexem aus dem Text	Entsprechung im Russischen und in anderen Sprachen
музыкант	vgl. ru. музыкант, dt. Musikant – Musiker
беларускі	vgl. ru. белорусский, dt. belarussisch
ідэя	vgl. ru. идея, dt. Idee
праект	vgl. ru. проект, dt. Projekt
амерыканец	vgl. ru. Американец, dt. Amerikaner
рускі	vgl. ru. русский, dt. Russe
паляк	vgl. ru. поляк, dt. Pole
эстонец	vgl. ru. эстонец, dt. Este
"дэпешы"	von Depeche Mode – Bedeutung erschließen: die Sänger der Gruppe Depeche Mode
беларусы	vgl. ru. белорус, dt. Belarusse
дыск	vgl. ru. диск, engl. compact disk, CD
папулярны	vgl. ru. популярный, dt. populär

жанр	vgl. ru. жанр, dt. Genre
фольк	vgl. ru. фольк, engl. Folk
этна	vgl. ru. этно, dt. Ethno-

Im Übrigen wird dieses 1. Sieb – „Internationaler Wortschatz" – in den Sprachen der Slavia immer ergiebiger, denn in diesen Sprachen vollzieht sich – seit der politischen Wende in den 80er Jahren – ein geradezu galoppierender Sprachwandel in Richtung Internationalisierung des Wortschatzes. In Zybatow (2000), dem internationalen Handbuch *Sprachwandel in der Slavia*, wird die Zunahme an Internationalismen in allen slavischen Sprachen – mit kleinen Unterschieden in Tempo und Ausmaß – eindeutig belegt, so dass mit dem Sieb Nr. 1 mit der Zeit immer mehr Internationalismen aus den slavischen Texten geschöpft, d.h. verstanden werden können.

3.2 Das 2. Sieb: Panslavischer Wortschatz
Dieses Sieb beruft sich darauf, dass alle slavischen Sprachen im Urslavischen ihre gemeinsame Ausgangssprache haben und deshalb – trotz unterschiedlicher Entwicklungen – heute noch sehr viele Gemeinsamkeiten aufweisen. Das bereits vorbereitete Sieb für das Referenzwerk „EuroCom*Slav*" umfasst über 500 Einträge, die allerdings in den einzelnen Slavinen eine unterschiedliche Häufigkeit im Gebrauch aufweisen.
Der folgende ukrainische Text über die Stadt Kiew aus dem Internet zeigt, wie hoch zuweilen der Prozentsatz des panslavischen Wortschatzes sein kann. Von den 39 im Text gebrauchten Wörtern erweisen sich 25 als panslavisch.

Київ – За цим коротким словом стоїть місто, корені якого ведуть у сиву давнину, місто, чия історія налічує п'ятнадцять століть. Славний шлях пройшов Київ за свої 1500 років – від городища слов'янського племені полян до одного з найбільших міст Європи, столиці незалежної України. (Werbetext der Stadt Kiew aus Kanig (2001, 40))

Übersetzungshilfen aus dem zweiten Sieb

Ukrainisch	Russisch	Polnisch	Kroatisch	Deutsch
за	за	za	za	für
коротким	короткий	krótki	kratak	kurz
словом	слово	słowo	slovo	Wort
стоїть	стоять	stać	stajati	stehen
місто	место	miasto	mjesto	Ort
корені	корень	korzeń	korijen	Wurzel
якого	какой	jaki	koji	was für ein
ведуть	вести	wodzić	voditi	führen
у	в	w	v	in
сиву	седой	siwy	siv	grau
давнину	давность	dawność	davnina	Vorzeit

п'ятнадцять	пятнадцять	piętnaście	petnaest	fünfzehn
століть	столетие	stoletni (Adj.)	stoljeće	Jahrhundert
славний	славный	sławny	Slavan	ruhmreich
пройшов	пройти	przejść	proći	zurücklegen
свої	свой	swój	svoj	sein
від	от	od	od	von
городища	город	gród	grad	Stadt
слов'янського	славянский	słowiański	slavenski	slavisch
племені	племя	plemję	pleme	Stamm
до	до	do	do	bis
одного	один	jeden	jedan	ein
з	из	z	iz	aus
найбільших	наибольший	najwiekszy	najveći	(analyt. Superlativ)
столиці	столица	stolica	prestonica	Hauptstadt

Abgesehen von den interslavischen „falschen Freunden" – die extra gekennzeichnet und erläutert werden müssen – kann davon ausgegangen werden, dass der Kenner einer slavischen Sprache die panslavischen Lexeme für die Zielsprache nicht neu erwerben muss, sondern diese in der neuen Umgebung gut erkennen kann.

3.3 Das 3. Sieb: Lautentsprechungen
Oft werden Wörter, die dem internationalen oder panslavischen Wortschatz zuzurechnen sind, aufgrund von Lautveränderungen in den einzelnen Sprachen unterschiedlich geschrieben. Vgl.:

Russisch	Tschechisch	Polnisch	Bulgarisch	Deutsch
голод	hlad	głod	глад	Hunger

Um sie trotzdem als bekannte Wörter identifizieren zu können, bietet das 3. Sieb Lautentsprechungsformeln zwischen den slavischen Sprachen.
Zusätzlich wird sich eine Aufstellung der Konsonatenwechsel in den Konjugations- und Deklinationsparadigmen in den einzelnen Sprachen erforderlich machen, damit z.B. im Polnischen *o musze* (Präpositiv Singular) mit *mucha* oder *o kocie* mit *kot* in Verbindung gebracht werden kann.

3.4 Das 4. Sieb: Graphien und Aussprachen
In diesem Sieb wird ein Überblick über die Graphien der Zielsprache gegeben, damit der Leser sich in der fremden Sprache besser zurecht findet und sich mit einigen orthographischen Gegebenheiten bekannt macht. Hier ist zum einen für die kyrillisch schreibenden Slavinen tabellarisch festzuhalten, welche Buchstaben – ausgehend vom Russischen – in anderen slavischen Sprachen zusätzlich vorkommen und wie ihre Aussprache ist. So gibt es z.B. im Ukrainischen im Unterschied zum Russischen, Buchstaben wie і, ї, oder є; dagegen sind die

Buchstaben ы, э, ё und ъ nicht vorhanden. Für die Laute bzw. Lautverbindungen ['o] und [jo] existiert kein eigener Buchstabe. Hier behilft man sich mit der Schreibweise йо für die jotierte und ьо für die palatalisierte Variante. Vgl.:

Russisch	Ukrainisch	Deutsch
клёш	кльош	glockig
ёрш	йорш	Kaulbarsch
ёкать/ёкнуть	йокати/йокнути	stillstehen, stocken (Herz)

Für die das lateinische Alphabet verwendenden Slavinen muss der Lautwert der einzelnen Buchstaben und Buchstabenverbindungen mit dem russischen Alphabet verglichen werden.

Außerdem wird in diesem Sieb auf Eigenschaften wie Palatalisierung, Assimilation sowie die Frage des Wortakzentes, der Vokallänge, der Reduktion usw. eingegangen.

3.5 Das 5. Sieb: Morphosyntax
Das morphosyntaktische Sieb der slavischen Sprachen ist aufgrund ihres Formenreichtums wesentlich größer als das der romanischen Sprachen. Regelhaftes – wie z.B. die Bildung der Adverbien von Adjektiven – wird entsprechend aufbereitet.

	Adjektiv	Adverb	dt. Übersetzung
Ru.	короткий	коротко	kurz
Tsch.	krátký	krátce	kurz
Poln.	krótki	krótko	kurz
Bulg.	кратък	кратко	kurz

3.6. Das 6.Sieb: Slavische Kernsatztypen
Die Syntax scheint das Stiefkind der Slavistik zu sein, denn sie bleibt in den meisten Überblickswerken über die slavischen Sprachen unbeachtet und führt auch in den eingangs angeführten Interkomprehensionsbüchern zum Slavischen nur eine Randexistenz. Dabei können und sollen natürlich auch die wichtigsten syntaktischen Strukturen der slavischen Sprachen aufbereitet werden. Vgl. z.B. die Sätze mit nominalen Prädikaten:

Satztypen	Bosnisch, Kroatisch, Serbisch	Russisch
(1) NP + V (sein) + NP (N)	Ivan je student.	Иван – студент.
(2) NP + V (sein) + ADJ	Ivan je mlad.	Иван молодой.
(3) NP + V + NP (A)	Ivan čita knjigu.	Иван читает книгу.
(4) NP + V + PP	Ivan spava.	Иван спит.
(5) NP + V + NP (Akk) + PP	Ivan će čitati na plaži.	Иван будет читать на пляже.

(6) NP + V + NP (Akk) + PP(L) I van je čitao knjigu na plaži.   Иван читал книгу на пляже.
(7) NP + V + NP(D) + NP (A) Ivan daje sestri knjigu na plaži.   Иван дает книгу сестре
    + PP(L)   на пляже.

Hilfreich wird außerdem eine interslavische Verbvalenztabelle sein, aus der die wichtigsten Rektionsunterschiede erkennbar sind. Der Lerner kann dann nach dem Erkennen des regierenden Wortes die passenden Aktanten in den Texten besser finden.

3.7 Das 7. Sieb: Fixe (Präfixe und Suffixe)
Dieses Sieb soll den Kernbereich der interslavischen Morphologie – u.a. der Wortbildungsregularitäten – unter dem EuroCom-Blickwinkel erfassen. Es handelt sich hier um Entsprechungslisten und die Hervorhebung lautlicher/graphischer Varianten von genetisch verwandten Affixen. Vgl. z.B.:

Verbale Präfigierung[1]

Ru	Ukr	WR	Poln	Tsch	Slovak.	Sloven.	Serb.	Bulg	Deutsch
до-	до-	до-, да-	do-	do-	do-	do-	do-	до-	zu Ende
писать	писати	пісаць	pisać	psat	pisat'	pisati	pisati	пиша	schreiben

Nominale Suffigierung

	Ru	Ukr	WR	Poln	Tsch	Deutsch
-ak	рыбак	рибак	рыбак	rybak		Fischer
-ař					rybář	Fischer

Mit diesem kurzen Exkurs sei hier das angedeutet, was ich an anderen Stellen (s. Zybatow 1999a; 1999b; 2002; 2003) ausführlich dargelegt und belegt habe, nämlich, dass die EuroCom-Strategie nicht nur in der Sprachwelt der Romania, sondern ebenso erfolgreich auch in der Sprachwelt der Slavia greift.

4. Skizzen zu EuroComTranslat

Die Sprachen- und Dolmetschdienste der Europäischen Union stehen vor einer ungeheueren Herausforderung. Durch den geplanten Beitritt der 10 neuen Länder in die EU wird sich die Zahl der Sprachenkombinationen, aus denen und in die übersetzt und gedolmetscht werden muss, von gegenwärtig 110 auf 342 nach der „Osterweiterung" und auf 462 nach Aufnahme aller derzeitigen Beitrittskandidaten erhöhen. Dies führte dazu, dass die EU die Übersetzer- und Dolmetscherinstitute in Europa aufgerufen hat, mit entsprechenden Weiterbildungsan-

---

[1] s. Ohnheiser (2002, 334)

geboten Übersetzer und Dolmetscher aus den bisherigen Mitgliedsstaaten zum Erlernen von „Beitrittssprachen" zu ermuntern. Und da viele „Beitrittssprachen" slavische Sprachen sind (nämlich Polnisch, Tschechisch, Slowakisch, Slovenisch), ist diese Herausforderung an die EU-Sprachendienste gleichzeitig auch eine Herausforderung an (oder auch eine politische Geburtshilfe für) EuroCom*Slav* und gleichzeitig der Grund der Ausweitung des EuroCom-Ansatzes auf die Übersetzer- und Dolmetscheraus- und -weiterbildung und die Geburtsstunde für EuroCom*Translat*.

Worauf bauen meine Überlegungen zum Konzept einer mehrsprachigen Übersetzer- und Dolmetscherausbildung – EuroCom*Translat* – auf?

Auf einer Symbiose von EuroCom*Didact* und dem, was wir bisher über die kognitive Tätigkeit des Übersetzens und Dolmetschens wissen, d. h. auf der kognitiven Begründung des EuroCom-Ansatzes, erweitert um die Wissensbestände eines Übersetzers oder Dolmetschers.

Aus den empirischen Untersuchungen im Rahmen von EuroCom*Didact* wissen wir, dass für den erfolgreichen Einsatz der EuroCom-Programme die Implikationen der „statistischen Lernersprache" von besonderer Relevanz sind. Als „statistische Lernersprache" wird jener Sprachzustand definiert, der sich aus der Addition der muttersprachlichen Kompetenz plus der Kenntnisse, der Kompetenz in den bereits erlernten Fremdsprachen ergibt.

Wir gehen deshalb bei EuroCom*Translat* davon aus, dass jeder Lerner einer weiteren nahverwandten slavischen (oder romanischen) Sprache bereits über einen umfangreichen System- und Wissensspeicher verfügt, der folgende Komponenten enthält: die Muttersprache, Englisch und mindestens eine slavische (oder romanische) Sprache (nach Meißner 2002b, 31).

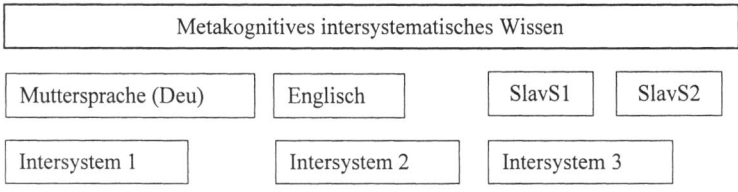

Abb.: Wissen über Transferprozesse

Dabei hat sich gezeigt (s.a. Meißner in diesem Band), dass Lerner einer zweiten nahverwandten Sprache stark dazu neigen, das ihnen bereits bekannte Sprachsystem zum Verstehen der neuen Sprache heranzuziehen. Die Sprachen sprechen sozusagen im Kopf miteinander und der Lerner entwirft auf Grundlage der Lernersprache Hypothesen zur Gestalt und zum Funktionieren der neuen Zielsprache. Die Lerner verifizieren bzw. falsifizieren diese Hypothesen in dem Maße, wie sie neue Informationen über das zielsprachliche System empfangen.

Zwischen einer mental verfügbaren slavischen Sprache (slavS1) und einer folgenden slavischen Sprache (slavS2) bilden Lerner ein Intersystem aus, das die Mehrsprachigkeitsdidaktik als Spontangrammatik bezeichnet. Bei der Spontangrammatik handelt es sich um eine Sonderform der Lernersprache, die sich dadurch auszeichnet, dass sie in Bezug auf die neu zu erwerbende Sprache erst im Augenblick des Entwurfs entsteht und dann an die Zielsprache adaptiert wird. Die Spontangrammatik entsteht also bei der ersten Begegnung mit einer interkomprehensiblen Fremdsprache. Bereits in dieser Phase erkennt der Lerner nicht nur bedeutungshaltiges lexikalisches Material, sondern auch weitere Regularitäten, die sich in Bezug auf die Zielsprache interlingual bzw. innerhalb dieser selbst wiederum intralingual definieren lassen. Diese Regularitäten werden als Kognate oder Transferbasen bezeichnet (s. Klein und Meißner in diesem Band). D.h. im Unterschied zu der sonst im Fremdsprachenunterricht verbreiteten Methode des induktiven Lernens, bei der eine Regel vorgegeben und dann erst die Anwendung an einigen ausgewählten Beispielen demonstriert wird, beruht der EuroCom-Ansatz auf der kognitiv-konstruktivistischen Lerntheorie, nach der die Lerner beim tertiären Spracherwerb einer nah verwandten Sprache auf ein ihnen mental verfügbares Sprachsystem zurückgreifen – z.B. das slavS1-System (z.B. Russisch) – und dieses selbständig in das slavS2-System (z.B. Ukrainisch) transformieren. Erst nach der Bestätigung einer eigenen Sprachhypothese für die Spontangrammatik von slavS2 beginnt die Festigung dieser Regularität bzw. ihre Einpassung in das slavS2-System des Lerners. Bei diesen Transformationen entsteht zugleich ein Transferwissen, das weitere Transformationen von slavS1-Einheiten in slavS2-Einheiten erleichtert und den Lerner befähigt, slavS2-Entwürfe zu entfalten, die weit über den konkreten slavS2-Input hinausgehen. (Vgl. Meißner 2002b)

4.1 Wissen über Transferprozesse und gutes Sprachenlernen
Wenn der Lerner Gleichheiten und Ungleichheiten, d.h. interlinguale Regularitäten zwischen den verglichenen Sprachen erkennt, spricht die Mehrsprachigkeitsdidaktik bei diesem Typus der Hypothesenbildung von einem „zielsprachlichen Systementwurf". Dieser zielsprachliche Systementwurf wird im Mehrsprachenspeicher, der Bestandteil des Langzeitgedächtnisses ist, abgespeichert, was

eine längerfristige Verfügbarkeit sowohl des Wissens über die neue Sprache als auch über die gesammelten Sprachlernerfahrungen mit sich bringt.
Es wird angenommen, dass der Mehrsprachenspeicher als die materielle Grundlage unserer Fremdsprachenlernkompetenz beschrieben werden kann. Das bedeutet, dass die Fremdsprachenkompetenz nicht allein aus der Analyse sprachlicher Daten gewonnen wird, sondern dass hier Lernerfahrungen und Lernsteuerungsdaten ebenfalls eine Rolle spielen.
Die Lerner bedürfen allerdings einer Anleitung, um diesen Identifikationstransfer von den bekannten Sprachen in die neu zu erlernende Sprache leisten zu können. Dazu ist es aber nicht notwendig, die Regeln aufwendig linguistisch zu explizieren, sondern größere Behaltensraten werden durch augen- und/oder ohrenfällige Beispiele erreicht, wie sie die Referenzwerke EuroCom*Rom* und EuroCom*Slav* und die dazugehörigen Audio-CDs enthalten, die den Zuordnungstransfer veranschaulichen.

4.2 Berufsspezifische translatorische Transferkompetenzen
Kommen wir nun zu der Translation und zu den Übersetzern und Dolmetschern. Es ist bekannt, dass Übersetzer und Dolmetscher nicht nur über meist sehr gute Fremdsprachenkenntnisse verfügen, sondern durch ihr Vorwissen auch das Know-how der translatorischen Textanalyse und des translatorisch/translatologischen Umgangs mit Texten in mindestens zwei Sprachen besitzen. Dadurch vergrößert sich ihre kognitive Transferbasis gegenüber dem Fremdsprachenlerner in der Schule oder an der Universität um ein Wesentliches.
Deshalb sei mir an dieser Stelle ein kleiner Exkurs zur Kognition erlaubt. Generell wird die menschliche Kognition als Prozess der Informationsverarbeitung angesehen. Die grundlegenden Komponenten des menschlichen Informationsverarbeitungssystems sind (vgl. Kurz 1996, 72):
  a) die Wissensbasis;
  b) die Mustererkennung;
  c) ein aktiviertes Gedächtnis.
Bei der Wissensbasis wird nicht nur von einer Form des Wissens ausgegangen, sondern zumeist zwischen deklarativem und prozeduralem Wissen unterschieden, die allerdings nicht als unabhängig voneinander angesehen werden, sondern nur in ihrem Zusammenspiel die Kognition ermöglichen.
Bei dem deklarativen Wissen handelt es sich um Faktenwissen oder explizites Wissen. Es ist bewusst, ist katalogisiert und katalogisierbar und steht dem Menschen sprachlich zur Verfügung.
Anders das prozedurale Wissen, das auch als Verarbeitungswissen oder implizites Wissen bezeichnet wird und sich z.B. in unserem Handlungswissen widerspiegelt, wenn wir Sprechbewegungen machen oder wenn wir übersetzen oder dolmetschen. Bei dem prozeduralen Wissen handelt es sich um so komplexe Neuronalzustände, dass sie nicht berechenbar sind, sondern wir erst im Rück-

blick dieses Wissen in Form von Algorithmen oder Heuristiken beschreiben können (die aber für das Übersetzen und Dolmetschen bisher nur sehr unzureichend erarbeitet worden sind). Fest steht allerdings, dass es sich beim Übersetzen und Dolmetschen um das Ausführen einer Tätigkeit handelt, was prozedurales Wissen voraussetzt. Doch auch das deklarative Wissen spielt eine Rolle, ja ist eine Grundvoraussetzung, denn jede Übersetzungs- oder Dolmetschtätigkeit setzt die Kenntnis mindestens zweier Sprachen voraus, so dass die Übersetzer und Dolmetscher bei Anwendung der EuroCom-Strategie auf ein ganzes Arsenal von Transferkategorien zurückgreifen können, die ihn als berufsspezifisches Zusammenspiel von deklarativem und prozeduralem Wissen geläufig sind.
Welche sind das im Einzelnen?
Das sind z.B.:
a) der Formtransfer:
- in Gestalt von intra- und interphonologischen bzw. -phonetischen Regularitäten und Divergenzen (Sieb Nr. 3)
- in Gestalt von intra- und intergraphematischen Regularitäten und Divergenzen (Sieb Nr. 4)
b) der Inhalts- oder semantische Transfer:
- d.h., Kernbedeutungen innerhalb von Bedeutungsadäquanzen erkennen bzw. die Polysemie interlexematischer Serien erweitern (Siebe 1, 2 und 7)
c) der Funktionstransfer:
- dadurch werden grammatische Regularitäten im Anschluss an Merkmale der sprachlichen Oberflächen und/oder der funktional-semantischen Korrelationen aufgebaut (Siebe 5 und 6)
d) der pragmatische Transfer:
- der eine vergleichsfundierte Sensibilisierung für kommunikative Konventionen und interkulturelle Pragmatik darstellt und im Rahmen von EuroCom*Translat* noch detailliert ausgearbeitet werden muss.
Ingesamt haben Übersetzer und Dolmetscher – im Gegensatz zu unerfahrenen Fremdsprachenlernern – bei der Nutzung der Transferbasen den Vorteil, dass sie durch ihre berufliche Routine im mentalen Lexikon leichter interlinguale Knoten aktivieren und somit auf Transferbasen aller ihnen bekannten Sprachen zurückgreifen können.
Die Nutzung von Transferbasen führt zu einer nicht mehr primär außengesteuerten Form des Lernens. Diese Form des Lernens wird von Meißner als konstruktivistisch bezeichnet. D.h., neue Wissenseinheiten werden vom Lerner selbst den vorhandenen zugeordnet und passieren so notwendigerweise den perzeptiven Filter. Der Lerner konstruiert im Lernprozess sein Sprach- und Weltwissen auf der Grundlage vorhandener Kenntnisse.
Gute Mehrsprachenverarbeiter – und dazu dürften Übersetzer und Dolmetscher zum großen Teil gehören – entwerfen Formen- und Funktionsschemata für neue Zielsprachen auf der Basis vorhandener Schemata aus nahverwandten Sprachen.

Ausgehend von der konstruktivistischen Lerntheorie bedeutet das, dass das auf der Grundlage gelungener und gescheiterter Transferprozesse konstruierte Wissen in dem Mehrsprachenspeicher des Translators abgespeichert wird.
Da empirische Studien gezeigt haben, dass für die Transferaktivierung die Steuerung durch Lernerfahrung eine wichtige Rolle spielt, ist es wichtig, den Übersetzern und Dolmetschern bzw. den Studierenden in dem EuroCom-Modul die möglichen Transferaktivierungen bewusst zu machen und auch zu üben. D.h. für EuroCom spielen Lernstrategien und motivationale Zielorientierungen eine wichtige Rolle. Denn es ist aus der pädagogischen Psychologie bekannt, dass nur die vom Lerner als relevant erkannten Informationen der mentalen Verarbeitung zugeführt werden (vgl. Meißner 2003, 92). D.h. Lernen erscheint als ein Vorgang, der durch die Verknüpfung relevanter Sinneinheiten entsteht. Deshalb bedürfen die Lerner einer Anleitung, um den Identifikationstransfer leisten zu können.
Wichtig für EuroCom*Translat* ist dabei die Erkenntnis von EuroCom*Didact*, dass die Transferkategorien sowohl im Bereich des Rezeptions- als auch des Produktionstransfers Anwendung finden. Während die monolingual operierenden Fremdsprachen- und Translationsdidaktiken Transferphänome unidirektional beschreiben (d.h. proaktiv auf die eine Zielsprache hin), belegen Analysen von Mehrsprachenverarbeitung bidirektionale, d.h. pro- und retroaktive Prozesse zwischen der Zielsprache und unterschiedlichen aktivierten Transfersprachen.
Übersetzer und Dolmetscher haben beim interkomprehensiven Lernen einer neuen Fremdsprache zusätzlich den Vorteil, dass sie viele der Strategien der interkomprehensiven Arbeit mit Texten bereits von der Textarbeit in den ihnen bekannten Sprachen im Rahmen ihres Studiums kennen.
Als Stichworte – die Liste ist offen – seien hier genannt:
a) Paralleltexte
b) Hypertexte
c) Wörterbücher und Nachschlagegrammatiken
d) Top-down-Prozeduren.
Zu a) Da Übersetzer bereits seit einiger Zeit angehalten sind, sich aus Paralleltexten der ihnen bekannten Sprachen die entsprechenden Korrespondenzregeln abzuleiten, können sie natürlich auch relativ schnell Dekodationsprozeduren für den interkomprehensiven Transfer aufbauen, wobei sie gerade für den pragmatischen Transfer ein besonders geschultes Auge haben. Interkomprehensiv verbinden sich Paralleltexte mit der Funktion, den Mehrsprachenspeicher mit interlingual korrespondierenden Repräsentationen zu füllen, wobei die Aufmerksamkeit auf bestimmte konkrete Phänomene gelenkt werden muss – angefangen vom syntaktischen Vergleich bis hin zum pragmatischen. Eine besondere Rolle für das Übersetzen spielen die unterschiedlichen Textsortenkonventionen in den verschiedenen Sprachen.

Zu b) Der Übersetzer ist durch die Kenntnis computergestützter Übersetzungshilfen den Umgang mit elektronischen Medien gewohnt. Auch die neu erstellten interkomprehensiven Lernarchitekturen nutzen die Mehrfenstertechnik und das Hypertextsystem, so dass sie den selbständigen Abruf von Informationen durch den Lerner erlauben. Hinter den eigentlichen Haupttext treten ergänzende Module, die verschiedene Formen des Transfers initiieren oder explizieren, indem sie entsprechende intra- und/oder interlinguale Korrespondenzregeln zur Anschauung bringen.

Zu c) Natürlich führen auch interkomprehensive Verfahren nicht immer zu dem gewünschten Erfolg. Deshalb muss auch der EuroCom-Lerner mit Wörterbüchern und Nachschlagegrammatiken umgehen können. Sie sind nötig für die Überprüfung der eigenen Sprachhypothesen und die Disambiguierung falscher Freunde.

Doch das zielführende Nachschlagen in Wörterbüchern und Grammatiken sind Techniken, die dem Übersetzer sehr wohl vertraut sind.

Zu d) Die Studien zur Interkomprehension betonen die Wichtigkeit der Fähigkeit, Top-down-Prozesse einleiten zu können. Auch das ist eine Fähigkeit, die Übersetzer und Dolmetscher bereits in ihrer Ausbildung geübt haben. So ist zu erwarten, dass bei Bekanntheit des Themas und der Sprechsituation bei Übersetzern und Dolmetschern inhaltliche Schemata generiert werden, die eine gute Stütze darstellen, den Semantisierungsvorgang und den Spracherwerb durchzuführen.

4.3 EuroComTranslat – ein Fallbeispiel

Wie solche Transferprozeduren in EuroCom*Translat* konkret zum Einsatz kommen und zum Erfolg führen, möchte ich abschließend an einem praktischen Beispiel zeigen, das der Diplomarbeit von Embacher (2002) entnommen ist. Embacher, die sich dem Verstehen portugiesischer Texte unterzogen hat, schreibt in ihrer Introspektion folgendes: „Als angehende Übersetzerin in den Sprachen Englisch und Spanisch habe ich versucht, ausgehend von den sieben Sieben, portugiesische Texte zu erschließen. Ich war teilweise überrascht, wie leicht lesbar Portugiesisch sein kann, ohne die Sprache gelernt zu haben. Besonders wenn das nötige Vorwissen zu einem Text vorhanden ist, lässt sich ein Text nicht nur problemlos lesen und verstehen, sondern auch übersetzen. Der erste Text, den ich zu übersetzen versucht habe, ist eine Stellenanzeige [...] aus Klein und Stegmann, *EuroComRom – Die sieben Siebe* (S.133)

Portugiesische Stellenanzeige

A COMISSÃO EUROPEIA
recruta (do sexo masculino ou feminino)
Intérpretes
Intérpretes Adjuntos
de língua portuguesa

EuroCom*Translat* 259

Principais condições de admissão: ☐ Ter realizado estudos universitários completos, comprovados por um diploma de fim de estudos (direito, economia, auditoria, finanças, línguas, ciências ou tecnologia); ☐ Ter nacido depois de 16.11.1953; ☐ Ser nacional de um dos Estados-Membros da União Europeia. **Linguas de trabalho:** ☐ Língua activa: portuguesa. Outras línguas de trabalho: pelo menos três das restantes dez línguas oficiais da União Europeia; ☐ ou línguas activas: portuguesa o uma das restantes dez línguas oficiais da União Europeia. Outras línguas de trabalho: pelo menos duas das restantes dez línguas oficiais da União Europeia, das quais uma seja a segunda língua activa do candidato. (Expresso, 23.10.99)

Euro-Deutsch-Version

Bei der Euro-Deutsch-Version wird im ersten Durchgang Wort für Wort übersetzt und eine Art Rohübersetzung angefertigt. Assoziationen werden mit [...] gekennzeichnet. Ausdrücke, die unklar sind, werden *kursiv* gesetzt.

Die Europäische Kommission [span. Comisión Europea] rekrutiert (des [do vermutlich de + Artikel] männlichen oder weiblichen Geschlechts) Dolmetscher [engl. interpreter] Hilfsdolmetscher [span. adjunto = auxiliar, stellvertretend] von portugiesischer Sprache [span. lengua]
Prinzipielle Bedingungen der Zulassung: [span. principales condiciones de admisión] Realisiert haben [span. tener] vollständige Universitätsstudien, bestätigt [span. comprobados] durch ein Diplom des Endes [span. fin] der Studien (Recht [span. derecho], Wirtschaft [Ökonomie], Prüfungswesen [engl. auditor = Rechnungsprüfer], Finanzwesen, Sprachen, Naturwissenschaften [engl. science] oder Technik Geboren [span. nacido] sein nach [span. después de] dem 16.11.1953 Staatsbürger [Nation] sein von einem der Mitgliedsstaaten [span. Estados Miembros] der Europäischen Union [span. Unión Europea]. Arbeitssprachen [span. trabajo] Aktive Sprache: Portugiesisch. Andere [span. otras] Arbeitssprachen: mindestens [span. por lo menos] drei der restlichen [Rest] zehn [span. diez] offiziellen Sprachen der Europäischen Union. oder aktive Sprachen: Portugiesisch oder eine der restlichen zehn offiziellen Sprachen der Europäischen Union. Andere Arbeitssprachen: mindestens zwei der restlichen zehn offiziellen Sprachen der Europäischen Union, von denen [span. de las cuales] eine *seja* [vermutlich Konjunktivform von *sein*] die zweite [span. segunda] aktive Sprache des Kandidaten.

Übersetzungsvorschlag

> DIE EUROPÄISCHE KOMMISSION
> führt ein Auswahlverfahren für
> Dolmetscher(innen) und
> Hilfsdolmetscher(innen)
> für Portugiesisch
> durch.
>
> **Allgemeine Zulassungsbedingungen:**
> ☐ Abschluss eines vollständigen Hochschulstudiums, nachgewiesen durch ein Abschlussdiplom (Recht, Wirtschaft, Prüfungswesen, Finanzwesen, Sprachen, Naturwissenschaften oder Technik)
> ☐ Geburtsdatum nach dem 16.11.1953
> ☐ Staatsangehörigkeit eines der Mitgliedsstaaten der Europäischen Union
> **Arbeitssprachen:**
> ☐ Aktive Sprache: Portugiesisch. Weitere Arbeitssprachen: mindestens drei weitere der zehn Amtssprachen der Europäischen Union
> ☐ oder aktive Sprachen: Portugiesisch oder eine andere der zehn Amtssprachen der Europäischen Union. Weitere Arbeitssprachen: mindestens zwei der weiteren zehn Amtssprachen der Europäischen Union, wovon eine Sprache die zweite aktive Sprache des Bewerbers ist.

Für die Übersetzung dieser Stellenausschreibung war vor allem mein außersprachliches Wissen über dieses Thema von Vorteil. Doch es gibt kaum ein Wort in der Anzeige, das man mit Spanischkenntnissen nicht erschließen könnte. Die wenigen Stellen, bei denen es Unklarheiten gibt, lassen sich mit Hilfe des Kontexts abklären." (Embacher 2002, 115-118)

Wir sehen – ohne an dieser Stelle ins Detail gehen zu wollen –, dass der EuroCom-Übersetzer zwei Grundphasen durchläuft bzw. zwei Arten des Übersetzens vollzieht.

Die erste Art – Embacher nennt sie „Euro-Deutsch-Version" – möchten wir „mentales Übersetzen" nennen, das Neubert (2002, 17f.) in seinen „Specifica Translationis", in einer Nomenklatur der Übersetzungsarten, als *Übersetzen 3* bezeichnet und folgendermaßen erklärt:

> Übersetzen 3
> Eine dritte Variante des „Übersetzens" liegt dann vor, wenn ein die Ausgangssprache L1 recht gut Beherrschender, einen Text gewissermaßen still, im Kopf, „übersetzt". Beispielsweise passiert es manchmal, dass man über eine humoristische Darstellung, die man in der Fremdsprache liest (und versteht) laut zu lachen beginnt. Ein Gegenüber, der auch mitbekommen will, was da jemand an Amüsantem gelesen hat, fragt neugierig nach dem Grund der Erheiterung, also nach dem lächerlichen Inhalt. Da stellt der „mentale Übersetzer" plötzlich fest, dass er das eben noch Genossene beilei-

be nicht so schnell und vor allem nicht mit dem gleichen humoristischen Effekt laut wiedergeben kann. Eine wörtliche oder radebrechende laute Übersetzung erzeugt nur ein mitleidiges Lächeln, dass man wohl über dieses Stückwerk kaum lachen könne. Also hat der verstehende Leser eines L1-Textes, der „Übersetzer-im-Kopf", nicht wirklich übersetzt. [...] Mehr oder weniger ausformulierte Fragmente innerer Rede können als mentale Hilfen das Textverstehen erleichtern. Von einer Übersetzung ist dieser oft lückenhafte Verstehensprozess jedoch weit entfernt.

Zwar handelt es sich bei Neubert um das Erschließen einer einigermaßen bekannten Fremdsprache, bei unserem „mentalen Übersetzen" im Kopf des Übersetzers in Form von kognitiven Repräsentationen des Textes geht es hingegen um eine weitgehend unbekannte Fremdsprache, die über die bekannte Brückensprache mittels der interkomprehensiven EuroCom-Strategie erschlossen wird, was sicher ein Unterschied ist. Doch mit der interkomprehensiven Übung entwickelt sich auch die Spontangrammatik der zu erschließenden Fremdsprache, so dass man im Prinzip postulieren kann, dass es im Kopf des EuroCom*Translat*-Übersetzers zu analogen kognitiven Repräsentationen kommt wie im Neubertschen Übersetzen 3.

Danach kommt die für das Übersetzen entscheidende zweite Phase. Diese Art Übersetzung ist die Zieltextproduktion, von Embacher (s.o.) schlicht „Übersetzungsvorschlag" genannt. Neubert (2002, 18f.) nennt diese in seiner Klassifizierung als *Übersetzung 4* bezeichnete Tätigkeit „Translation" und definiert sie folgendermaßen:

Ein Text wird schriftlich aus einer Ausgangssprache in eine Zielsprache übertragen. [...] Übersetzen 4 ist das „eigentliche Übersetzen". Es unterscheidet sich, wie wir feststellen werden, grundsätzlich von allen anderen Varianten des Sprachgebrauchs. Es ist das, was in der Übersetzungswissenschaft als Translation bezeichnet wird und damit von laienhaften Verwendungsweisen abgehoben werden soll. Nur darauf beziehen sich unsere Specifica translationis.

Diese „Specifica" werden von Neubert (2002, 20) wie folgt benannt:
1. Sprachmittlung für Dritte
2. Neuformulierung aus der Distanz
3. Disloziierte Situationalität
4. Bi- bzw. multilinguale Intertextualität
5. Indirekte (abgeleitete) Kreativität
6. (Erweiterte) pragmatische Gerichtetheit

Die von Neubert als *Übersetzen 4* bezeichnete eigentliche Translation als ausgangstextinduzierte Zieltextproduktion für Dritte – ist das Ziel der Übersetzer- und Dolmetscherausbildung, das sich in einer berufsspezifischen allgemeinen translatorischen Kompetenz oder berufsspezifischen Transferkompetenz manifestiert, die sich aus verschiedenen, im Laufe des Studiums angeeigneten Teil-

kompetenzen bis hin z.b. zu funktionalen Gesichtspunkten zusammensetzt, die nahe legen, dass es für einen Ausgangstext – unter funktionalen Blickwinkeln nicht nur eine Translation, sondern variierende Translationen (genauer: Zieltexte) geben kann, was bei der – die translatorische Transferkompetenz offensichtlich besitzenden – Versuchsperson in der Formulierung „Übersetzungsvorschlag" (ich betone „Vorschlag") indirekt zum Ausdruck kommt.
Wie man sieht, sind ausgebildete Dolmetscher und Übersetzer zumindest in doppelter Hinsicht optimal geeignet für ein EuroCom*Translat*: einmal für die Prozeduren der interkomprehensiven Textarbeit (= mentales Übersetzen entsprechend der EuroCom-Strategie aus einer unbekannten, aber der Brückensprache verwandten Sprache in die kognitiven Repräsentationen im Kopf) und zum zweiten für die Translation – eine druckreife Zieltextproduktion für Dritte – aufgrund der erlernten allgemeinen translatorischen Transferkompetenz, die sprachenpaarunabhängig und übergreifend ist und somit auch für neue, noch unbekannte, aber erschließbare Fremdsprachen nicht neu erlernt und ausgebildet zu werden braucht, sondern auf neue translatorische Aufgabenkonstellationen einfach erweitert werden kann. Hieraus ergeben sich lernökonomische und kostensparende Effekte eines EuroCom*Translat*, die einen wirklich innovativen Weg zur individuellen Mehrsprachigkeit in der Übersetzerausbildung eröffnen.
Da dieser Ansatz – wie oben angedeutet – theoretisch hinreichend untermauert werden kann, wird es die nächste Aufgabe sein, ihn empirisch in weitgehenderen Tests mit Studierenden der Translation und als zusätzliches Mehrsprachigkeitsmodul in der praktischen Übersetzer- und Dolmetscherausbildung zu erproben.
Dabei müssen die Erkenntnisse von EuroCom*Didact* und der Translationsdidaktik miteinander abgeglichen werden, um zu erkennen, welche Prozesse die Mehrsprachigkeitsdidaktik und die Spracherwerbsforschung in Bezug auf den Zweit- und Mehrsprachenerwerb bereits gut untersucht haben, die entsprechenden Untersuchungen unter Studierenden der Translationswissenschaft bzw. für Lerner des Übersetzens und Dolmetschens aber noch fehlen. Somit trägt die Erarbeitung von EuroCom*Translat* gleichzeitig auch zu einer stärkeren Einbeziehung der Ergebnisse kognitiver Untersuchungen zum Translationsprozess bei bzw. gibt den Anstoß zu ihrer Untersuchung.

5. Schlussbemerkung

Das berufsspezifische Rüstzeug des Translators – seine Mehrsprachigkeit plus seine professionellen interlingual-interkulturellen translatorischen Transferkompetenzen – statten ihn optimal für EuroCom*Translat* aus. Damit können, an diese translationsspezifischen Kompetenzen anknüpfend, EuroCom*Translat*-Module entwickelt werden, die – unterstützt durch interaktive multimediale Lehrprogramme – das in der Regel auf größere Sprachen beschränkte Fremdsprachenangebot an Instituten für Übersetzer- und Dolmetscherausbildung erweitern. Dadurch wird es möglich, auch kleinere, im Zuge der EU-Erweiterung aber wichtig gewordene und nachgefragte Sprachen der EU-Beitrittskandidaten (wie Tschechisch, Polnisch, Slowakisch, Slowenisch u. a.) in die Ausbildung aufzunehmen, ohne kostspielige neue Studiengänge für jede dieser Einzelsprachen einführen zu müssen. So kann EuroCom*Translat* Spielräume für eine modulare eigenverantwortliche Individualisierung des universitären Übersetzerstudiums (mit wählbaren originellen europäischen sprachlichen Profilen/Kombinationen) eröffnen. Die dadurch rasch erworbenen rezeptiven Kompetenzen können durch spätere Vertiefungsmodule (mit Auslandsaufenthalten und -praktika) vervollständigt und bei Bedarf zu aktiven Kompetenzen ausgebaut werden.

Wie gezeigt, nutzt EuroCom*Translat* erstens den Vorteil, dass ein Studierender der Translation das sog. mentale Übersetzen aus einer neuen Sprache mit der EuroCom-Strategie rasch nachvollziehen und automatisieren kann, und zweitens den weiteren Vorteil, dass er vor allem die so gewonnenen mentalen Repräsentationen in einen entsprechenden adäquaten zielsprachlichen Text schnell und professionell transferieren kann, weil er die Translation (= ausgangstextinduzierte Zieltextproduktion für Dritte) beherrscht. Diese übergreifende, allgemeine Translationskompetenz beherrscht er meist schon in höheren Semestern seines Studiums und kann sie auf den translatorischen Textransfer zwischen beliebigen Sprachenpaaren und in verschiedensten Translationssituationen anwenden. Darin (u.a.!) besteht ein wesentlicher lernökonomischer und innovativer Effekt von EuroCom*Translat*, und zwar zusätzlich zu den anderen prinzipiellen Vorzügen der EuroCom-Strategie beim Spracherwerb, von denen oben (s. Klein, Meißner in diesem Band) die Rede war.

6. Literatur

De Bray, R. G. A. (1980): *Guide to the South Slavonic Languages* (Guide To The Slavonic Languages, Part 1).
- (1980): *Guide to the West Slavonic Languages* (Guide To The Slavonic Languages, Part 2).
- (1980): *Guide to the East Slavonic Languages* (Guide To The Slavonic Languages, Part 3).
Comrie, B./Corbett, G. C. (Hg.) (1993): *The Slavonic Languages*. London/New York.
Gribble, C. E. (1983): *Reading Bulgarian through Russian*. Columbus, Ohio.
Embacher, K. (2002): *Ein Europa – viele Sprachen. Übersetzen und Dolmetschen in der Europäischen Union*. Diplomarbeit Universität Innsbruck (Ms.).
Hurtig, C. (2002): *EuroComSlav – Belarussisch*. (Ms.). Universität Leipzig.
Innerhofer, D. (2002): *Portugiesisch via Spanisch verstehen lernen. Das Potential der EuroCom-Strategie für eine innovative Übersetzerausbildung*. Diplomarbeit Universität Innsbruck (Ms.).
Kanig, G. (2001): *Der Interkomprehensionsansatz und die ostslavischen Sprachen – Hintergrund und Anwendung*. Magisterarbeit, Universität Leipzig.

Kischel, G. (Hg.) (2002): *EuroCom – Mehrsprachiges Europa durch Interkomprehension in Sprachfamilien.* Aachen: Shaker.
Kischel, G./Gothsch, E. (Hg.) (1999): *Wege zur Mehrsprachigkeit im Fernstudium.* Dokumentation des Hagener Workshop, 13.-14. Nov. 1998, Fernuniversität Hagen.
Klein, H. G./Stegmann, T. D. (2000^3): *EuroComRom – Die sieben Siebe: Romanische Sprachen sofort lesen können.* Aachen: Shaker.
Kurz, I. (1996): *Simultandolmetschen als Gegenstand der interdisziplinären Forschung.* Wien: WUV-Universitätsverlag.
Meißner, F.-J. (2002a): „Transfer aus der Sicht der Mehrsprachigkeitsdidaktik." In: *Materialien Deutsch als Fremdsprache,* Heft 65: A. Wolff/H. Lange: *Europäisches Jahr der Sprachen: Mehrsprachigkeit in Europa.* Beiträge der 29. Jahrestagung DaF in Kiel. Regensburg, 128-142.
- (2002b): „Einzelsprachendidaktiken und Mehrsprachigkeitsdidaktik." In: *Diversifizierung und Curriculum beim Fremdsprachenlernen.* TRIANGLE 18, 3-4 mars 2000. ENS Éditions, 23-38.
- (2003): „Grundüberlegungen zur Praxis des Mehrsprachenunterrichts." In: F.-J. Meißner/I. Picaper (Hg.) (2003): *Mehrsprachigkeitsdidaktik zwischen Frankreich, Belgien und Deutschland. Beiträge zum Kolloquium zur Mehrsprachigkeit zwischen Rhein und Maas.* Goethe-Institut Lille (21/XI/2000). Tübingen: Gunter Narr, 92-106.
Neubert, A. (2002): „Specifica Translationis – Übersetzen ist nicht immer Übersetzen." In: L. N. Zybatow (Hg.) (2002): *Translation zwischen Theorie und Praxis. Innsbrucker Ringvorlesungen zur Translationswissenschaft I* (= Forum Translationswissenschaft, Bd.1). Frankfurt/M. u.a.: Lang, 15-38.
Ohnheiser, I. (2002): „Die Wortbildung im Bereich EuroComSlav." In: G. Kischel (Hg.) (2002), 328-340.
Panzer, B. (1996): *Die slavischen Sprachen in Gegenwart und Geschichte.* Frankfurt.
Rehder, P./Fiedler, W. (1986; 1999): *Einführung in die slavischen Sprachen.* Darmstadt.
Townsend, C. E. (1981): *Czech through Russian.* Columbus. Ohio.
Warter, P. (2002): „Speech Production Phenomena in Inter-Scandinavian Communication." In: G. Kischel (Hg.) (2002), 211-218.
Weller, O. (2001): *Polnisch via Russisch verstehen. Slavische Interkomprehension im Rahmen der EuroCom-Strategie.* Magisterarbeit, Universität Bielefeld.
Worgt, G. (1970): *Wir lernen Schwedisch sprechen.* Leipzig: Enzyklopädie.
Zybatow, L. N. (1999a): „Die Interkomprehension am Beispiel der slavischen Sprachen. Zur Übertragbarkeit des EuroCom-Konzepts romanischer Mehrsprachigkeit auf die slavischen Sprachen." In: G. Kischel/E. Gothsch (Red.) (1999), 67-85.
- (1999b): „Die sieben Siebe des EuroComRom für den multilingualen Einstieg in die Welt der slavischen Sprachen." In: *GRENZGÄNGE* 12 (1999), 44-61.
- (Hg.) (2000): *Sprachwandel in der Slavia. Die slavischen Sprachen an der Schwelle zum 21. Jahrhundert. Ein internationales Handbuch. Teil 1 u. 2.* Frankfurt/M. u.a.: Lang.
- (2002): „Die slawistische Interkomprehensionsforschung und EuroComSlav." In: G. Kischel (Hg.) (2002), 313-327.
- (2003): „The Foundations of EuroComSlav." In: L. N. Zybatow (Hg.) (2003*): Mehrsprachigkeit – Sprachkompetenz – Translation. Akten des 35. Linguistischen Kolloquiums in Innsbruck 2000. Teil I: Sprache und Gesellschaft.* Frankfurt/M. u. a., 12-35.
Zybatow, L. N./Zybatow, G. (2002): „Die EuroCom-Strategie als Weg zur europäischen Mehrsprachigkeit: EuroComSlav." In: D. Rutke (Hg.) (2002): *Europäische Mehrsprachigkeit: Analysen-Konzepte-Dokumente.* Aachen, 65-96.

Forum Translationswissenschaft

Herausgegeben von Lew N. Zybatow

Band 1 Lew Zybatow (Hrsg.): Translation zwischen Theorie und Praxis. Innsbrucker Ringvorlesungen zur Translationswissenschaft I. 2002.

Band 2 Lew N. Zybatow (Hrsg.): Translation in der globalen Welt und neue Wege in der Sprach- und Übersetzerausbildung. Innsbrucker Ringvorlesungen zur Translationswissenschaft II. 2004.

www.peterlang.de

Lew N. Zybatow (Hrsg.)

Translation zwischen Theorie und Praxis

Innsbrucker Ringvorlesungen zur Translationswissenschaft I
Frankfurt am Main, Berlin, Bern, Bruxelles, New York, Oxford, Wien, 2002.
XI, 457 S., zahlr. Abb. und Tab.
Forum Translationswissenschaft. Herausgegeben von Lew Zybatow. Bd. 1
ISBN 3-631-39014-9 · br. € 74.50*

Die Innsbrucker Ringvorlesungen zur Translationswissenschaft, die im WS 99/00 begannen, haben sich inzwischen zu einem beliebten interdisziplinären Forum über die Translation – eine der ältesten und komplexesten Tätigkeiten des menschlichen Geistes – entwickelt. International namhafte Übersetzungswissenschaftler aus der ganzen Welt stellen ihre eigenen bzw. die von ihnen bevorzugten Modelle der Translation vor. So weit wie das Feld der Translation, das von Fach- und Sachtexten über multimediales Übersetzen bis zur schönen Literatur reicht, ist auch das Spektrum der in diesem Band behandelten translatorischen/translatologischen Probleme. Außer den Ringvorlesungen enthält dieser Band auch die Beiträge der Sektion Translationswissenschaft des 35. Linguistischen Kolloquiums *Sprachkompetenz–Mehrsprachigkeit–Translation*, Innsbruck 2000, das besonders Nachwuchswissenschaftlern ein interessantes Forum bietet, Bestehendes kritisch zu hinterfragen und Neues vorzuschlagen.

Aus dem Inhalt: 24 Beiträge zur Übersetzungswissenschaft · Der aktuelle Stand, die Trends und die ungelösten und strittigen Probleme der Translatologie aus der Feder international namhafter translationswissenschaftlicher Professor/inn/en und angehender Nachwuchswissenschaftler/innen

Frankfurt am Main · Berlin · Bern · Bruxelles · New York · Oxford · Wien
Auslieferung: Verlag Peter Lang AG
Moosstr. 1, CH-2542 Pieterlen
Telefax 00 41 (0) 32 / 376 17 27

*inklusive der in Deutschland gültigen Mehrwertsteuer
Preisänderungen vorbehalten
Homepage http://www.peterlang.de